计算机专业“十四五”精品教材

Python 高级程序设计

主　编　陈运军　陈　玲　罗　滔

副主编　夏　汛　田正卫　牟斌皓　罗　春　李再友

参　编　李一楠　刁显峰　李子彬　李建华　华　卫

哈爾濱工程大學出版社

Harbin Engineering University Press

内容简介

本书以 Windows 为平台，以 Python 为实现工具，立足于程序设计基础，进一步学习 Python 的高级内容，涉及面向对象编程思想和技术、常用模块、迭代器和生成器、闭包和装饰器、数据库编程、GUI 编程、Web 编程等模块，培养学生使用面向对象编程技术、数据库编程技术、Web 框架等独立开发符合 Python 编码规范的 Python 项目程序能力。本书在编写过程中，采用“任务驱动”，辅以知识点的讲解，最后通过一个完整的项目达到巩固知识、强化技能的目的。

本书可作为应用型本科院校、职业院校专用教材，也可作为培训机构 Python 程序设计课程的专用教材，还可供程序设计爱好者自学使用。

图书在版编目（CIP）数据

Python 高级程序设计 / 陈运军，陈玲，罗滔主编. —哈尔滨 ：哈尔滨工程大学出版社，2021.4（2023.8 重印）

ISBN 978-7-5661-2958-1

I. ①P… II. ①陈… ②陈… ③罗… III. ①软件工具—程序设计—教材 IV. ①TP311.561

中国版本图书馆 CIP 数据核字（2021）第 042418 号

责任编辑 王俊一
封面设计 赵俊红

出版发行 哈尔滨工程大学出版社
社　　址 哈尔滨市南岗区南通大街 145 号
邮政编码 150001
发行电话 0451-82519328
传　　真 0451-82519699
经　　销 新华书店
印　　刷 唐山唐文印刷有限公司
开　　本 787 mm×1 092 mm 1/16
印　　张 19
字　　数 486 千字
版　　次 2021 年 4 月第 1 版
印　　次 2023 年 8 月第 2 次印刷
定　　价 45.00 元
http：//www.hrbeupress.com
E-mail：heupress@hrbeu.edu.cn

前　言

Python语言以“优雅”“明确”“简洁”的设计哲学而闻名，是一门易读、易学、易维护、开源、多功能，广受用户欢迎的热门编程语言。它有超过125 000个的第三方Python库，跨平台、社区火爆、功能超级强大。国外有名的Google、Facebook、Yahoo、YueTube、美国宇航局NASA、开源云计算平台Openstack，以及国内豆瓣等都是用Python编写的。随着大数据和人工智能的快速发展，Python已经成为人们学习编程的首选语言之一。

本书立足于程序设计基础，进一步学习Python的高级内容，涉及面向对象编程思想和技术、常用模块、迭代器和生成器、闭包和装饰器、数据库编程、GUI编程、Web编程等模块。通过本书的学习，读者能够使用面向对象编程技术、数据库编程技术、Web框架等独立开发符合Python编码规范的Python项目程序；遇到错误会进行调试，能够发现、分析并解决问题；能够查找、阅读、理解相关Python学习资料并进行应用，为软件技术、大数据、人工智能等计算机相关专业后续课程的学习奠定基础。

本书采用任务驱动，以任务引领理论知识学习，并配有丰富的应用实例，最大限度地降低读者的阅读难度，同时也提升了读者的阅读兴趣。最后通过一个项目将各章知识点进行有机融合贯穿，将项目分解成任务，由浅到深，由简到难，层层递进，有序、有步骤地推进，达到强化和巩固知识应用、提升开发技能的目的，增强了教材的趣味性、可读性和操作实践性。本书所有代码均在Python 3.7中测试通过。

本书由泸州职业技术学院的陈运军和陈玲、成都工贸职业技术学院的罗滔担任主编；由泸州职业技术学院的夏汛、田正卫、牟斌皓，民办四川天一学院的罗春，重庆电信职业学院的李再友担任副主编。此外，参与编写工作的还有李一楠、刁显峰、李子彬、李建华、华卫等。全书由陈玲统稿。特别感谢李一楠、华卫在本书的校对以及代码验证工作中提供的支持。本书的相关资料和售后服务可扫封底微信二维码或登录www.bjzzwh.com获得。

由于编者水平有限，书中难免有疏漏或不妥之处，恳请使用者批评指正。

编　者

2021年3月

目　录

项目 1 面向对象编程（上）

教学导航

本章概览

面向对象编程是 Python 语言采用的基本编程思想，它把变量和函数组合在一起形成类，使得程序设计变得更加简单且有条理。本项目将对面向对象的编程思想，类和对象，魔术方法及封装进行介绍。通过本项目的学习，读者应理解面向对象编程思想，掌握类的定义、对象的创建和使用，掌握常见魔术方法的使用，理解面向对象的封装性及掌握私有成员的使用。

知识框架

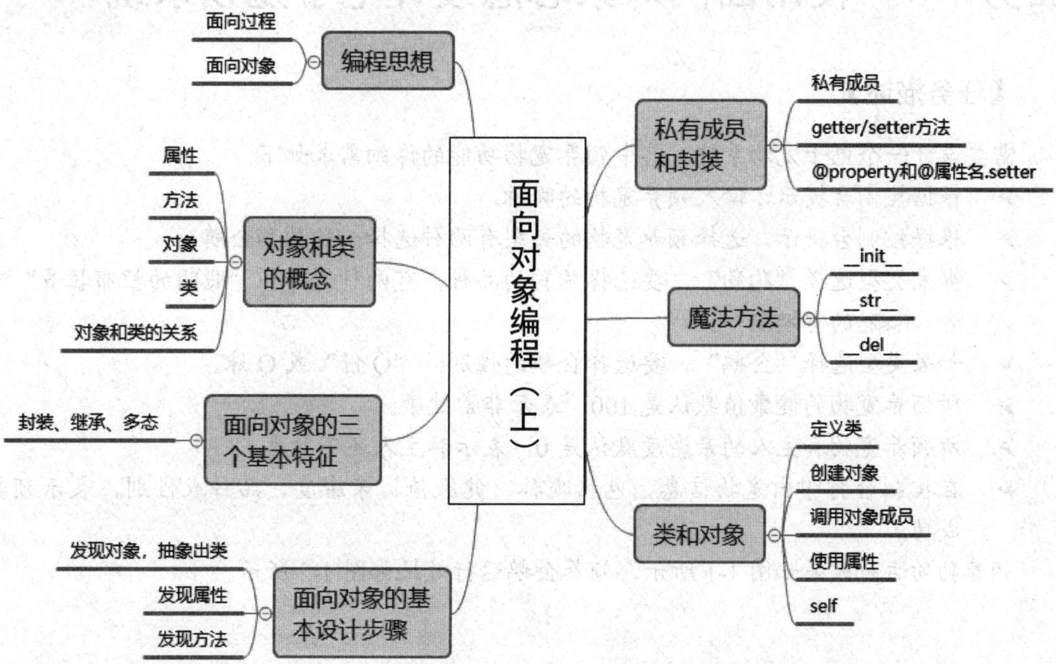

导　学

知识重点	（1）面向对象编程思想； （2）定义类； （3）创建对象； （4）使用属性； （5）构造方法和__str__的使用； （6）封装
知识难点	独立设计类
推荐教学方式	从任务入手，带领学生解决任务，针对任务中使用的知识点进行重点讲解
建议学时	8 学时
推荐学习方法	（1）上机编写代码，勤于实践； （2）分小组解决老师布置的任务
必须掌握的理论知识	面向对象编程思想、类和对象的概念、面向对象的基本设计步骤、self、常见魔法方法、私有成员的定义
必须掌握的技能	会独立设计类、定义类和创建对象、使用对象

任务 1-1　使用面向对象思想设计电子宠物系统

【任务描述】

需要设计一个电子宠物系统，其中领养宠物功能的详细需求如下：

- 根据控制台提示，输入领养宠物的昵称。
- 根据控制台提示，选择领养宠物的类型有两种选择：狗狗和企鹅。
- 如果类型选择“狗狗”，要选择狗狗的品种，有两种选择：“聪明的拉布拉多”或者“酷酷的雪娜瑞”。
- 如果类型选择“企鹅”，要选择企鹅的性别：“Q 仔”或 Q 妹。
- 所领养宠物的健康值默认是 100，表示非常健康。
- 所领养宠物和主人的亲密度默认是 0，表示和主人还不熟悉。
- 在控制台打印出宠物信息，包括昵称、健康值、亲密度、品种或性别，表示领养成功。

领养狗狗运行效果如图 1-1 所示，领养企鹅运行效果如图 1-2 所示。

```
欢迎您来到宠物店！
请输入要领养宠物的名字：旺财
请选择要领养的宠物类型（1、狗狗 2、企鹅）：1
请选择狗狗的品种（1、聪明的拉布拉多犬 2、酷酷的雪娜瑞）：1
宠物的自白：
我的名字叫旺财，健康值是100，和主人的亲密度是：0,我是一只聪明的拉布拉多犬。
```

图 1-1　领养狗狗运行效果图

```
欢迎您来到宠物店！
请输入要领养宠物的名字：可可
请选择要领养的宠物类型（1、狗狗 2、企鹅）：2
请选择企鹅的性别（1、Q仔 2、Q妹）：2
宠物的自白：
我的名字叫可可，健康值是100，和主人的亲密度是：0,性别是Q妹。
```

图 1-2　领养企鹅运行效果图

请使用面向对象思想来设计电子宠物系统，实现领养宠物并打印宠物信息。

【任务分析】

按照发现类、发现属性和发现方法的步骤完成设计。可以通过在需求中找出名词的方式确定类和属性，找出动词的方式确定方法，并根据需要实现业务的相关程度进行筛选。

第一步：发现类。

需求中名词有控制台、宠物昵称、狗、企鹅、类型、品种、聪明的拉布拉多犬、酷酷的雪娜瑞、性别、Q 仔、Q 妹、健康值、亲密度和主人等。

根据仔细筛选，发现可以作为类的名词有宠物、狗狗、企鹅和人。本任务要实现领养宠物功能，主要用到两个类：狗狗（Dog）和企鹅（Penguin）。宠物和主人在完善设计和增加功能时再使用。

第二步：发现类中的属性。

需求中动词主要有输入、选择、领养、打印等。某些明显与设计无关、不重要的词语可以直接忽略。通过仔细筛选，发现可作为属性的名词有昵称、健康值、亲密度、品种和性别。还有些名词是作为属性值存在的，例如聪明的拉布拉多犬、酷酷的雪娜瑞是品种的属性值，Q 仔和 Q 妹是性别的属性值。

根据需求，定义狗狗类的属性有昵称、健康值、亲密度、品种。企鹅类的属性有昵称、健康值、亲密度、性别。狗狗和企鹅的其他某些属性，例如年龄，体重，颜色等与领养业务需求无关，不予设置。

第三步：发现类中的方法。

通过仔细筛选，发现类的方法主要是打印宠物信息。狗狗和企鹅的方法主要是打印出自己的信息，取名为 show()。至于狗狗睡觉、洗澡等行为及企鹅吃饭、游泳等行为，与领养业务需求无关，现在先不为其设定方法，在后续业务中若有需求再添加。

【实现步骤】

（1）创建模块并命名。
（2）编写 Dog 类。
（3）编写 Penguin 类。
（4）编写测试代码。

【关键代码】

（源代码位置 Code\01\01-01.py）

```
#1、类的定义
class Dog:
    def show(self):
        print("宠物的自白：\n 我的名字叫{}，健康值是{}，和主人的亲密度是：{},我是一只{}。".format(
                self.name,self.health,self.love,self.strain))
class Penguin:
    def show(self):
        print("宠物的自白：\n 我的名字叫{}，健康值是{}，和主人的亲密度是：{},性别是{}。".format(
                self.name,self.health,self.love,self.sex))

print("欢迎您来到宠物店！")
name = input("请输入要领养宠物的名字：")
choice = input("请选择要领养的宠物类型（1、狗狗 2、企鹅）：")
if choice == "1": #领养的是狗狗
    result = input("请选择狗狗的品种（1、聪明的拉布拉多犬 2、酷酷的雪娜瑞）：")
    if result == "1":
       strain = "聪明的拉布拉多犬"
    elif result == "2":
       strain = "酷酷的雪娜瑞"
    #2、创建对象：对象名=类名()
    dog = Dog()
    #3、给对象添加属性
    dog.name = name
    dog.strain = strain
    dog.health = 100
    dog.love = 0
    #4、调用方法，输出宠物的自白
```

```
    dog.show()
elif choice == "2":
    result = input("请选择企鹅的性别（1、Q仔 2、Q妹）：")
    if result == "1":
        sex = "Q仔"
    elif result == "2":
        sex = "Q妹"
    pgn = Penguin()
    pgn.name = name
    pgn.sex = sex
    pgn.health = 100
    pgn.love = 0
    pgn.show()
```

【输出结果】

运行以上代码，将显示以下结果：

```
欢迎您来到宠物店！
请输入要领养宠物的名字：狗子
请选择要领养的宠物类型（1、狗狗 2、企鹅）：1
请选择狗狗的品种（1、聪明的拉布拉多犬 2、酷酷的雪娜瑞）：1
宠物的自白：
我的名字叫狗子，健康值是100，和主人的亲密度是：0,我是一只聪明的拉布拉多犬。
```

【程序解析】

程序中定义了 Dog 类，在类外给 Dog 类对象添加了 name、strain、health 和 love 属性，通过调用类中方法 show(self)显示狗狗的自白；定义了 Penguin 类，在类外给 Penguin 对象添加了 name、sex、health 和 love 属性，通过调用类中方法 show(self)显示企鹅的自白。

1.1　面向对象概述

1.1.1　面向过程编程思想和面向对象编程思想

先来看一个问题，请用程序描述如下事情：

A 同学做自我介绍

B 同学做自我介绍

C 同学做自我介绍

如何用程序描述同学自我介绍呢？

第一种方式如下：

```
stu_a = {
        "name":"A",
        "age":21,
        "gender":1,
        "hometown":"河北"
}
stu_b = {
        "name":"B",
        "age":22,
        "gender":0,
        "hometown":"山东"
}
stu_c = {
        "name":"C",
        "age":20,
        "gender":1,
        "hometown":"安徽"
}
def stu_intro(stu):
        """自我介绍"""
        for key, value in stu.items():
            print("key=%s, value=%d"%(key,value))

stu_intro(stu_a)
stu_intro(stu_b)
stu_intro(stu_c)
```

这种方式先给出同学的数据，再给出介绍的行为，最后去看介绍了谁。考虑现实生活中，思维方式是放在学生个人上，是学生自己做自我介绍。用通常的现实思维方式该怎么用程序表达呢？

```
stu_a = Student(个人信息)
stu_b = Student(个人信息)
stu_c = Student(个人信息)
stu_a.intro()
stu_a.intro()
stu_a.intro()
```

这种方式，先有同学对象，通过同学对象做自我介绍，故称为“面向过程编程”。第二种方式称为“面向对象编程”。面向过程编程最易被初学者接受，其往往用一长段代码来实现指定功能，根据业务逻辑从上到下写代码，开发过程的思路是将数据与函数按照执行的逻辑顺序组织在一起，数据与函数分开考虑。

下面学习一种新的编程方式：面向对象编程（Object Oriented Programming，OOP）。

面向过程是分析、解决问题所需要的步骤，需要用函数把这些步骤一一实现，使用的时候依次调用。例如：灯坏了，自己去买灯管，拆卸灯管，换灯管。强调的是步骤、过程，面向过程的核心概念是函数，以功能为中心实现了函数级别的代码重用。

而 Python 是一门面向对象的编程语言，它是通过对象解决问题的。如：灯坏了，找维修工修理。将数据与函数绑定到一起，进行封装，关注的是解决问题需要哪些对象，通过调用对象来实现。面向对象的核心概念是封装了属性和方法（行为）的类，以数据为中心，实现了类级别的代码重用。

又如，解决菜鸟买电脑的事情，面向过程编程的做法是：

（1）在网上查找资料。

（2）根据自己预算和需求确定电脑的型号。

（3）去电脑城找到业务员，指定购买型号，砍价成交。

（4）或者在网上商城，找到指定型号，查看优惠活动，对比价格，付款成交。

而面向对象编程的做法是：

（1）找一个靠谱的电脑高手。

（2）付款交易。

面向过程的编程强调的是步骤、过程，每一步都是亲自去实现。面向对象的编程强调的是电脑高手，电脑高手是处理这件事的主角，当遇到一个需求的时候不用自己去实现，找专业人员来做，这就是面向对象编程，如果自己一步步实现那就是面向过程编程。面向对象编程是在面向过程编程的基础上发展起来的，面向对象编程是基于面向过程编程的。

面向对象的编程思想是，按照真实世界客观事物的自然规律进行分析，客观世界中存在什么样的实体，构件的软件系统就存在什么样的实体。例如，在真实世界的学校里，会有学生和老师等实体，学生有学号、姓名、所在班级等属性（数据），还有学习、提问、吃饭和睡觉等行为。只是抽象的描述，这个抽象的描述称为类。在学校里活动的是学生个体，如张同学、陈同学等，这些具体的个体称为“对象”，对象也称为“实例”。在现实世界有类和对象，软件世界也有类和对象，只不过它们会以某种计算机语言编写的程序代码形式存在，这就是面向对象编程。

面向对象（Object Oriented，OO），一种设计思想。从 20 世纪 60 年代提出面向对象的概念到现在，它已经发展为一种比较成熟的编程思想，并且逐步成为目前软件开发领域的主流技术。如常听说的面向对象编程就是主要针对大型软件设计而提出的，它可以使软件设计更加灵活，并且能更好地进行代码复用，是一种解决软件复用的设计和编程方法。这种方法会把软件系统中相似的操作逻辑和操作应用数据、状态以类的形式描述出来，以对象实例的形式在软件系统中复用，以达到提高软件开发效率的作用。

面向过程关注的是解决问题需要哪些步骤；面向对象关注的是解决问题需要哪些对象。

两种思想都能达到解决问题的目的，只是解决问题的思路不同。

1.1.2 对象和类的概念

1. 对象

对象是一个抽象概念，英文称作 object，表示任意存在的事物。现实世界中，随处可见的一种事物就是对象，对象是事物存在的实体，如一个人，如图 1-3 所示。

图 1-3 对象“人”示意图

通常，将对象划分为两个部分，即静态部分与动态部分。静态部分称为“属性”，即外在特征，外在的属性描述。任何对象都具备自身属性，这些属性不仅是客观存在的，而且是不能被忽视的，如人的性别，如图 1-4 所示。动态部分指的是对象的内在行为，即对象执行的动作或具备的功能，如人可以跑步，如图 1-5 所示。

图 1-4 静态属性“性别”示意图

图 1-5 动态属性“跑步”示意图

提示：在 Python 中，一切都是对象。即不仅是具体的事物称为对象，字符串、函数等也都是对象。这说明 Python 天生就是面向对象的。

2. 类

类是封装对象的属性和行为的载体，反过来说具有相同属性和行为的一类实体称为类。

具有相同属性和行为事物的统称。例如，把雁群比作大雁类，那么大雁类就具备了喙、翅膀和爪等属性，以及觅食、飞行和睡觉等行为，而一只要从北方飞往南方的大雁则被视为大雁类的一个对象。大雁类和大雁对象的关系如图1-6所示。

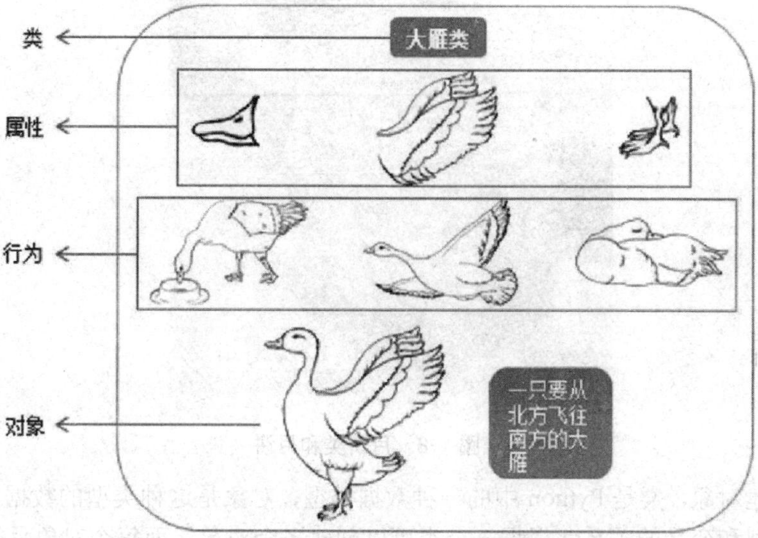

图1-6　大雁类和大雁对象的关系图

在Python语言中，类是一种抽象概念，如定义一个大雁类（Geese)，在该类中，可以定义每个对象共有的属性和方法；而一只要从北方飞往南方的大雁则是大雁类的一个对象（wildGeese)，对象是类的实例。类是抽象的，在使用的时候通常会找到这个类的一个具体的存在，使用这个具体的存在。一个类可以找到多个对象。

3. 类和对象的关系

对象是面向对象编程的核心，在使用对象的过程中，为了将具有共同特征和行为的一组对象抽象定义，提出了另外一个新的概念——类。类是对某一类事物的描述，是抽象的、概念上的定义。类是模子，确定对象将会拥有的特征（属性）和行为（方法）。对象是实际存在的该类事物的每个个体，因而也称实例（instance）。类相当于是一个模板，对象就是依照此模板产生的产品。汽车类和汽车对象如图1-7所示，月饼类和月饼如图1-8所示。

图1-7　汽车类和汽车对象

图 1-8　月饼类和月饼

根据类创建对象，类是 Python 中的一种数据类型，对象是这种类型的数据，类和对象的关系即数据类型和变量的关系，根据一个类可以创建多个对象，而每个对象只能是某一个类的对象。类规定了可以用于存储什么数据，而对象则用于实际存储数据，每个对象可存储不同的数据。

小结：类是具有相同属性和方法的一组对象的集合。属性是指对象具有的各种特征，每个对象的每个属性都拥有特定值。方法是指对象执行的操作。对象是用来描述客观事物的一个实体，由一组属性和方法构成。

1.1.3　面向对象的三个基本特征

面向对象的程序设计具有三大基本特征：封装、继承和多态。

1. 封装

封装是面向对象编程的核心思想，将对象的属性和行为封装起来，其载体就是类。类通常会对客户隐藏其实现细节，这就是封装的思想。例如，用户使用计算机，只需要使用手指敲击键盘就可以实现一些功能，而不需要知道计算机内部是如何工作的。

采用封装思想保证了类内部数据结构的完整性，使用该类的用户不能直接看到类中的数据结构，而只能执行类允许公开的数据，这样就避免了外部对内部数据的影响，提高了程序的可维护性。

使用类实现封装特性如图 1-9 所示。

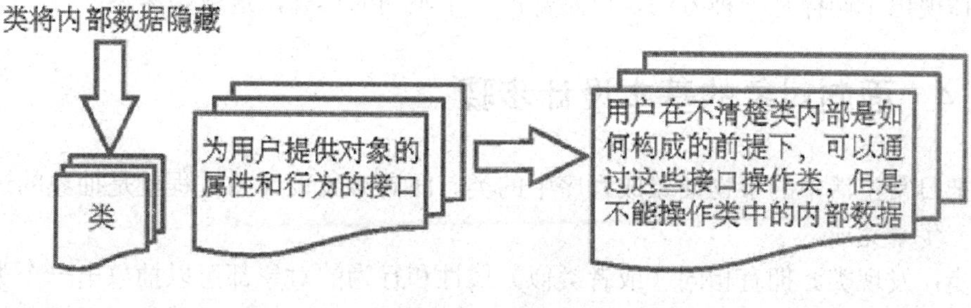

图 1-9　封装特性

2. 继承

矩形、菱形、平行四边形和梯形等都是四边形。因为四边形与它们具有共同的特征：拥有 4 条边。只要将四边形适当地延伸，就会得到矩形、菱形、平行四边形和梯形 4 种图形。以平行四边形为例，如果把平行四边形看作四边形的延伸，那么平行四边形就复用了四边形的属性和行为，同时添加了平行四边形特有的属性和行为，如平行四边形的对边平行且相等。

在 Python 中，可以把平行四边形类看作继承四边形类后产生的类。其中，将类似于平行四边形的类称为子类，将类似于四边形的类称为父类或超类。值得注意的是，在阐述平行四边形和四边形的关系时，可以说平行四边形是特殊的四边形，但不能说四边形是平行四边形。同理，Python 中可以说子类的实例都是父类的实例，但不能说父类的实例是子类的实例，四边形类层次结构如图 1-10 所示。

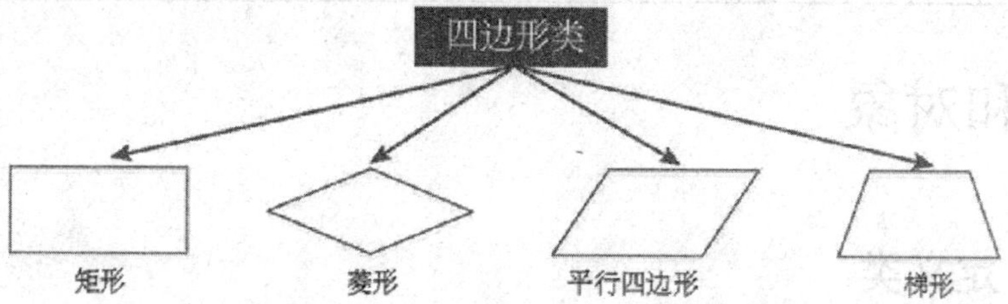

图 1-10　四边形类层次结构示意图

综上所述，继承是实现重复利用的重要手段，子类在通过继承复用了父类的属性和行为的同时，又添加了其特有的属性和行为。

3. 多态

多态是面向对象的重要特性，就是同一种事物表现出的多种形态。

对不同类的对象发出相同的消息将会有不同的行为。比如，老板让所有员工在 9 点开始工作，他只要在 9 点的时候说“开始工作”即可，而不需要对销售人员：“开始销售工作”，对技术人员说“开始技术工作”，因为“员工”是一个抽象的事物，只要是员工就可以开始工作，他知道这一点就行了。至于每个员工，当然会各司其职，做各自的工作。

多态允许将子类的对象当作父类的对象使用，某父类型的引用指向其子类型的对象，调用的方法是该子类型的方法。

比如，有一个函数是叫某个人来吃饭，函数要求传递的参数是人的对象，若来了一个美国人，看到的可能是用刀和叉在吃饭；而若来了一个中国人，则看到的可能就是用筷子在吃饭，这就体现出了同样是一种方法，可是却产生了不同的形态，这就是多态！

1.1.4 面向对象的基本设计步骤

如何把日常生活中的事物抽象成程序中的类？面向对象设计的过程就是抽象的过程，可以分以下三步来完成。

第一步：发现类。拥有相同（或者类似）属性和行为的对象都可以抽象出一个类。一般使用名词提炼法。一般名词都是类。

第二步：发现属性。一般通过找出名词的方式来确定。

第三步：发现方法。一般通过找出动词的方式来确定。

面向对象设计的过程就是抽象的过程，根据业务需求，关注与业务相关的属性和行为，忽略不必要的属性和行为，由现实世界中“对象”抽象出软件开发中的“对象”。通过在需求中找出名词的方式确定类和属性，找出动词的方式确定方法，并根据需要实现业务的相关程度进行筛选。

提示：抽象时遵循的原则：

（1）属性、方法的设置是为了解决业务问题的。

（2）关注主要属性、方法。

（3）如没有必要，勿增加额外的类、属性和方法。

1.2 类和对象

1.2.1 定义类

类（class）是 Python 语言用来描述有相同属性和行为的一类事物，是一个抽象的概念，不能够直接运行。类是组成 Python 程序的基本要素，它封装了一类对象的数据和操作。

定义一个类，格式如下：

```
class  类名[(父类)]:
#属性
#方法
def  方法名(self[,参数列表]):
#方法体
```

class 是声明类的关键字，“类名”是自定义类名，要是合法的标识符，使用大驼峰规则，首字母大写。“父类”声明当前类继承的父类。父类可以省略声明，表示直接继承 object 类。

方法的定义和函数类似，也可以设置参数和返回值。但是方法的第一个参数必须为 self。方法必须写在类的缩进中。

定义手机类代码如下：

（源代码位置：Code\01\01-02.py）

```
1. class Phone:
2.     '''''打电话'''
3.     def call(self):
4.         print("——打电话——")
5.     '''''发短信'''
6.     def sendMsg(self):
7.         print("——发短信——")
```

上述代码声明了手机类，第 3 行定义了方法 call(self)，第 6 行定义了方法 sendMsg(self)。

1.2.2　创建对象

对象必须通过类创建获得，对象是一个具体的实实在在存在的事物，是数据和功能的集合。数据称为对象的属性，功能称为对象的方法。

通过类创建实实在在存在的对象过程叫作实例化。

```
引用对象的变量名 = 类名([参数列表])
```

其中，“引用对象的变量名”是通过类创建的一个新对象的引用名称，将来通过这个引用来访问对象的成员；“类名”表示新对象的类型。“引用对象的变量名”就是该类名所代表一个类型的一个实实在在的事物。示例代码如下：

```
iphone = Phone()
print(iphone)
print(id(iphone))
```

Phone()表达式创建了一个手机对象，并把创建的对象赋值给 iphone 对象，iphone 是指向手机对象的一个引用。通过 iphone 变量可以使用刚刚创建的手机对象。结果如下：

<__main__.Phone object at 0x0000013C627A5BB0>

1358861851568

print 函数打印对象会输出一些很难懂的信息。事实上，print 函数调用了对象的__str__()方法输出字符串信息，__str__()是 object 类中的一种方法，它会返回有关对象的描述信息，由于本例中 Animal 类的__str__()方法是默认实现的，所以会返回这些难懂的信息，如果要打印友好的信息，需要重写__str__()方法。

每次创建的对象都是一个新的对象，可以通过 id()查看对象空间的地址值。所以每次运行上述代码，结果都会不一样。

1.2.3 使用对象

使用对象实际上是使用对象中的属性和方法，分为两步：

第一步：先创建对象。

```
phone = Phone()
```

第二步：通过来访问对象中的成员（对象的属性和方法）。

语法：

```
对象引用.成员
```

1. 使用属性

（1）添加新属性

语法：

```
对象.新属性名称 = 属性值
```

（2）获取属性值

语法：

```
对象.属性名称
```

备注：如果获取的属性不存在，会出现异常错误。

示例代码如下：

（源代码位置：Code\01\01-03.py）

```
1. # 添加属性
2. iphone.color = "土豪金"
3. iphone.brand = "华为"
4. # 获取属性值
5. print(iphone.color)
6. print(iphone.brand)
7. #print(iphone.size) #获取一个不存在的尺寸属性
```

第 2，3 行代码给 iphone 对象添加了属性 color 和 brand。第 5，6 行代码输出 iphone 对象的 color 属性值和 brand 属性值，结果如下：

土豪金

华为

第 7 行代码不注释会报错，iphone 对象没有 size 属性，访问一个不存在的属性会报错，报错信息如下：

print(iphone.size) #获取一个不存在的尺寸属性

AttributeError: 'Phone' object has no attribute 'size'

（3）修改属性值

语法：

```
对象.旧属性 = 新值
```

（4）删除属性

语法：

```
del 对象.属性名称
```

注意：只能删除对象上已经存在的属性

```
1. # 修改属性值
2. iphone.color = "亮黑"
3. print(iphone.color)
4. # 删除属性
5. del iphone.brand
6. #print(iphone.brand)
7. #del iphone.price #删除一个不存在的属性
```

第 2 行代码修改 iphone 对象的 color 属性值为“亮黑”。第 3 行代码输出 iphone 对象的 color 属性值。第 5 行代码删除 iphone 对象的 brand 属性。第 6 行代码不注释会报错，因为第 5 行代码把 brand 属性删除后，iphone 对象的 brand 属性就不存在，访问不存在的属性会报错。第 7 行代码不注释会报错，试图删除一个不存的属性，报错如下：

del iphone.price #删除一个不存在的属性

AttributeError: price

（5）判断属性是否存在或者属性是否有值

语法：

```
hasattr(对象,“属性名称”)
```

返回 bool 值，如果对象存在此属性，返回 True，否则返回 False。

示例如下：

```
# 判断一个属性是否存在
print(hasattr(iphone,'color'))
print(hasattr(iphone,'brand'))
print(hasattr(iphone,'price'))
```

结果如下：

```
True
False
False
```

（6）查看对象的所有属性和方法

语法：

```
dir(对象引用名)
```

示例代码如下：

```
print(dir(iphone))
print(type(iphone))
```

结果如下：

```
['__class__', '__delattr__', '__dict__', '__dir__', '__doc__', '__eq__', '__format__', '__ge__', '__getattribute__', '__gt__', '__hash__', '__init__', '__init_subclass__', '__le__', '__lt__', '__module__', '__ne__', '__new__', '__reduce__', '__reduce_ex__', '__repr__', '__setattr__', '__sizeof__', '__str__', '__subclasshook__', '__weakref__', 'call', 'color', 'sendMsg']
<class '__main__.Phone'>
```

通过 dir()查看 iphone 对象的属性和方法，通过 type()查看对象的类型。

2. 定义和调用方法

（1）定义方法

类中定义的方法实际上就是执行某种数据处理功能的函数。方法的定义和函数类似，也可以设置参数和返回值。

语法格式如下：

```
class 类名:
    #方法
    def 方法名(self[,参数列表]):
        #方法体
```

方法的第一个参数需要对应调用方法时所使用的实例对象（一般命名为 self，但也可改为其他名字）。方法必须写在类的缩进中。

（2）调用方法

对象中的方法就是对象的功能，对象可以使用这些方法（对象可以调用方法执行）。

语法：

```
对象.方法名()
```

虽然定义方法时设置第一个参数为 self，但是调用方法时不用传递对应 self 的参数。方法可以被多次调用。

3. self

类的对象方法中存在一个特殊的关键字 self，表示调用该方法的对象。在对象方法中，可以通过 self 获取到调用该方法的对象，从而可以通过 self 操作对象上的属性和方法。

当某个对象调用其方法的时候，不需要传递 self 对象的实参。因为 Python 解释器（环境）会自动将这个对象作为第一个实际参数传递给方法，所以开发者只需要在定义对象方法时“预留”第一个参数为 self 即可。

既然 self 代表调用方法的对象，那么使用 self 操作属性和使用对象操作属性是等效，即可以在方法中定义属性。

示例代码如下：

（源代码位置：Code\01\01-04.py）

```
1. class Phone:
2.     '''''打电话'''
3.     def call(self):
4.         print("——打电话——，手机颜色为：{}".format(self.color))
5.     '''''发短信'''
6.     def sendMsg(self):
7.         print("——发短信——,手机品牌为：{}".format(self.brand))
8.     # 设置颜色
9.     def setColor(self,color):
10.        # 方法中添加属性
11.        self.color = color
12. # 创建对象
13. p1 = Phone()
14. p1.brand = "华为"
15. p1.sendMsg()
16. # 通过方法添加属性
17. p1.setColor('天空色')
18. print(p1.color)
19. p1.call()
```

运行结果如下：

```
———发短信———,手机品牌为：华为
天空色
———打电话———，手机颜色为：天空色
```

在 phone 中，上述代码第 3 行、第 6 行、第 9 行定义了三个方法，call 方法和 sendMsg 方法都有参数 self; etColor 方法有两个参数，用来设置手机颜色。在第 15 行无参调用 sendMsg() 方法。在第 17 行调用 setColor()方法，传递一个实参。在第 19 行无参调用 call()方法。

任务 1-2　优化电子宠物系统

【任务描述】

优化任务 1-1 编写的电子宠物系统，需求如下：

- 领养宠物对象时可以指定昵称、健康值、亲密度、品种、性别等属性。创建对象时，若没有传值，则取默认值。昵称为“无名氏”、健康值为 100、亲密度为 0、品种为“聪明的拉布拉多犬”、性别为“Q 仔”，并且以后不允许修改昵称、品种、性别。
- 所领养宠物的健康值从键盘录入（1~100），若不在此区间，则取 60。

- 所领养宠物的亲密度从键盘录入（1~100），若不在此区间，则取 10。
- 打印对象时，在控制台打印出宠物信息，包括昵称、健康值、亲密度、品种或性别，表示领养成功。

运行效果如图 1-11 所示。

```
欢迎您来到宠物店！
请输入要领养宠物的名字：小黑
请选择要领养的宠物类型：（1、狗狗 2、企鹅）1
请选择狗狗的品种:(1、聪明的拉布拉多犬 2、酷酷的雪娜瑞)2
请输入狗狗的健康值（1~100之间）：120
请输入狗狗的亲密度（1~100之间）：110
健康值应该在0至100之间，默认值为60。
亲密度应该在0至100之间，默认值为10。
宠物的自白：
我的名字叫小黑，健康值是60，和主人的亲密度是10，我是一只酷酷的雪娜瑞。
```

图 1-11 运行效果图

【任务分析】

领养宠物对象时可以指定属性值，说明要使用带参数的构造方法，并且为构造方法的形参设置默认值。不允许修改昵称、品种、性别，说明这三个属性为私有成员。健康值和亲密度为 1~100，若不在此区间，则取规定值。说明要对传入的实参值进行检测。

【实现步骤】

（1）修改 Dog 类。
（2）修改 Penguin 类。
（3）修改测试代码。
（4）运行测试。

【关键代码】

（源代码位置：Code\01\01-05.py）

```
class Dog:
    def __init__(self,name='无名氏',health=100,love=0,strain="聪明的拉布拉多犬"):
        self.__name = name
        #self.__health = health
        self.setHealth(health)
        #self.__love = love
        self.setLove(love)
        self.__strain = strain
```

```

    def getName(self):
        return self.__name

    def getHealth(self):
        return  self.__health

    def setHealth(self,health):
        if health < 0 or health > 100:
            print("健康值应该在 0 至 100 之间，默认值为 60。")
            self.__health = 60
            return
        self.__health = health

    def getLove(self):
        return self.__love

    def setLove(self,love):
        if love < 0 or love > 100:
            print("亲密度应该在 0 至 100 之间，默认值为 10。")
            self.__love = 10
            return
        self.__love = love

    def getStrain(self):
        return self.__strain

    def __str__(self):
        msg = "宠物的自白:\n 我的名字叫{},健康值是{},和主人的亲密度是{},我是一只{}。".format(
            self.getName(),self.getHealth(),self.getLove(),self.getStrain())
        return msg


class Penguin:
    def __init__(self,name='无名氏',health=100,love=0,sex = "Q 仔"):
        self.__name = name
        # self.__health = health
```

```
        self.setHealth(health)
        # self.__love = love
        self.setLove(love)
        self.__sex = sex

    def getName(self):
        return self.__name

    def getHealth(self):
        return  self.__health

    def setHealth(self,health):
        if health < 0 or health > 100:
            print("健康值应该在 0 至 100 之间，默认值为 60。")
            self.__health = 60
            return
        self.__health = health

    def getLove(self):
        return self.__love

    def setLove(self,love):
        if love < 0 or love > 100:
            print("亲密度应该在 0 至 100 之间，默认值为 10。")
            self.__love = 10
            return
        self.__love = love

    def getSex(self):
        return self.__sex

    def __str__(self):
        msg = "宠物的自白：\n 我的名字叫{},健康值是{},和主人的亲密度是{}，性别是{}。".format(
            self.name,self.health,self.love,self.sex)
        return msg

print("欢迎您来到宠物店！")
#1、 输入宠物名称
```

```
name = input("请输入要领养宠物的名字：")
#2、选择宠物类型
type = input("请选择要领养的宠物类型：（1、狗狗 2、企鹅）")
if type == '1':
    # 2.1 如果是狗狗
    # 2.1.1.选择狗狗品种
    result = input("请选择狗狗的品种:(1.聪明的拉布拉多犬" +
                   " 2.酷酷的雪娜瑞)")
    if result == '1':
        strain = "聪明的拉布拉多犬"
    elif result == '2':
        strain = "酷酷的雪娜瑞"
    health = int(input("请输入狗狗的健康值（1~100之间）："))
    love = int(input("请输入狗狗的亲密度（1~100之间）："))
    # 2.1.2.创建狗狗对象并赋值
    dog = Dog(name,health,love,strain)
    # 2.1.3.输出狗狗信息
    print(dog)
elif type == '2':
    # 2.2.如果是企鹅
    # 2.2.1.选择企鹅性别
    result = input("请选择企鹅的性别：（1、Q仔 2、Q妹）")
    if result == '1':
        sex = "Q仔"
    elif result == '2':
        sex = "Q妹"

    health = int(input("请输入企鹅的健康值（1~100之间）："))
    love = int(input("请输入企鹅的亲密度（1~100之间）："))
    #2.2.2.创建企鹅对象并赋值
    pgn = Penguin(name,sex,health,love)
    # 2.2.3.输出狗狗信息
    print(pgn)
```

【输出结果】

运行以上代码，将显示以下结果：

```
欢迎您来到宠物店！
请输入要领养宠物的名字：狗子
```

```
请选择要领养的宠物类型：（1、狗狗 2、企鹅）1
请选择狗狗的品种:(1、聪明的拉布拉多犬 2、酷酷的雪娜瑞)1
请输入狗狗的健康值（1~100 之间）：1
请输入狗狗的亲密度（1~100 之间）：1
宠物的自白：
我的名字叫狗子,健康值是 1,和主人的亲密度是 1，我是一只聪明的拉布拉多犬。
```

【程序解析】

在 Dog 类和 Penguin 类中，将实例变量设置为私有成员，对外隐藏起来，然后提供相应的 getter/setter 方法供外界调用，并在 setter 方法中对参数值进行检测。最后提供了__str__方法，供打印对象时自动调用，输出宠物的自白。

1.3 魔法方法

在 Python 中方法名如果是__xx__()，那么就有特殊的功能，因此叫作“魔法”方法。魔法方法是 Python 提供的一种系统方法。魔法方法名字固定，必须出现在类里面，不同的魔术方法有不同的作用，不同的魔术方法执行时机不同（自动执行）。常见的魔法方法__init__、__str__、__del__、__new__、__delattr__。

1.3.1 构造方法

之前都是创建对象后添加属性，能否在创建对象的同时就完成对象的初始化工作呢？当需要初始化对象的属性比较多时，以前的做法会导致工作量比较大，并且不能保证每个必要属性被设置值。

通过类创建出来的对象都是一样的，为了区分每个对象的不同，可以在对象创建之后为每个对象上面的属性设置不同的值。那么这个过程就叫作初始化工作。

__init__()是对象的初始化方法，在创建对象的时候自动调用执行，一般称为构造方法。在类中定义，名字固定。可以实现该方法，并且在该方法中完成初始化工作(例如：定义属性和设置属性值)。

语法如下：

```
class 类名:
    def __init__(self[,参数列表]):
    #初始化操作
```

__init__(self)除了默认参数 self，还可以设置任意个数的自定义参数，设置的自定义参数必须和创建对象时传递的参数保持一致。具有初始化方法的类会在每次创建新对象时先调用__init__()方法，因此在创建对象时，__init__()方法非常适合在使用对象之前做一些初始化工作。构造方法示例代码如下：

（源代码位置：Code\01\01-06.py）

```
1. class Person:  # 定义 Person 类
2.     def __init__(self, name="未知", age=0, sex='男'):  # 定义构造方法
3.         print("构造方法被调用！")
4.         self.name = name  # 将 self 对应对象的 name 属性赋值为形参 name 的值。
5.         self.age = age  # 将 self 对应对象的 age 属性赋值为形参 age 的值。
6.         self.sex = sex  # 将 self 对应对象的 sex 属性赋值为形参 sex 的值。
7.
8.     def show(self):  # 定义普通方法 show
9.         print("姓名：{}，年龄：{}，性别：{}。
   ".format(self.name, self.age, self.sex))
10.
11. per1 = Person() #创建 Person 类对象 per1,自动执行构造方法
12. per2 = Person("张三",18,'女')
13. per1.show() #通过 per1 对象调用 show()方法。
14. per2.show() #通过 per2 对象调用 show()方法。
```

运行结果如下：

```
构造方法被调用！
构造方法被调用！
姓名：未知，年龄：0，性别：男。
姓名：张三，年龄：18，性别：女。
```

上述代码第 2 行是定义构造方法，其中参数除了第一个 self 外，其他的都有默认值，这也提供了默认值的构造方法，能够给调用者提供多个不同形式的构造方法。代码第 11 行、第 12 行调用构造方法创建 Person 对象，其中不需要传入 self，只需要提供后面的三个实际参数。

开发中，一般会在__init__()中定义对象的属性。开发者可以添加自定义参数，为对象的默认属性提供不同的初始值。构造方法使得实例化对象变得更容易，使用起来更安全，确保所有必要属性皆被初始化。

1.3.2 __str__方法

如果直接使用 print(object)打印对象，会看到创建出来的对象在内存中的地址。但如果对象的类中定义了__str__方法，当使用 print(object)输出对象时，就会打印该方法 return 的信息描述。

语法如下：

```
class 类名:
    def __str__(self):
```

```
        return "对象的描述信息"
```

__init__(self)除了默认参数 self，还可以设置任意个数的自定义参数，设置的自定义参数。__str__方法不能自定义参数，有返回值，返回对象的描述信息，在以下三种情况会自动执行：

- 调用 str 函数对类对象进行处理时。
- 调用 Python 内置函数 format()。
- print()时自动执行。

__str__示例代码如下：

（源代码位置：Code\01\01-07.py）

```
1. class Person: #定义 Person 类
2.     def __init__(self,name="未知",age=0,sex='男'): #定义构造方法
3.         print("构造方法被调用！")
4.         self.name = name #将 self 对应对象的 name 属性赋值为形参 name 的值。
5.         self.age = age #将 self 对应对象的 age 属性赋值为形参 age 的值。
6.         self.sex = sex #将 self 对应对象的 sex 属性赋值为形参 sex 的值。
7.
8.     def __str__(self): #定义魔法方法
9.         msg = "姓名：{}，年龄：{}，性别：{}。".format(self.name,self.age,self.sex)
10.        return msg
11. per1 = Person() #创建 Person 类对象 per1，自动执行构造方法
12. per2 = Person("张三",18,'女')
13. print(per1) #输出 per1 对象，自动执行__str__方法
14. print(per2) #输出 per2 对象，自动执行__str__方法
```

运行结果如下：

```
构造方法被调用！
构造方法被调用！
姓名：未知，年龄：0，性别：男。
姓名：张三，年龄：18，性别：女。
```

上述代码第 8 行定义了__str__方法，在第 13 行和第使用 14 行 print(对象)时会自动调用__str__方法。__str__()方法主要让 print()打印一个对象的结果看起来更加友好。

1.3.3 析构方法

1. 什么是__del__方法

创建对象后，Python 解释器默认调用__init__()方法完成对象的初始化工作，__init__ ()一般称为构造方法。当删除一个对象时，Python 解释器也会默认调用一个方法，这个方法为

__del__()方法，__del__()一般称为析构方法，完成对象销毁前的清理工作，如关闭文件、关闭数据库等。该方法和__init__() 是对立存在的。

对象从内存中销毁时，被 Python 解释器自动调用执行。

语法如下：

```
class 类名:
    def  __del__(self):
        #方法体，通常用来完成对象销毁前的清理任务
```

2. 分析对象何时销毁

当有一个变量保存了某个对象的引用时，此对象的引用计数器就会加 1。

当使用 del 删除变量时，变量指向对象的引用就会被删除，此对象的引用计数器就会减 1。

当对象的引用计数为 0 时，此对象占用的数据空间就会被销毁，此时才会触发__del__()方法。测量一个对象的引用方式，语法如下：

```
import sys
sys.getrefcount(对象)
```

对象销毁有以下 4 种情况：

- Python脚本执行完后，Python中所有的数据都会被销毁，包含对象，对象销毁__del__()方法执行。
- del 删除保存对象引用的所有变量，对象的引用计数变为 0。
- 保存对象引用的变量被设置成其他的值，当前对象没有被其他变量所引用。（即对象的引用计数变为 0）
- 局域变量的作用域结束。

__del__示例代码如下：

（源代码位置：Code\01\01-08.py）

```
class Person: #定义 Person 类
    def __init__(self,name="未知",age=0,sex='男'): #定义构造方法
        self.name = name #将 self 对应对象的 name 属性赋值为形参 name 的值。
        self.age = age #将 self 对应对象的 age 属性赋值为形参 age 的值。
        self.sex = sex #将 self 对应对象的 sex 属性赋值为形参 sex 的值。
        print("姓名为{}的对象被创建".format(self.name))

    def __del__(self):
        print("姓名为{}的对象被销毁".format(self.name))
def func(name):
    per = Person(name) #创建 Person 类对象 per

per1 = Person("张三") #创建 Person 类对象 per1
per2 = Person("李四") #创建 Person 类对象 per2
```

```
15. per3 = per2
16. del per2 #使用 del 删除 per2 对象
17. func("王五") #调用 func 函数
18. del per3 # 使用 del 删除 per3 对象
19. per4 = Person("赵六") #创建 Person 类对象 per4
20. per5 = Person("麻七")
21. per4 = "赵六" #保存对象引用的变量被设置成其他的值
22. print("最后一行代码")
```

运行结果如下：

```
姓名为张三的对象被创建
姓名为李四的对象被创建
姓名为王五的对象被创建
姓名为王五的对象被销毁
姓名为李四的对象被销毁
姓名为赵六的对象被创建
姓名为麻七的对象被创建
姓名为赵六的对象被销毁
最后一行代码
姓名为张三的对象被销毁
姓名为麻七的对象被销毁
```

上述代码中，在第 8 行定义了析构方法；第 17 行 func()函数调用时，func()函数内部创建的 Person 对象作用域就结束了，所以王五对象会被销毁；第 18 行，删除 per3 后，李四对象再也没有引用指向它，所以此时李四对象会被销毁；第 21 行，per4 = "赵六"后，指向赵六对象的引用被设置成了字符串赵六，赵六对象也没有引用再指向它，所以此时赵六对象会被销毁；第 22 行执行后，整个程序结束，Python 中所有的数据都会被销毁，包含麻七对象。

1.4 私有成员和封装

封装性是面向对象的三大特性之一，是面向对象编程的核心思想，将对象的属性和行为封装起来，其载体就是类，类通常会对客户隐藏其实现细节，这就是封装的思想。

Python 语言没有与封装性相关的关键字，它通过特定的名称实现对变量和方法的封装。

1.4.1 私有成员

私有成员是指将不需要暴露给调用者的成员属性或成员方法，在名称前加两个下画线'__'，变成私有的成员属性或方法。

语法如下：

```
class 类名:
    def __init__(self):
        self.__属性名称 ="属性值"   #定义私有变量
    def __方法名称__(self): #定义私有方法
        #方法体
```

私有成员只能在定义其的本类内部被访问到，在本类的外部不能调用。

示例代码如下：

（源代码位置：Code\01\01-09.py）

```
class Person:  # 定义 Person 类
    def __init__(self, name="未知", age=0, sex='男'):  # 定义构造方法
        self.__name = name  # 定义 self 对应对象的私有属性__name，并赋值为形参 name 的值。
        self.__age = age  # 定义 self 对应对象的私有属性__age，并赋值为形参 age 的值。
        self.__sex = sex  # 定义 self 对应对象的私有属性__sex，并赋值为形参 sex 的值。

    def __prepare(self):  # 定义私有方法，准备
        print("化妆，换衣服")
        return True

    def show(self):  # 定义一般方法，表演
        if self.__prepare():  # 调用私有方法
            print("开始表演")
    def __str__(self):
            msg = "姓名：{}，年龄：{}，性别：{}".format(self.__name,self.__age,self.__sex)
            return msg

per = Person("张三",18,'女') #创建对象 per
#print(per.__sex) #取消前面的注释，程序会报错。不能在类外直接访问私有属性
per.show()
#per.__prepare() #取消前面的注释，程序会报错。不能在类外直接访问私有方法
```

运行结果如下：

```
姓名：张三，年龄：18，性别：女。
化妆，换衣服
开始表演
```

在这个例子中，人有姓名、年龄、性别，要化妆、换衣服进行表演，将姓名、年龄、性别设置为私有，并提供相应的访问方法。外界最终只关心人是否能表演，并不关心人是否化好了妆，换好了衣服没有。所以将“准备工作”方法设置为私有方法__prepare()。

上述代码中，第 3 行、第 4 行、第 5 行定义了私有变量；在第 7 行定义了私有方法，在第 12 行类的内部调用私有方法；在第 15 行类的内部调用私有变量；在第 19 行类的外部试图访问私有变量，不注释会报错；在第 21 行类的外部试图调用私有方法，不注释会报错。

实际上，Python 中并不存在无法访问的私有成员。Python 中并没有严格意义上的封装。所谓的私有变量只是形式上的限制。

在类中定义了私有成员，如果想在类外访问私有成员也是可以的，只需要在私有成员名前加上“_类名”。即“_类名__私有成员名”。但这种访问方式并不符合规范，会破坏封装，可见 Python 的封装性靠程序员的自律，而非强制性的语法。

修改 Code\01\01-09.py 的测试代码如下：

（源代码位置：Code\01\01-10.py）

```
1. per = Person("张三", 18, '女')  # 创建对象 per
2. print(per)  # 输出对象 per
3. # print(per.__sex) #取消前面的注释，程序会报错。不能在类外直接访问私有属性
4. per.show()
5. # per.__prepare() #取消前面的注释，程序会报错。不能在类外直接访问私有方法
6. print("类的方法和属性：{}".format(dir(Person))) #输出类的方法和属性
7. print("对象的方法和属性：{}".format(dir(per))) #输出对象的方法和属性
8. print(per._Person__sex) #在类外访问私有属性__sex 并输出
9. per._Person__sex = '男' #在类外设置私有属性__sex
10. print(per)
11. per._Person__prepare() #在类外调用私有方法
```

运行结果如下：

```
姓名：张三，年龄：18，性别：女。
化妆，换衣服
开始表演
类的方法和属性：['_Person__prepare’,……, 'show‘]
对象的方法和属性：
['_Person__age', '_Person__name', '_Person__prepare', '_Person__sex’,……, 'show']
女
姓名：张三，年龄：18，性别：男。
化妆，换衣服
```

上述代码中，在第 8 行通过“对象名._类名.__私有变量”的方式在类外访问私有变量；第 9 行在类外修改私有变量的值；第 10 行输出对象，发现确实修改了 per 对象私有变量的值；第 11 行在类外调用私有方法。

小结：私有属性可以在类的实例方法中访问，在类外不能直接通过“对象._属性名”访问，但可以通过“实例名._类名_xxx”方式访问。。

1.4.2 定义属性

封装通常是对成员变量进行的封装。在严格意义上的面向对象设计中，一个类是不应该有公有的实例成员变量的，这些实例成员变量应该被设计为私有的，然后通过公有的 setter 和 getter 访问器访问。

语法如下：

```
class 类名:
    def  get私有变量名(self):
        return self.__私有变量名
    def set私有变量名(self,新值)
        # 设置一些检测新值的代码
        self.__私有变量名 = 新值
```

getter 方法用来获取私有变量的值，无参数有返回值。setter 方法用来设置私有变量的值，有参数无返回值。getter、setter 方法可以同时出现，也可以只出现一个，只有 getter 方法就是只读变量，只有 setter 方法就是只写变量。

示例代码如下：

（源代码位置：Code\01\01-11.py）

```
class Person:  # 定义Person类
    def __init__(self, name="未知", age=0, sex='男'):  # 定义构造方法
        self.__name = name  # 定义self对应对象的私有属性__name，并赋值为为形参name的值。
        self.__age = age  # 定义self对应对象的私有属性__age，并赋值为形参age的值。
        self.__sex = sex  # 定义self对应对象的私有属性__sex，并赋值为形参sex的值。

    def getSex(self):  # 定义私有属性__sex的getter方法,供外界间接访问私有属性。
        return self.__sex

    def setSex(self, sex):  # 定义私有属性__sex的setter方法，供外界间接设置私有属性。
        if sex == '男' or sex == '女':
            self.__sex = sex

    def __prepare(self):  # 定义私有方法，准备
        print("化妆，换衣服")
        return True
```

```
17.
18.     def show(self):  # 定义一般方法，表演
19.         if self.__prepare():  # 调用私有方法
20.             print("开始表演")
21.     def __str__(self):
22.             msg = "姓名：{}，年龄：{}，性别：{}".format(self.__name,self.__age,self.__sex)
23.             return msg
24.
25. per = Person("张三", 18, '女')  # 创建对象 per
26. per.setSex('田') #调用 setter 方法修改__sex 的值
27. print(per.getSex()) #调用 getter 方法获取__sex 的值并输出
```

运行结果如下：

```
女
```

上述代码中，在第 7 行定义了私有变量__sex 的 getter()方法；在第 10 行定义了私有变量__sex 的 setter 方法，方法内部检测参数值的合法性，不合法则不改变私有变量的值，合法则取参数的值；在第 26 行通过调用 setter()方法修改性别为田，这是无法修改的，性别还是以前的值“女”；在第 27 行调用 getter()方法在类外访问私有变量的值。

访问器形式的封装在编写代码时比较麻烦。为了解决这个问题，Python 中提供了属性（property），定义属性可以使用@property 和@属性名.setter 装饰器，其中@property 用来装饰 getter 访问器，@属性名.setter 用来装饰 setter 访问器。

使用属性修改 Code\01\01-11.py 的示例代码如下：

（源代码位置：Code\01\01-12.py）

```
class Person:  # 定义 Person 类
    def __init__(self, name="未知", age=0, sex='男'):  # 定义构造方法
        self.__name = name  # 定义 self 对应对象的私有变量__name，并赋值为为形参 name 的值。
        self.__age = age  # 定义 self 对应对象的私有变量__age，并赋值为形参 age 的值。
        self.__sex = sex  # 定义 self 对应对象的私有变量__sex，并赋值为形参 sex 的值。

    @property
    def sex(self):  # 代替 getSex(self)。
        return self.__sex

    @sex.setter
    def sex(self, sex):  # 代替 setSex(self,weight)。
        if sex == '男' or sex == '女':
```

```
14.             self.__sex = sex
15.
16.     def __prepare(self):  # 定义私有方法，准备
17.         print("化妆，换衣服")
18.         return True
19.
20.     def show(self):  # 定义一般方法，表演
21.         if self.__prepare():  # 调用私有方法
22.             print("开始表演")
23.     def __str__(self):
24.             msg = "姓名：{}，年龄：{}，性别：
    {}".format(self.__name,self.__age,self.__sex)
25.             return msg
26.
27. per = Person("张三", 18, '女')  # 创建对象 per
28. per.sex = '田'
29. print(per.sex) #访问属性 setter 访问器
```

运行结果如下：

```
女
```

上述代码第 8 行是定义属性 getter 访问器，使用了@property 装饰器进行装饰，方法名就是属性名，这样就可以通过属性取值了，见代码第 29 行。代码第 12 行是定义属性 setter 访问器，使用了@sex.setter 装饰器进行装饰，sex 就是属性名，与 getter 和 setter 访问器方法名保持一致，可通过 per.sex = '田'赋值，见代码第 28 行。

从上述示例可见，属性本质上就是两种方法，在方法前加上装饰器使得方法成为属性。属性使用起来类似于公有变量，可在赋值符“=”左边或右边，左边是被赋值，右边是取值。

提示：定义属性时应该先定义 getter 访问器，再定义 setter 访问器，即代码第 1 行和第 2 行不能颠倒，否则会出现错误。这是因为@property 修饰 getter 访问器时，定义了 sex 属性，这样在后面使用@sex.setter 装饰器才是合法的。

1.4.3 私有成员的作用

使用私有成员可以进一步实现类的封装，将属性、方法与方法实现的细节隐藏起来。将不需要暴露给调用者的属性或方法设置为私有，可以保护内部属性不被调用者修改，并可以对数据的访问级别进行精确控制。

面向对象编程的思想关注的是对象功能完成的结果，不关注内部实现和过程。使用私有成员，一是可以更好地保护属性安全，即让调用者不能随意修改属性；二是提高封装性，隐

藏内部实现，仅开放用户需要的功能。外部使用的该类功能方法设置为公有，其他的都设置为私有。例如，ATM 机里面有很多功能，如验钞功能、数钱功能、取钱功能等，但最终提供给用户的是取钱功能，其他功能都隐藏了，因为用户只关心取钱功能。

项目小结

本项目首先介绍了面向对象编程的基本知识，包括面向对象编程思想、类和对象的概念、定义类、根据类创建对象和使用对象、self 的使用；然后介绍了构造方法、__str__、析构方法的使用；最后介绍了面向对象的封装性，私有成员的定义、访问限制和作用。通过本项目的学习，读者会对面向对象有初步的了解，会独立设计简单的类，并会创建和使用对象。

项目 2　面向对象编程（下）

教学导航

本章概览

继承是实现代码重用的重要手段。多态将父类对象应用于子类。继承和多态是面向对象的重要特征。本项目将对面向对象的继承、多态、类变量与实例变量、类方法和静态方法进行介绍。通过本项目的学习，读者可理解继承的概念和作用，掌握继承的使用，理解多态的概念，掌握类变量和实例变量的区别，掌握类变量和类方法的使用。

知识框架

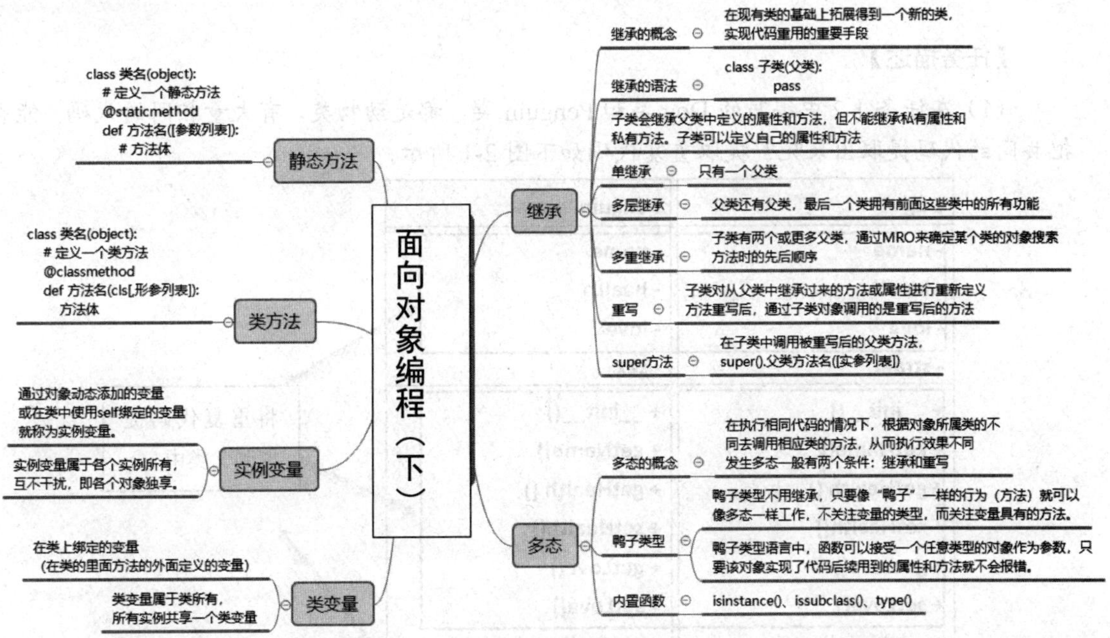

导　学

知识重点	（1）继承的概念与作用； （2）继承的定义； （3）重用和 super 方法； （4）多态的使用； （5）类变量和实例变量的区别和使用； （6）类方法和静态方法的使用
知识难点	类的继承、多态使用
推荐教学方式	从任务入手，带领学生解决任务，针对任务中使用到的知识点进行重点讲解
建议学时	8 学时
推荐学习方法	（1）勤于动手实践操作； （2）分小组团队学习，互相查找问题、解决问题。
必须掌握的理论知识	继承的定义和使用、多态的实现、类变量和实例变量、类方法和静态方法
必须掌握的技能	会使用继承、多态、类变量、类方法、静态方法设计类

任务 2-1　使用继承优化电子宠物系统

【任务描述】

（1）在任务 1-2 中编写的 Dog 类和 Penguin 类，都是动物类，有大量相同的代码，能否把共同的代码提取出来呢？提取重复代码如下图 2-1 所示。

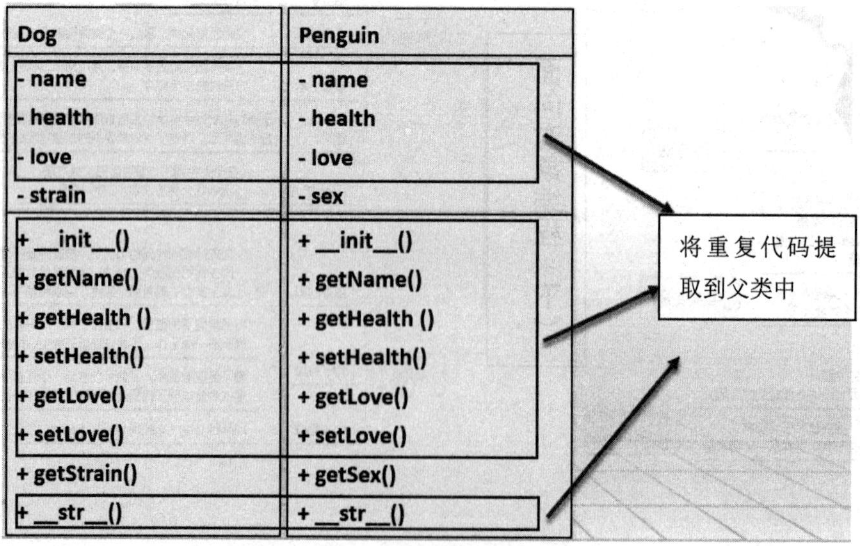

图 2-1　提取重复代码

使用继承、重写优化任务 1-2 编写的电子宠物系统如图 2-2 所示。

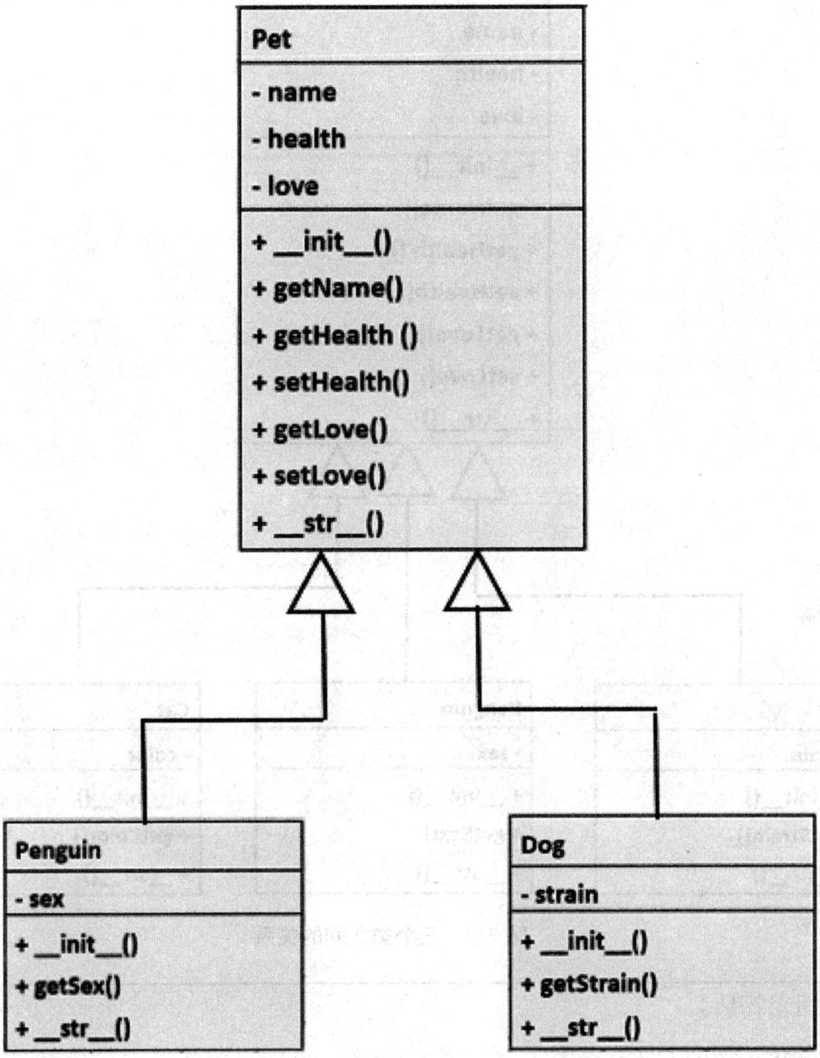

图 2-2　使用继承、重写优化设计

（2）添加一个子类 Cat，继承 Pet，有它自己的属性颜色 color。三个类之间的关系如图 2-3 所示。

（3）给子类 Dog 添加新功能。狗狗通过吃饭，当健康值小于 100 时，健康值增加 3，输出“狗狗 XX 吃饱啦！健康值增加 3。”，否则输出“狗狗 XX 吃饱了，不需要喂食了！”，健康值不再增加。狗狗玩飞盘游戏，当健康值大于或等于 60 时，输出“狗狗 XX 正在玩接飞盘游戏！健康值减少 10，亲密度增加 5。”，健康值减少 10，亲密度增加 5，否则输出“狗狗 XX 生病了！”，健康值和亲密度不变。编写测试代码并运行，如图 2-4 所示。

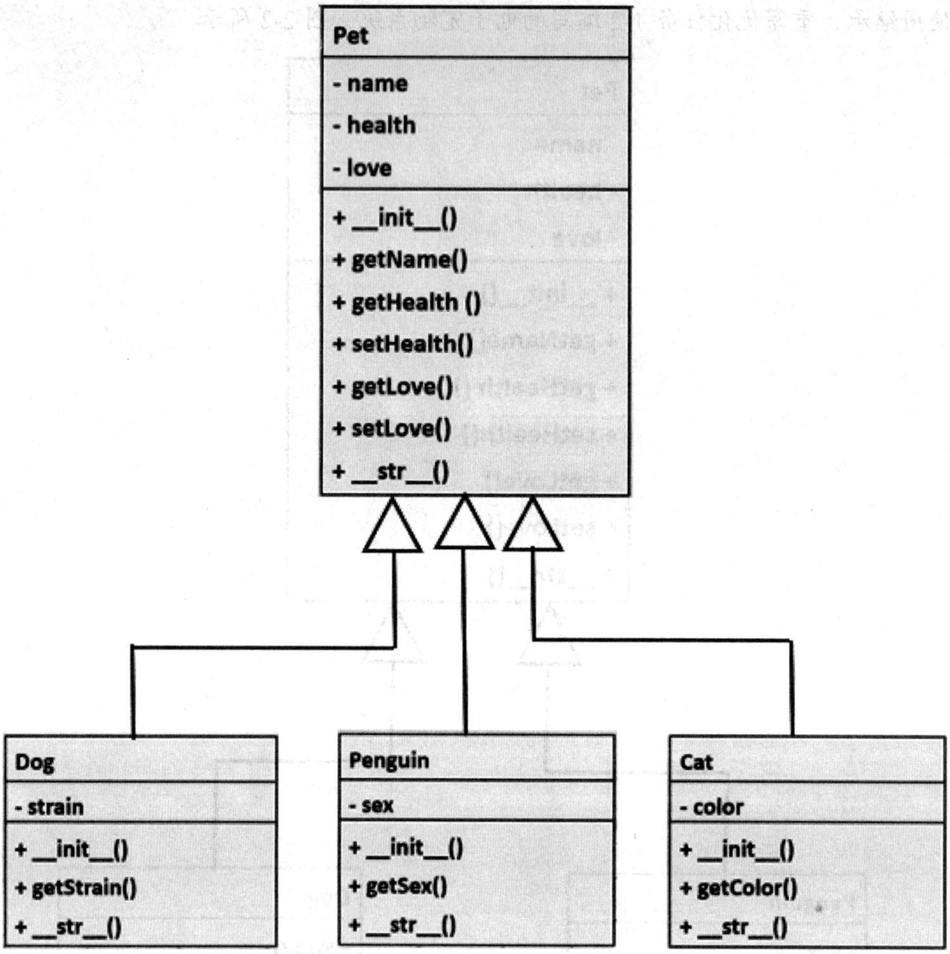

图 2-3　三个类之间的关系

```
欢迎您来到宠物店！
请输入要领养宠物的名字：  小黑
请选择要领养的宠物类型（1、狗狗  2、企鹅  3、猫咪）：1
请选择狗狗的品种（1、聪明的拉布拉多犬  2、酷酷的雪娜瑞）：1
请输入狗狗的健康值（1~100之间）：100
请输入狗狗的亲密度（1~100之间）：0
狗狗  小黑吃饱了，不需要喂食了！
狗狗  小黑正在玩接飞盘游戏！健康值减少10，亲密度增加5。
宠物的自白：
我的名字叫  小黑，健康值是90，和主人的亲密度是5。我是一只聪明的拉布拉多犬。
```

图 2-4　Dog 类测试效果图

（4）给子类 Penguin 添加新功能。企鹅通过吃饭，当健康值小于 100 时，健康值增加 5，输出“企鹅 XX 吃饱啦！健康值增加 5。”，否则输出“企鹅 XX 吃饱了，不需要喂食了！”，健康值不再增加。企鹅游泳，当健康值大于或等于 60 时，输出“企鹅 XX 正在游泳！健康值减少 10，亲密度增加 5。”，健康值减少 10，亲度增加 5，否则输出“企鹅 XX 生病了！”，健康值和亲密度不变。编写测试代码并运行，如图 2-5 所示。

```
欢迎您来到宠物店！
请输入要领养宠物的名字：楠楠
请选择要领养的宠物类型（1、狗狗 2、企鹅  3、猫咪）：2
请选择企鹅的性别（1、Q仔 2、Q妹）：2
请输入企鹅的健康值（1~100之间）：69
请输入企鹅的亲密度（1~100之间）：10
企鹅楠楠吃饱啦！健康值增加5。
企鹅楠楠正在游泳！健康值减少10，亲密度增加5。
宠物的自白：
我的名字叫楠楠，健康值是64，和主人的亲密度是15。性别是Q妹。
```

图 2-5　Penguin 类测试效果图

（5）给子类 Cat 添加新功能。猫咪通过吃饭，当健康值小于 100 时，健康值增加 4，输出“猫咪 XX 吃饱啦！健康值增加 4。”，否则输出“猫咪 XX 吃饱了，不需要喂食了！”，健康值不再增加。猫咪跳高，当健康值大于或等于 60 时，输出“猫咪 XX 正在跳高！健康值减少 10，亲密度增加 5。”，健康值减少 10，亲密度增加 5，否则输出“猫咪 XX 生病了！”，健康值和亲密度不变。编写测试代码并运行，如图 2-6 所示。

```
欢迎您来到宠物店！
请输入要领养宠物的名字：哈哈
请选择要领养的宠物类型（1、狗狗 2、企鹅  3、猫咪）：3
请选择猫咪的颜色：白色
请输入猫咪的健康值（1~100之间）：50
请输入猫咪的亲密度（1~100之间）：80
猫咪哈哈生病了！
猫咪哈哈吃饱啦！健康值增加4。
宠物的自白：
我的名字叫哈哈，健康值是54，和主人的亲密度是80。我的颜色是白色。
```

图 2-6　Cat 类测试效果图

【任务分析】

2 个相关的类中有共同的代码，可以考虑提取出来，形成父类，然后这 2 个类分别继承这个父类。最后定义一个新类 Cat，继承父类。

【实现步骤】

（1）分析 Dog 类和 Penguin 类中相同的代码，提取出共同代码，编写父类 Pet。
（2）修改 Dog 类。
（3）修改 Penguin 类。
（4）定义 Cat 类。
（5）编写测试代码。

【关键代码】

（源代码位置：Code\02\02-01.py）

```
#1、定义父类
class Pet(object):
    def __init__(self,name='无名氏',health=100,love=0):
        self.__name = name
        self.setHealth(health)
        self.setLove(love)

    def getName(self):
        return self.__name

    def getHealth(self):
        return self.__health

    def setHealth(self, health):
        if health < 0 or health > 100:
            print("健康值应该在 0 至 100 之间，默认值为 60。")
            self.__health = 60
            return
        self.__health = health

    def getLove(self):
        return self.__love

    def setLove(self, love):
        if love < 0 or love > 100:
            print("亲密度应该在 0 至 100 之间，默认值为 10。")
            self.__love = 10
            return
        self.__love = love

```

```
    def __str__(self):
        msg = "宠物的自白：\n 我的名字叫{}，健康值是{}，和主人的亲密度是{}。".format(
            self.__name,self.__health,self.__love)
        return msg

class Dog(Pet):
    # 重写父类中的方法
    def __init__(self,name='无名氏',health=100,love=0,strain='聪明的拉布拉多犬'):
        # 调用父类的__init__方法。
        super().__init__(name,health,love)
        self.__strain = strain

    def getStrain(self):
        return self.__strain
    # 重写父类的方法
    def __str__(self):
        return super().__str__() + "我是一只{}。".format(self.__strain)

    # 子类增加吃饱的方法
    def eat(self):
        if self.getHealth() < 100:
            # 在以前的基础上增加 3
            self.setHealth(self.getHealth() + 3)
            print("狗狗{}吃饱啦！健康值增加 3。".format(self.getName()))
        else:
            print("狗狗{}吃饱了，不需要喂食了！".format(self.getName()))

    # 玩飞盘游戏
    def catchingFlyDisc(self):
        if self.getHealth() >= 60:
            # 健康值减少 10，亲密度增加 5
            self.setHealth(self.getHealth() - 10)
            self.setLove(self.getLove() + 5)
            print("狗狗{}正在玩接飞盘游戏！健康值减少 10，亲密度增加 5。".format(self.getName()))
        else:
            print("狗狗{}生病了！".format(self.getName()))
```

```python

class Penguin(Pet):
    def __init__(self,name='无名氏',health=100,love=0,sex='Q 仔'):
        super().__init__(name,health,love)
        self.__sex = sex

    def getSex(self):
        return self.__sex

    def __str__(self):
        return super().__str__() + "性别是{}。".format(self.__sex)

    # 子类增加吃饭的方法
    def eat(self):
        if self.getHealth() < 100:
            # 在以前的基础上增加 3
            self.setHealth(self.getHealth() + 5)
            print("企鹅{}吃饱啦！健康值增加 5。".format(self.getName()))
        else:
            print("企鹅{}吃饱了，不需要喂食了！".format(self.getName()))
    # 游泳
    def swimming(self):
        if self.getHealth() >= 60:
            # 健康值减少 10，亲密度增加 5
            self.setHealth(self.getHealth() - 10)
            self.setLove(self.getLove() + 5)
            print("企鹅{}正在游泳！健康值减少 10，亲密度增加 5。".format(self.getName()))
        else:
            print("企鹅{}生病了！".format(self.getName()))

class Cat(Pet): #继承
    def __init__(self, name='无名氏', health=100, love=0, color='黑色'):
        # 调用父类的__init__方法。
        super().__init__(name, health, love)
        self.__color = color

    def getColor(self):
        return self.__color
```

```

    def __str__(self):
        return super().__str__() + "我的颜色是{}。".format(self.__color)

        # 子类增加吃饭的方法

    def eat(self):
        if self.getHealth() < 100:
            # 在以前的基础上增加3
            self.setHealth(self.getHealth() + 4)
            print("猫咪{}吃饱啦！健康值增加4。".format(self.getName()))
        else:
            print("猫咪{}吃饱了，不需要喂食了！".format(self.getName()))

    # 跳高
    def jumping(self):
        if self.getHealth() >= 60:
            # 健康值减少10，亲密度增加5
            self.setHealth(self.getHealth() - 10)
            self.setLove(self.getLove() + 5)
            print("猫咪{}正在跳高！健康值减少10，亲密度增加5。".format(self.getName()))
        else:
            print("猫咪{}生病了！".format(self.getName()))

print("欢迎您来到宠物店！")
name = input("请输入要领养宠物的名字：")
choice = input("请选择要领养的宠物类型（1、狗狗 2、企鹅  3、猫咪）：")
if choice == "1": #领养的是狗狗
    result = input("请选择狗狗的品种（1、聪明的拉布拉多犬 2、酷酷的雪娜瑞）：")
    if result == "1":
        strain = "聪明的拉布拉多犬"
    elif result == "2":
        strain = "酷酷的雪娜瑞"
    #2、创建对象：对象名=类名()
    health = int(input("请输入狗狗的健康值（1~100之间）："))
    love = int(input("请输入狗狗的亲密度（1~100之间）："))
    dog = Dog(name,health,love,strain)
    #4、调用方法，输出宠物的自白
```

```
    dog.eat()
    dog.catchingFlyDisc()
    print(dog)
elif choice == "2":
    result = input("请选择企鹅的性别（1、Q仔 2、Q妹）：")
    if result == "1":
        sex = "Q仔"
    elif result == "2":
        sex = "Q妹"
    health = int(input("请输入企鹅的健康值（1~100之间）："))
    love = int(input("请输入企鹅的亲密度（1~100之间）："))
    pgn = Penguin(name,health,love,sex)
    pgn.eat()
    pgn.swimming()
    print(pgn)
elif choice == "3":
    color = input("请选择猫咪的颜色：")
    health = int(input("请输入猫咪的健康值（1~100之间）："))
    love = int(input("请输入猫咪的亲密度（1~100之间）："))
    cat = Cat(name,health,love,color)
    cat.jumping()
    cat.eat()
print(cat)
```

【程序解析】

将 Dog 和 Penguin 中相同的代码提取出来编写父类 Pet，Dog 类继承 Pet 类，增加子类特有的实例变量 strain、实例方法 eat(self)和实例方法 catchingFlyDisc(self)，并重写父类的__str__方法。Penguin 类继承 Pet 类，增加子类特有的实例变量 sex、实例方法 eat(self)和实例方法 swimming(self)，并重写父类的__str__方法。测试类中，根据用户的选择情况创建相应的宠物对象，并调用宠物的吃饭和玩耍方法。

2.1 继　承

2.1.1 继承的概念

在现实生活中，继承一般指的是子女继承父辈的财产，如图 2-7 所示，搞不好结果如图 2-8 所示。

图 2-7　生活中的继承

图 2-8　遗产争夺

程序中的继承是为了实现代码重用。为了了解程序中的继承，先看这样一个场景：一位面向对象的程序员小张，在编程过程中描述和处理个人信息，定义了类 Person，如下所示：

（源代码位置：Code\02\02-02.py）

```
class Person:
    def __init__(self, name, age):
        self.name = name  # 名字
        self.age = age  # 年龄

    def info(self):
        template = 'Person [name={0}, age={1}]'
        s = template.format(self.name, self.age)
        return s
```

一周以后，小张又遇到了新的需求，需要描述和处理学生信息，于是他又定义了一个新的类 Student，如下所示：

```
class Student:
    def __init__(self, name, age, school):
        self.name = name  # 名字
        self.age = age  # 年龄
        self.school = school  # 所在学校

    def info(self):
        template = 'Student [name={0}, age={1}, school={2}]'
        s = template.format(self.name, self.age, self.school)
        return s
```

很多人认为小张的做法能够被理解并认为这是可行的，但问题在于 Student 和 Person 两个类的结构太接近了，后者只比前者多了一个 school 实例变量，却要重复定义其他所有的内容，实在让人“不甘心”。Python 提供了解决类似问题的机制，那就是类的继承。

在程序中，继承描述的是事物之间的从属关系。如图 2-9 所示，当使用一个动物类描述动物的时候使用了很多的属性和方法，而当再使用类去描述猫和狗的时候,它们都属于动物，就不用重新写一些所有动物共有的属性和方法了，直接继承动物类即可。

在程序中，继承是指在一个类的基础上进行拓展得到一个新的类。现有的类称为父类（基类 base class，超类 super class ），拓展出来的类称为子类（派生类，sub class ）。

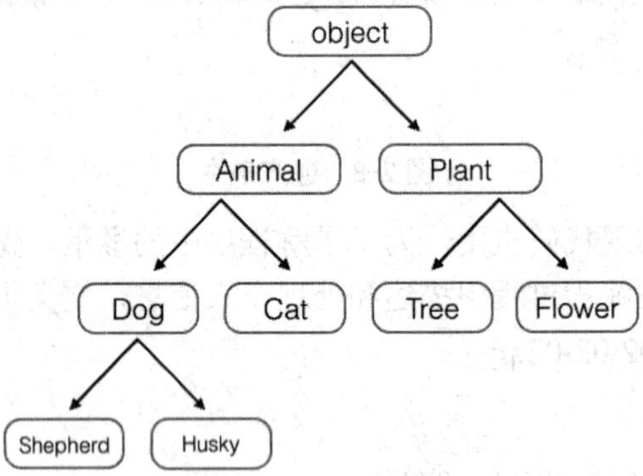

图 2-9　事物之间的从属关系

2.1.2　子类的定义

1. 子类定义语法

在 Python 中，继承语法如下：

```
class 子类名（父类名）：
```

object 是 Python 中的根类，当一个类没有明显地继承自另一个类时，默认继承 object 类。继承示例如下：

（源代码位置：Code\02\02-03.py）

```
1. class Animal(object): # 定义一个父类，新式类，与class Animal:是等价的
2.     '''''动物类'''
3.     def run(self):
4.         print("Animal running")
5.
6. class Cat(Animal):  #定义一个子类Cat继承Animal
7.     '''''猫类'''
8.     pass
9.
10. class Dog(Animal):  #定义一个子类Dog继承Animal
11.     '''''狗类'''
12.     pass
13.
14. cat = Cat() #创建对象调用方法
15. cat.run()  #通过继承，子类能够继承父类的方法。
16. dog = Dog()
17. dog.run()
```

运行结果如下：

```
Animal running
Animal running
```

类的定义方式有两种：新式类和经典类，上面的第 1 行 class Animal(object)：为新式类。如果是 class Animal：则为经典类，但这种编程方式已经不推荐使用。任何时候，如果没有合适的类可以继承，就继承自 object 类。第 6 行和第 10 行分别定义了子类 Cat 和 Dog 继承 Animal，Cat 和 Dog 类都没有定义任何的类体，Animal 称为父类（基类），Cat 和 Dog 称为子类。在定义子类时，小括号中为父类的名字。第 15 行和第 17 行调用了 run 方法，虽然子类没有定义 run()方法，但是父类定义了，所以在子类继承父类的时候这个方法就被继承了。父类方法会被继承给子类。不仅是方法，父类的属性和方法都会被继承给子类。

2. 拓展父类，子类添加新功能

通过继承可以直接把父类中的操作拿到子类中使用，这样就不必从零做起。当然，子类也可以定义自己的属性或方法。实例如下所示：

（源代码位置：Code\02\02-04.py）

```
class Animal(object): ##定义一个父类
```

```
2.      '''''动物类'''
3.      def __init__(self,name):
4.          self.name = name
5.
6.      def run(self):
7.          print("Animal running")
8.
9.  #定义一个子类继承 Animal
10. class Cat(Animal):
11.     '''''猫类'''
12.     # 子类也可以添加自己的功能
13.     def eat(self):
14.         print("{} is eating……".format(self.name))
15.
16. cat = Cat('波斯猫')  #创建对象调用方法
17. cat.run()
18. cat.eat()
```

运行结果如下：

```
Animal running
波斯猫 is eating……
```

在子类中新增加了 eat(self)方法，见第 13 行。在第 18 行调用子类自己定义的方法。

3. 私有变量和私有方法的继承问题

父类中的私有方法、私有变量不会被子类继承，但可以通过调用父类上的方法，间接访问私有属性和私有方法。示例如下所示：

（源代码位置：Code\02\02-05.py）

```
class Animal(object):
    '''''动物类'''
    def __init__(self,name):
        self.__name = name   # 私有变量

    # 私有方法
    def __drive(self):
        print('{}会开车!'.format(self.__name))

    # 返回私有属性的方法
    def getName(self):
        return self.__name

```

```
14. class Cat(Animal): #定义一个子类继承 Animal
15.     '''''猫类'''
16.     def test(self):
17.         #print(self.__name) #不注释会报错，子类不能继承父类中的私有属性
18.         #print(self.__drive())#不注释会报错，子类不能继承父类中的私有方法
19.         print(self.getName())#子类不能继承父类中的私有属性,但可以通过方法间接访
    问
20.
21. cat = Cat('波斯猫')
22. cat.test()
```

运行结果如下：

```
波斯猫
```

第 4 行定义了私有变量；第 7 行定义了私有方法；在第 17 行、第 18 行子类的方法中试图调用父类中的私有变量和私有方法，不注释会报错；子类不能继承父类中的私有变量和私有方法，但可以通过第 19 行调用父类的方式间接访问私有成员。

通常会在写代码的过程中发现所写代码已经和其他类中的代码重复，就可以将功能相同的代码放到父类上，然后通过子类继承而达到重用。前提是这两个类有关系。

2.1.3　单继承、多层继承、多重继承

在 02-05.py 中，Cat 类继承 Animal 类，就是单继承。如果一个子类只有一个父类，则将这种继承关系称为单继承。

B 类继承 A 类，一个 C 类想要同时使用 B、A 类上的属性和方法，可以使 C 继承 B，B 继承 A，C、B、A 之间构成了层级关系。如图 2-10 所示，波斯猫、猫和动物之间就是多层继承。在继承关系中，子类可以拥有父类的功能，也可以拥有父类的父类的功能，即最后一个类拥有前面这些类中的所有功能。这其实就是多层继承。

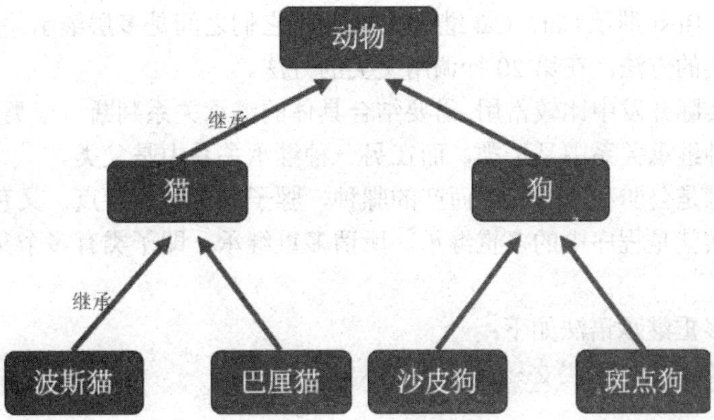

图 2-10　多层继承

多层继承示例如下：

（源代码位置：Code\02\02-06.py）

```
1.  class Animal(object):
2.      '''''动物类'''
3.      def __init__(self,name):
4.          self.name = name
5.
6.      def run(self):
7.          print("Animal running")
8.
9.  class Cat(Animal):
10.     '''''猫类'''
11.     def eat(self):
12.         print("{} is eating……".format(self.name))
13.
14. class Bosi(Cat):
15.     pass
16.
17. #创建波斯猫对象
18. bosi = Bosi('波斯猫')
19. bosi.run()
20. bosi.eat()
```

运行结果如下：

```
Animal running
波斯猫 is eating……
```

上述代码中，Bosi 继承 Cat，Cat 继承 Aniaml，它们之间是多层继承关系，在第 19 行调用的是父类的父类的方法；在第 20 行调用父类的方法。

多层继承在实际开发中比较常用。需要结合具体的继承关系判断一个类是父类还是子类，一个类可能在一种继承关系中是子类，而在另一种继承关系中是父类。

生活中的马骡是公驴和母马交配而产的骡种，骡子既有驴的特点，又有马的特征。如图 2-11 所示，这其实就是程序中的多重继承。所谓多重继承，即子类有多个父类，并且具有它们的特征。

Python 中的多重继承语法如下：

```
class 子类（父类 1，父类 2……）
```

图 2-11　多重继承

多重继承示例如下：
（源代码位置：Code\02\02-07.py）

```
1. class A(object):
2.     def printA(self):
3.         print('----A----')
4.
5. # 定义一个父类
6. class B(object):
7.     def printB(self):
8.         print('----B----')
9.
10. # 定义一个子类，继承自 A、B
11. class C(A,B):
12.     def printC(self):
13.         print('----C----')
14.
15. obj_C = C()
16. obj_C.printA()
17. obj_C.printB()
```

运行结果如下：

```
----A----
----B----
```

在第 11 行定义了 C 类，继承 A 类和 B 类，C 和 A、B 类之间就是多重继承；在第 16 行调用了父类 A 的方法；在第 17 行调用了父类 B 的方法。当一个子类需要使用多个父类上的属性和方法，但是多个父类之间没有直接关系，这个时候可以使用多重继承。

定义马类、驴类、骡类如下：

（源代码位置：Code\02\02-08.py）

```
class Horse(object):
    def run(self):
        print("跑得飞快")
# 定义一个驴类
class Donkey(object):
    def carry(self):
        print("驼很多东西")
# 定义一个骡子类，既能跑也能驼
class Mule(Horse, Donkey):
    pass
# 创建一个骡子对象
m = Mule()
m.run()
m.carry()
```

运行结果如下：

```
跑得飞快
驼很多东西
```

在上面的示例中，如果马和驴两个类中都有 eat()方法，那么通过子类对象去调用 eat()方法的时候调用哪个？Python 会根据【方法解析顺序】（Method Resolution Order，或 MRO）来确定某个类的对象搜索方法时的先后顺序。语法如下：

```
类名.__mro__
```

父类方法同名示例如下：

（源代码位置：Code\02\02-09.py）

```
class Horse(object):
    def eat(self): # 吃的方法
        print("马在吃草")

    def run(self):
        print("跑得飞快")

class Donkey(object):
    def eat(self): # 吃的方法
        print("驴在吃草")
```

```
11.
12.     def carry(self):
13.         print("驼很多东西")
14.
15. class  Mule(Donkey,Horse):
16.     pass
17.
18. luozi = Mule() # 创建一个骡子对象
19. print(Mule.__mro__)
20. luozi.eat()
```

运行结果如下：

(<class '__main__.Mule'>, <class '__main__.Donkey'>, <class '__main__.Horse'>, <class 'object'>)
驴在吃草

Horse 类中定义了一个 eat(self)方法，见第 2 行。Donkey 类中定义了一个同名的方法 eat(self)，见第 9 行。在第 20 行，通过子类对象 luozi 调用 eat(self)方法，调用的是父类 Donkey 中定义的方法。在 Python 中，如果子类继承的多个父类间是平行的关系，子类先继承了哪个类就会调用哪个类的方法。如果当前类的继承关系非常复杂，Python 会使用 mro 算法找到合适的类，可以调用__mro__方法查看某个类的对象探索方法时的先后顺序，见第 19 行。通过子类对象 luozi 调用 eat(self)方法，根据 mro 算法，先在自己所在的类 Mule 中找，没有定义 eat(self)方法，再到 Donkey 类中找，没找到再到 Horse 类中找，没找到再到 object 类中找。如果都没有，最终就会报错。

2.1.4　重写

在继承关系中，子类会自动拥有父类定义的方法，但是有时子类想要按照自己的方式实现方法，即对父类中继承来的方法进行重写，使得子类中的方法覆盖掉跟父类同名的方法。所谓重写，就是子类中有一个和父类相同名字的方法，在子类中的方法会覆盖掉父类中同名的方法。方法重写示例代码如下：

（源代码位置：Code\02\02-10.py）

```
class Person:#定义 Person 类
    def __init__(self,name): #定义构造方法
        self.name = name #将 self 对象的 name 属性赋值为形参 name 的值
    def printInfo(self): #printInfo 方法
        print("姓名：{}".format(self.name))
class Student(Person): #以 Person 类作为父类定义子类 Student
    def __init__(self,sno,name): #重写父类中的构造方法
```

```
8.          self.sno = sno #将 self 对应对象的 sno 属性赋值为形参 sno 的值
9.          self.name = name #将 self 对象的 name 属性赋值为形参 name 的值
10.     def printInfo(self): #重写父类中的 printInfo 方法
11.         print("学号：{}，姓名：{}".format(self.sno,self.name))
12. stu = Student("19205008","李四")
13. stu.printInfo()
```

运行结果如下：

```
学号：19205008，姓名：李四
```

上述代码第 4 行是父类中定义 printInfo(self)方法，子类继承父类并重写了 printInfo(self)方法，见代码第 10 行，那么通过子类实例调用 printInfo(self)方法时，会调用子类重写的 printInfo(self)方法。

2.1.5 super()方法

父类中的方法一旦被子类重写，子类对象就不会自动去找父类方法执行，在子类方法中可以通过 super().父类方法名(([实参列表]) 来调用被重写的父类方法。

super()方法示例代码如下：

（源代码位置：Code\02\02-11.py）

```
class Person:#定义父类 Person 类
    def __init__(self,name): #定义构造方法
        print("Person 类构造方法被调用！")
        self.name = name #将 self 对象的 name 属性赋值为形参 name 的值

    def printInfo(self): #printInfo 方法
        print("姓名：{}".format(self.name))

class Student(Person): #以 Person 类作为父类定义子类 Student
    def __init__(self,sno,name): #定义构造方法
        print("Student 类构造方法被调用！")
        self.sno = sno  #将 self 对应对象的 sno 属性赋值为形参 sno 的值
        # self.name = name  #将 self 对象的 name 属性赋值为形参 name 的值
        super().__init__(name)  #调用父类的构造方法
    def printInfo(self): #重写父类中的 printInfo 方法
        # print("学号：{}，姓名：{}".format(self.sno,self.name))
        print("学号：{}，".format(self.sno),end="") #不换行输出学号
        super().printInfo() #调用父类中的 printInfo 方法
stu = Student('19205008','张三')
stu.printInfo()
```

运行结果如下：

```
Student 类构造方法被调用！
Person 类构造方法被调用！
学号：19205008，姓名：张三
```

上述代码中，子类 Student 重写了父类的构造方法和 printInfo(self)方法，第 14 行处代码带参调用父类的构造方法；第 18 行代码无参调用了父类的 printInfo(self)方法。

任务 2-2　使用多态优化电子宠物系统

【任务描述】

完善任务 2-1 中的电子宠物系统，使用多态实现主人领养宠物、给宠物喂食、与宠物玩耍等功能。

（1）创建主人类 Master，在 Master 类添加领养方法 getPet(typeId,name,health,love,info)。如果 typeId 为“1”，则领养的是狗狗类型，info 就是品种。如果 typeId 为“2”，则领养的是企鹅类型，info 就是性别。如果 typeId 为“3”，则领养的是猫咪类型，info 就是颜色。返回领养的宠物。Master 类的属性和其他方法自行设计。

（2）创建测试类 Test，根据主人选择的宠物类型编号、昵称、健康值、亲密度等信息领养宠物。领养成功时，输出“XX 领养宠物 XX 成功”，并输出宠物的信息。领养失败时，输出“对不起，没有此类型的宠物，领养失败！”。领养成功如图 2-12 所示，领养失败如图 2-13 所示。

```
欢迎您来到宠物店！
请输入要领养宠物的名字：小黑
请选择要领养的宠物类型（1、狗狗 2、企鹅  3、猫咪）：1
请选择狗狗的品种（1、聪明的拉布拉多犬 2、酷酷的雪娜瑞）：1
请输入狗狗的健康值（1~100之间）：90
请输入狗狗的亲密度（1~100之间）：10
王先生领养宠物狗狗成功，宠物信息如下：
宠物的自白：
我的名字叫小黑，健康值是90，和主人的亲密度是10。我是一只聪明的拉布拉多犬。
```

图 2-12　领养成功

```
欢迎您来到宠物店！
请输入要领养宠物的名字：旺旺
请选择要领养的宠物类型（1、狗狗 2、企鹅  3、猫咪）：4
对不起，没有此类型的宠物，领养失败！
```

图 2-13　领养失败

（3）在 Master 类，添加 feed(pet)方法，在该方法中调用相应宠物的 eat()方法，实现宠物的喂养。

（4）在测试类 Test，调用 feed(pet)实现主人喂养相应宠物的功能，如图 2-14 所示。

```
欢迎您来到宠物店！
请输入要领养宠物的名字：神探
请选择要领养的宠物类型（1、狗狗 2、企鹅  3、猫咪）：3
请选择猫咪的颜色：白色
请输入猫咪的健康值（1~100之间）：90
请输入猫咪的亲密度（1~100之间）：0
王先生领养宠物猫咪成功，宠物信息如下：
宠物的自白：
我的名字叫神探，健康值是90，和主人的亲密度是0。我的颜色是白色。
------主人喂养宠物------
猫咪神探吃饱啦！健康值增加4。
宠物的自白：
我的名字叫神探，健康值是94，和主人的亲密度是0。我的颜色是白色。
```

图 2-14　喂养猫咪

（5）在 Master 类，给主人添加 play(Pet pet)方法，pet 代表 Dog 就玩接飞盘游戏；pet 代表 Penguin 就玩游泳游戏；pet 代表 Cat 就玩跳高游戏。

（6）在测试类 Test 中，调用相应方法完成主人与宠物的玩耍功能，如图 2-15 所示。

```
欢迎您来到宠物店！
请输入要领养宠物的名字：雪雪
请选择要领养的宠物类型（1、狗狗 2、企鹅  3、猫咪）：2
请选择企鹅的性别（1、Q仔 2、Q妹）：2
请输入企鹅的健康值（1~100之间）：90
请输入企鹅的亲密度（1~100之间）：10
王先生领养宠物企鹅成功，宠物信息如下：
宠物的自白：
我的名字叫雪雪，健康值是90，和主人的亲密度是10。性别是Q妹。
------主人喂养宠物------
企鹅雪雪吃饱啦！健康值增加5。
------主人和宠物玩耍-------
企鹅雪雪正在游泳！健康值减少10，亲密度增加5。
宠物的自白：
我的名字叫雪雪，健康值是85，和主人的亲密度是15。性别是Q妹。
```

图 2-15　主人和企鹅玩耍

【任务分析】

根据宠物类型编号确定主人领养的宠物类型，在 feed()方法中使用多态实现不同的动物喂养结果不同，在 play()方法中使用 isinstance 判断参数是哪个类的实例。

【实现步骤】

（1）编写 Master 类。

（2）定义 getPet(self,typeId,name,health,love,info)。

（3）定义 feed(self,pet)和 play(self,pet)。

（4）编写测试代码。

【关键代码】

（源代码位置：Code\02\02-12.py）

```
#此处省略 Pet 父类、Dog、Penguin、Cat 子类的定义
class Master:
    def __init__(self,name):
        self.__name = name

    def getName(self):
        return self.__name

    def getPet(self,typeId,name,health,love,info):
        pet = None
        if typeId == "1":
            pet = Dog(name,health,love,info)
        elif typeId == "2":
            pet = Penguin(name,health,love,info)
        elif typeId == "3":
            pet = Cat(name,health,love,info)
        return pet

    def feed(self,pet):
        pet.eat()  #参数不同，会有不同的效果，这就是多态

    def play(self,pet):
        # 需要判断 pet 是哪个类的实例
        if isinstance(pet,Dog):
            pet.catchingFlyDisc()
        elif isinstance(pet,Penguin):
```

```
            pet.swimming()
        elif isinstance(pet,Cat):
            pet.jumping()

pet = None
print("欢迎您来到宠物店！")
master = Master("王先生")
name = input("请输入要领养宠物的名字：")
choice = input("请选择要领养的宠物类型（1、狗狗 2、企鹅  3、猫咪）：")
if choice == "1": #领养的是狗狗
    type = "狗狗"
    result = input("请选择狗狗的品种（1、聪明的拉布拉多犬 2、酷酷的雪娜瑞）：")
    if result == "1":
        strain = "聪明的拉布拉多犬"
    elif result == "2":
        strain = "酷酷的雪娜瑞"
    #2、创建对象：对象名=类名()
    health = int(input("请输入狗狗的健康值（1~100 之间）："))
    love = int(input("请输入狗狗的亲密度（1~100 之间）："))
    # 主人领养狗狗
    pet = master.getPet(choice,name,health,love,strain)
elif choice == "2":
    type = "企鹅"
    result = input("请选择企鹅的性别（1、Q 仔 2、Q 妹）：")
    if result == "1":
        sex = "Q 仔"
    elif result == "2":
        sex = "Q 妹"
    health = int(input("请输入企鹅的健康值（1~100 之间）："))
    love = int(input("请输入企鹅的亲密度（1~100 之间）："))
    # 主人领养狗狗
    pet = master.getPet(choice,name,health,love,sex)
elif choice == "3":
    type = "猫咪"
    color = input("请选择猫咪的颜色：")
    health = int(input("请输入猫咪的健康值（1~100 之间）："))
    love = int(input("请输入猫咪的亲密度（1~100 之间）："))
    # 主人领养猫咪
    pet = master.getPet(choice,name,health,love,color)
```

```
if pet != None:  #领养成功
    print("{}领养宠物{}成功，宠物信息如下：".format(master.getName(),type))
    print(pet)
    print("------主人喂养宠物------")
    master.feed(pet)
    print("------主人和宠物玩耍-------")
    master.play(pet)
    print(pet)
else:
    print("对不起，没有此类型的宠物，领养失败！")
```

【程序解析】

程序定义了父类 Pet，Dog、Penguin、Cat 继承 Pet 类，定义了 Master 类，在 Master 类中定义了主人领养宠物方法 getPet(self,typeId,name,health,love,info)、主人给宠物喂食方法 feed(self,pet)、主人和宠物玩耍方法 play(self,pet)。在测试类中，先新建了一个主人对象，根据用户输入的信息，调用相应方法实现主人领养宠物、喂食宠物、，和宠物玩耍等。

2.2　多　态

2.2.1　多态概念

在面向对象程序设计中，多态是一个非常重要的特性，理解多态有利于进行面向对象的分析与设计。

多态，是指在执行相同代码的情况下，根据对象所属类的不同去调用相应类的方法，从而执行效果不同。多态的概念最初是应用于 Java 和 C#这类强类型语言中。例如，在 Java 中多态性是指编译期声明变量是父类的类型，在运行期确定变量所引用的实例。多态性优势在于运行期间动态特性。

发生多态要有两个前提：第一，继承——多态一定是发生在子类和父类之间；第二，重写——子类重写了父类的方法。

在 Python 语法中，可以在多个子类中重写父类的方法，这个时候所有的子类和父类中虽然都有相同名字的方法，但是实现的效果是不同的，这就是多态。

下面通过一个示例解释什么是多态。如图 2-16 所示，父类 Figure（几何图形）有一个 draw（绘图）函数，Figure 有两个子类 Ellipse（椭圆）和 Triangle（三角形），Ellipse 和 Triangle 重写 draw()方法，Ellipse 和 Triangle 都有 draw()方法，但具体实现的方式不同。

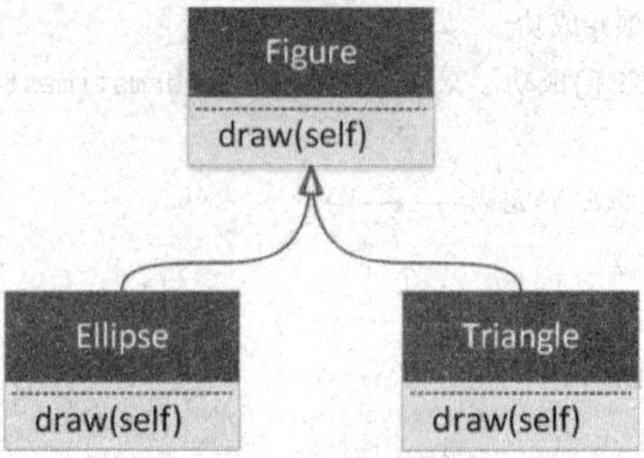

图 2-16　几何图形图

具体代码如下：

（源代码位置：Code\02\02-13.py）

```
# 几何图形
class Figure:
    def draw(self):
        print('绘制 Figure...')

# 椭圆形
class Ellipse(Figure):
    def draw(self):
        print('绘制 Ellipse...')

# 三角形
class Triangle(Figure):
    def draw(self):
        print('绘制 Triangle...')

f1 = Figure()  # 没有发生多态
f1.draw()

f2 = Ellipse()  # 发生多态
f2.draw()

f3 = Triangle()  # 发生多态
f3.draw()
```

运行结果如下：

```
绘制 Figure...
```

```
绘制 Ellipse...
绘制 Triangle...
```

上述代码第 20 行和第 23 行符合多态的两个前提，因此会发生多态；而代码第 17 行不符合，没有发生多态。多态发生时，Python 解释器根据引用指向的实例调用它的方法。

提示：与 Java 等静态语言相比，多态性对于动态语言 Python 而言意义不大。多态性优势在于运行期动态特性。例如，在 Java 中，多态性是指编译期声明变量是父类的类型，在运行期确定变量所引用的实例。而 Python 不需要声明变量的类型，没有编译，直接由解释器运行，运行期确定变量所引用的实例。

2.2.2　鸭子类型

多态性对于动态语言意义不是很大，在动态语言中有一种类型检查称为“鸭子类型”，即当一只鸟走起路来像鸭子、游起泳来像鸭子、叫起来也像鸭子，那么这只鸟就可以被当作“鸭子”。Python 崇尚“鸭子类型”。鸭子类型不关注变量的类型，而是关注变量具有的方法。鸭子类型像多态一样工作，但是没有继承，只要像有“鸭子”一样的行为（方法）就可以了。最常见的应用是，在 Python 中编写一个函数，传递实参前其参数的类型并不确定，在函数中使用形参进行操作时只要传入的对象能够支持该操作程序就可以正常执行。

（源代码位置：Code\02\02-14.py）

```python
class Animal(object): #定义一个父类 Animal
    def run(self): #定义 run 方法
        print("动物跑……")
class Dog(Animal): ##定义一个子类 Dog 继承 Animal
    def run(self): #定义 run 方法
        print("狗狗跑……")
class Car: #定义一个 Car 类
    def run(self):
        print("汽车跑……")
def go(animal): #定义一个 go 方法,接收参数是 Animal
    animal.run()

go(Animal())
go(Dog())
go(Car())
```

运行结果如下：

```
动物跑……
```

```
狗狗跑……
汽车跑……
```

上述代码定义了三个类 Aniaml、Dog 和 Car，从代码和图 2-17 可见 Dog 继承了 Aniaml，而 Car 与 Animal 和 Dog 没有任何关系，只是它们都有 run()方法。

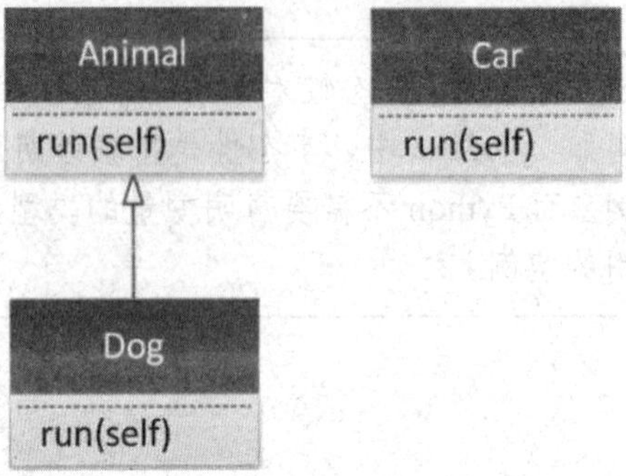

图 2-17　鸭子类型类图

代码第 10 行定义的 go()函数设计时考虑接收 Animal 类型参数，但是由于 Python 解释器不做任何的类型检查，所以可以传入任意实际参数。当代码第 15 行给 go()函数传入 Car 实例时，它可以正常执行。这就是“鸭子类型”。鸭子类型语言中，函数可以接受一个任意类型的对象作为参数，只要该对象实现了代码后续用到的属性和方法就不会报错。在 Python 中，多态是指在不考虑对象类型的情况下使用对象。

在 Python 这样的动态语言中使用“鸭子类型”替代多态性设计，能够充分发挥 Python 动态语言特点，但是也给软件设计者带来了困难，对程序员的要求也非常高。

2.2.3 类型检查

无论多态性对 Python 影响多大，Python 作为面向对象的语言多态性是存在的，这一点可以通过运行期类型检查证实，运行期类型检查使用 isinstance(object, classinfo)函数，它可以检查 object 实例是否由 classinfo 类或 classinfo 子类所创建的实例。

修改 02-13 代码如下：

（源代码位置：Code\02\02-15.py）

```
# 几何图形
class Figure:
    def draw(self):
        print('绘制 Figure...')

# 椭圆形
class Ellipse(Figure):
    def draw(self):
        print('绘制 Ellipse...')
```

```
10.
11. # 三角形
12. class Triangle(Figure):
13.     def draw(self):
14.         print('绘制 Triangle...')
15.
16. f1 = Figure()  # 没有发生多态
17. f1.draw()
18.
19. f2 = Ellipse()  # 发生多态
20. f2.draw()
21.
22. f3 = Triangle()  # 发生多态
23. f3.draw()
24.
25. print(isinstance(f1, Triangle))  # False
26. print(isinstance(f2, Triangle))  # False
27. print(isinstance(f3, Triangle))  # True
28. print(isinstance(f2, Figure))  # True
```

运行结果如下：

```
False
False
True
True
```

上述代码第 25 行和第 28 行添加的代码，需要注意代码第 28 行的 isinstance(f2, Figure) 表达式是 True，f2 是 Ellipse 类创建的实例，Ellipse 是 Figure 类的子类，所以这个表达式返回 True，通过这样的表达式可以判断是否发生了多态。f1 是 Figure 类创建的实例，故第 25 行的结果为 False。另外，还有一个类似于 isinstance(object,classinfo)的 issubclass(class,classinfo)函数，issubclass(class,classinfo)函数用来检查 class 是不是 classinfo 的子类，示例代码如下：

```
print(issubclass(Ellipse, Triangle))  # False
print(issubclass(Ellipse, Figure))  # True
print(issubclass(Triangle, Ellipse))  # False
```

type()是用来获取一个对象的类型，三者示例如下：

（源代码位置：Code\02\02-16.py）

```
class Person: #定义 Person 类
    pass
class Student(Person): #定义子类 Student 继承 Person
```

```
4.     pass
5. class Car: #定义 Car 类
6.     pass
7. stu = Student() #创建 Student 类对象 stu
8. c = Car() #创建 Car 对象 car
9. print("stu 是 Person 类或其子类对象：",isinstance(stu,Person))
10. print("stu 是 Student 类或其子类对象：",isinstance(stu,Student))
11. print("c 是 Person 类或其子类对象",isinstance(c,Person))
12. print("Student 是 Person 类的子类：",issubclass(Student,Person))
13. print("Person 是 Student 类的子类：",issubclass(Person,Student))
14. print("Car 是 Person 类的子类：",issubclass(Car,Person))
15. print("stu 对象所属的类：",type(stu))
16. print("c 对象所属的类：",type(c))
17. print("stu 是 Person 类对象：",type(stu) == Person)
18. print("stu 是 Student 类对象：",type(stu)== Student)
```

运行结果如下：

```
stu 是 Person 类或其子类对象： True
stu 是 Student 类或其子类对象： True
c 是 Person 类或其子类对象 False
Student 是 Person 类的子类： True
Person 是 Student 类的子类： False
Car 是 Person 类的子类： False
stu 对象所属的类： <class '__main__.Student'>
c 对象所属的类： <class '__main__.Car'>
stu 是 Person 类对象： False
stu 是 Student 类对象： True
```

上述代码中，第 9 行代码，stu 是 Person 类的子类 Student 类创建的实例，所以表达式的结果为 True；第 17 行代码，stu 的类型是 Student，不是 Person，所以表达式的结果为 False。由此可见，对于继承类型判断，isinstance()与 type()有所不同，type() 不会认为子类是一种父类类型，不考虑继承关系。isinstance() 会认为子类是一种父类类型，考虑继承关系。

如果要判断一个对象的类型是否是指定类或该类的子类，则可以使用 instance 函数。如果要判断一个对象的类型是否是指定类，则可以使用“type(对象名)==类名”的方式。

提示：isinstance(object, classinfo) 用于判断一个对象所属的类是否是指定的类或指定类的子类。issubclass(class,classinfo) 用于判断一个类 class 是不是另一类 classinfo 的子类。type(object) 用于获取一个对象所属的类。

任务 2-3　统计购买宠物数量

【任务描述】

（1）实现循环购买

宠物主人可以循环购买多个宠物，一次购买一个宠物，直到主人选择结束。循环购买如图 2-18 所示。

```
欢迎您来到宠物店！
请输入要领养宠物的名字：小黑
请选择要领养的宠物类型（1、狗狗 2、企鹅  3、猫咪）：1
请选择狗狗的品种（1、聪明的拉布拉多犬 2、酷酷的雪娜瑞）：1
请输入狗狗的健康值（1~100之间）：90
请输入狗狗的亲密度（1~100之间）：10
王先生领养宠物狗狗成功，宠物信息如下：
宠物的自白：
我的名字叫小黑，健康值是90，和主人的亲密度是：10。我是一只聪明的拉布拉多犬。
继续购买吗？(y/n)：y
请输入要领养宠物的名字：旺旺
请选择要领养的宠物类型（1、狗狗 2、企鹅  3、猫咪）：3
请选择猫咪的颜色：白色
请输入猫咪的健康值（1~100之间）：95
请输入猫咪的亲密度（1~100之间）：5
王先生领养宠物猫咪成功，宠物信息如下：
宠物的自白：
我的名字叫旺旺，健康值是95，和主人的亲密度是：5。我的颜色是白色。
继续购买吗？(y/n)：n
程序结束！谢谢使用
```

图 2-18　循环购买

（2）统计购买（领养）数量

结束购买后，使用类属性和类方法实现“统计领养宠物的总数，及每种类型的宠物数量”。在测试类中不增加其他代码，只输出购买情况，如图 2-19 所示。

```
继续购买吗？(y/n)：y
请输入要领养宠物的名字：asd
请选择要领养的宠物类型（1、狗狗 2、企鹅　3、猫咪）：4
王先生领养宠物猫咪成功，宠物信息如下：
宠物的自白：
我的名字叫式式，健康值是98，和主人的亲密度是2。我的颜色是白色。
继续购买吗？(y/n)：n
总共成功领养了4只宠物，分布如下：
狗狗：1只
企鹅：2只
猫咪：1只
程序结束！谢谢使用
```

图 2-19　统计领养数量

【任务分析】

使用私有类变量来保存相应宠物的数量，每次创建一个宠物对象，在相应类的构造函数中数量加 1，使用类方法来访问私有类变量。

【实现步骤】

（1）修改 Pet 类。

（2）修改 Dog 类。

（3）修改 Penguin 类。

（4）修改 Cat 类。

（5）编写测试代码。

【关键代码】

（源代码位置：Code\02\02-17.py）

```
#1、定义父类
class Pet(object):
    __petNum = 0  #统计宠物的数量
    def __init__(self,name='无名氏',health=100,love=0):
        self.__name = name
        self.setHealth(health)
        self.setLove(love)
        Pet.__petNum += 1

    @classmethod
    def getPetNum(cls):
```

```
        return cls.__petNum

    def getName(self):
        return self.__name

    def getHealth(self):
        return self.__health

    def setHealth(self, health):
        if health < 0 or health > 100:
            print("健康值应该在 0 至 100 之间，默认值为 60。")
            self.__health = 60
            return
        self.__health = health

    def getLove(self):
        return self.__love

    def setLove(self, love):
        if love < 0 or love > 100:
            print("亲密度应该在 0 至 100 之间，默认值为 10。")
            self.__love = 10
            return
        self.__love = love

    def __str__(self):
        msg = "宠物的自白：\n 我的名字叫{}，健康值是{}，和主人的亲密度是{}。".format(
            self.__name,self.__health,self.__love)
        return msg

class Dog(Pet):
    __dogNum = 0  #统计狗狗类对象的数量
    # 重写父类中的方法
    def __init__(self,name='无名氏',health=100,love=0,strain='聪明的拉布拉多犬'):
        # 调用父类的__init__方法。
        super().__init__(name,health,love)
        self.__strain = strain
```

```
        Dog.__dogNum += 1

    @classmethod
    def getDogNum(cls):
        return cls.__dogNum

    def getStrain(self):
        return self.__strain
    # 重写父类的方法
    def __str__(self):
        return super().__str__() + "我是一只{}。".format(self.__strain)

    # 子类增加吃饱的方法
    def eat(self):
        if self.getHealth() < 100:
            # 在以前的基础上增加 3
            self.setHealth(self.getHealth() + 3)
            print("狗狗{}吃饱啦！健康值增加 3。".format(self.getName()))
        else:
            print("狗狗{}吃饱了，不需要喂食了！".format(self.getName()))

    # 玩飞盘游戏
    def catchingFlyDisc(self):
        if self.getHealth() >= 60:
            # 健康值减少 10，亲密度增加 5
            self.setHealth(self.getHealth() - 10)
            self.setLove(self.getLove() + 5)
            print("狗狗{}正在玩接飞盘游戏！健康值减少 10，亲密度增加 5。".format(self.getName()))
        else:
            print("狗狗{}生病了！".format(self.getName()))

class Penguin(Pet):
    __penguinNum = 0 #统计企鹅的数量
    def __init__(self,name='无名氏',health=100,love=0,sex='Q 仔'):
        super().__init__(name,health,love)
        self.__sex = sex
        Penguin.__penguinNum += 1

```

```
    @classmethod
    def getPenguinNum(cls):
        return cls.__penguinNum

    def getSex(self):
        return self.__sex

    def __str__(self):
        return super().__str__() + "性别是{}。".format(self.__sex)

    # 子类增加吃饭的方法
    def eat(self):
        if self.getHealth() < 100:
            # 在以前的基础上增加 3
            self.setHealth(self.getHealth() + 5)
            print("企鹅{}吃饱啦！健康值增加 5。".format(self.getName()))
        else:
            print("企鹅{}吃饱了，不需要喂食了！".format(self.getName()))
    # 游泳
    def swimming(self):
        if self.getHealth() >= 60:
            # 健康值减少 10，亲密度增加 5
            self.setHealth(self.getHealth() - 10)
            self.setLove(self.getLove() + 5)
            print("企鹅{}正在游泳！健康值减少 10，亲密度增加 5。".format(self.getName()))
        else:
            print("企鹅{}生病了！".format(self.getName()))

class Cat(Pet): #继承
    __catNum = 0
    def __init__(self, name='无名氏', health=100, love=0, color='黑色'):
        # 调用父类的__init__方法。
        super().__init__(name, health, love)
        self.__color = color
        Cat.__catNum += 1

    @classmethod
    def getCatNum(cls):
```

```
        return cls.__catNum

    def getColor(self):
        return self.__color

    def __str__(self):
        return super().__str__() + "我的颜色是{}。".format(self.__color)

        # 子类增加吃饭的方法

    def eat(self):
        if self.getHealth() < 100:
            # 在以前的基础上增加 3
            self.setHealth(self.getHealth() + 4)
            print("猫咪{}吃饱啦！健康值增加 4。".format(self.getName()))
        else:
            print("猫咪{}吃饱了，不需要喂食了！".format(self.getName()))

    # 跳高
    def jumping(self):
        if self.getHealth() >= 60:
            # 健康值减少 10，亲密度增加 5
            self.setHealth(self.getHealth() - 10)
            self.setLove(self.getLove() + 5)
            print("猫咪{}正在跳高！健康值减少 10，亲密度增加 5。".format(self.getName()))
        else:
            print("猫咪{}生病了！".format(self.getName()))

class Master:
    def __init__(self,name):
        self.__name = name

    def getName(self):
        return self.__name

    def getPet(self,typeId,name,health,love,info):
        pet = None
        if typeId == "1":
```

```
            pet = Dog(name,health,love,info)
        elif typeId == "2":
            pet = Penguin(name,health,love,info)
        elif typeId == "3":
            pet = Cat(name,health,love,info)
        return pet

    def feed(self,pet):
        pet.eat()  #参数不同，会有不同的效果，这就是多态

    def play(self,pet):
        # 需要判断 pet 是哪个类的实例
        if isinstance(pet,Dog):
            pet.catchingFlyDisc()
        elif isinstance(pet,Penguin):
            pet.swimming()
        elif isinstance(pet,Cat):
            pet.jumping()

pet = None
print("欢迎您来到宠物店！")
master = Master("王先生")
while True:
    name = input("请输入要领养宠物的名字：")
    choice = input("请选择要领养的宠物类型（1、狗狗 2、企鹅  3、猫咪）：")
    if choice == "1": #领养的是狗狗
        type = "狗狗"
        result = input("请选择狗狗的品种（1、聪明的拉布拉多犬 2、酷酷的雪娜瑞）：")
        if result == "1":
            strain = "聪明的拉布拉多犬"
        elif result == "2":
            strain = "酷酷的雪娜瑞"
        #2、创建对象：对象名=类名()
        health = int(input("请输入狗狗的健康值（1~100之间）："))
        love = int(input("请输入狗狗的亲密度（1~100之间）："))
        # 主人领养狗狗
        pet = master.getPet(choice,name,health,love,strain)
    elif choice == "2":
```

```
        type = "企鹅"
        result = input("请选择企鹅的性别（1、Q仔 2、Q妹）：")
        if result == "1":
            sex = "Q仔"
        elif result == "2":
            sex = "Q妹"
        health = int(input("请输入企鹅的健康值（1~100之间）："))
        love = int(input("请输入企鹅的亲密度（1~100之间）："))
        # 主人领养狗狗
        pet = master.getPet(choice,name,health,love,sex)
    elif choice == "3":
        type = "猫咪"
        color = input("请选择猫咪的颜色：")
        health = int(input("请输入猫咪的健康值（1~100之间）："))
        love = int(input("请输入猫咪的亲密度（1~100之间）："))
        # 主人领养猫咪
        pet = master.getPet(choice,name,health,love,color)
    if pet != None:  #领养成功
        print("{}领养宠物{}成功，宠物信息如下：".format(master.getName(),type))
        print(pet)
        # print("------喂养宠物------")
        # master.feed(pet)
        # print(pet)
        # print("------和宠物玩耍-------")
        # master.play(pet)
        # print(pet)
    else:
        print("对不起，没有此类型的宠物，领养失败！")
    answer = input("继续购买吗？(y/n)：")
    if answer == "n":
        break

#打印领养宠物的数量情况
print("总共成功领养了{}只宠物，分布如下：".format(pet.getPetNum()))
print("狗狗：{}只".format(Dog.getDogNum()))
print("企鹅：{}只".format(Penguin.getPenguinNum()))
print("猫咪：{}只".format(Cat.getCatNum()))
print("程序结束！谢谢使用")
```

【程序解析】

在父类 Pet 中，定义了一个私有类变量__petNum，每次实例化这个类对象，私有类变量__petNum 会增 1，即统计宠物的数量，并设置了类方法 getPetNum(cls)供外界访问私有类变量。类似，在 Dog 类中，定义了一个私有类变量__dogNum，用来统计狗狗类对象的数量，并提供相应的类方法 getDogNum(cls)供外界访问私有类变量。在 Penguin 类中定义了一个私有类变量__penguinNum，用来统计企鹅的数量，并提供相应的类方法 getPenguinNum(cls)供外界访问私有类变量。在 Cat 类中定义了一个私有类变量__catNum，用来统计猫咪对象的数量，并提供相应的类方法 getCatNum(cls)供外界访问私有类变量。在测试类中实现主人领养宠物的同时统计宠物的数量，并输出。

2.3　类变量和实例变量

2.3.1　实例变量

通过类创建对象的过程称为实例化，所以实例就是对象。“实例变量”就是某个实例个体特有的“数据”，例如你家狗狗的名字、年龄和性别与邻居家狗狗的名字、年龄和性别是不同的。通过对象动态添加的变量或在类中使用 self 绑定的变量就称为实例变量。示例代码如下：

（源代码位置：Code\02\02-18.py）

```
1. class Student: #定义一个学生类
2.     def __init__(self,name):
3.         self.name = name #通过 self 绑定实例变量 name
4. stu1 = Student("张三") #创建 Student 类对象 stu1
5. stu2 = Student("李四") #创建 Student 类对象 stu2
6. stu1.age = 18 #为对象 stu1 动态绑定新实例变量 age
7. print("stu1 姓名：{}，年龄：{}。".format(stu1.name,stu1.age)) #输出姓名和年龄
8. #print("stu2 年龄：{}。".format(stu2.age)) #取消注释则该语句会报错
9. #print("使用类名访问年龄属性：{}".format(Student.age)) #取消注释则该语句会报错
```

运行结果如下：

```
stu1 姓名：张三，年龄：18。
```

上述代码中，第 3 行代码是在创建和初始化实例变量 name，其中 self.name 表示对象的 name 实例变量。通过 self 绑定的实例变量，根据这个类创建的对象都有这个实例变量，例如 stu1 和 stu2 都有这个实例变量 name。创建对象 stu1 后，第 6 行代码在 stu1 对象上绑定实例变量 age，并没有给 stu2 对象绑定 age，所以 stu2 对象并不具有实例变量 age。第 7 行代码输出对象 stu1 的实例变量 name 和 age 的值。实例变量需要通过“实例名.实例变量”的形式访

问。第 8 行代码不注释会报错，因为 stu2 对象没有实例变量 age，所以不能访问。而第 9 行代码，通过类名是不能访问实例变量的，所以不注释会报错。

2.3.2 类变量

在类（class）上绑定的变量称为类变量，既然是类变量就应该归类所有。“类变量”是所有实例（或对象）共有的变量。例如有一个 Account（银行账户）类，它有三个成员变量：amount（账户金额）、interest_rate（利率）和 owner（账户名）。在这三个成员变量中，amount 和 owner 会因人而异，对于不同的账户这些内容是不同的，而所有账户的 interest_rate 都是相同的。amount 和 owner 成员变量与账户个体实例有关，称为“实例变量”，interest_rate 成员变量与个体实例无关，或者说是所有账户实例共享的，这种变量称为“类变量”。

可以直接在定义类时在类的里面方法的外面定义该类的变量，定义类变量语法如下：

```
class 类名(object):
    类属性 = 值
```

类变量示例代码如下：

（源代码位置：Code\02\02-19.py）

```
1. class Account:
2.     """定义银行账户类"""
3.     interest_rate = 0.0668  #利率，类变量
4.
5.     def __init__(self, owner, amount):
6.         self.owner = owner  # 定义实例变量账户名
7.         self.amount = amount  # 定义实例变量账户金额
8.
9. account = Account('Tony', 1_800_000.0)
10. print('账户名：{0}'.format(account.owner))
11. print('账户金额：{0}'.format(account.amount))
12. print('利率：{0}'.format(Account.interest_rate))
```

运行结果如下：

```
账户名：Tony
账户金额：1800000.0
利率：0.0668
```

代码第 3 行是创建并初始化类变量。创建类变量与实例变量不同，类变量要在方法之外定义。代码第 10 行是访问实例变量，通过“实例名.实例变量”的形式访问。代码第 12 行是访问类变量，通过“类名.类变量”的形式访问。

类变量归类所有，所以标准的访问方式（推荐的访问方式）是通过类名访问类变量，语

法如下：

```
#访问一个类属性
类名.类属性名

#修改或者添加一个类属性
类名.类属性名 = 新值

#删除一个类属性
del 类名.属性名
```

提示：不要通过实例存取类变量数据。当通过实例读取变量时，Python 解释器会先在实例中找这个变量，如果没有再到类中去找；当通过实例为变量赋值时，无论类中是否有该同名变量，Python 解释器都会创建一个同名实例变量。

在 02-19.py 中添加如下代码：

```
13. print('Account 利率：{0}'.format(Account.interest_rate))
14. print('Account 实例 account 利率：{0}'.format(account.interest_rate))
15.
16. print('Account 实例 account 所有变量：{0}'.format(account.__dict__))
17. account.interest_rate = 0.01
18. account.interest_rate2 = 0.01
19. print('Account 实例 account 所有变量：{0}'.format(account.__dict__))
```

运行结果如下：

```
Account 利率：0.0668
Account 实例 account 利率：0.0668
Account 实例 account 所有变量：{'owner': 'Tony', 'amount': 1800000.0}
Account 实例 account 所有变量：{'owner': 'Tony', 'amount': 1800000.0, 'interest_rate': 0.01,
'interest_rate2': 0.01}
```

上述代码第 14 行通过实例读取 interest_rate 变量，解释器发现 account 实例中没有该变量，会在 Account 类中找，如果类中也没有，会发生 AttributeError 错误。虽然通过实例读取.interest_rate 变量可以实现，但不符合设计规范。

代码第 17 行为 account.interest_rate 变量赋值，这样的操作下无论类中是否有同名类变量，都会创建一个新的实例变量。为了查看实例变量有哪些，可能通过 object 提供的__dict__变量查看，见代码第 16 行和第 19 行。从输出结果可见，代码第 17 行和第 18 行的赋值操作会导致创建了两个实例变量.interest_rate 和.interest_rate2。在类外创建实例变量会引起很严重的问题，类的设计者无法控制一个类中有哪些成员变量。

提示：类变量和实例变量重名时，相同名称的实例变量将屏蔽掉类变量。通过实例对象是不能修改一个类变量的，这样写想当于绑定了一个新的实例变量。当使用 del 删除实例上与类变量同名的变量时，这个时候再通过实例去访问该变量，访问到的是类变量。在编写程序的时候，千万不要对实例变量和类变量使用相同的名字。

实例变量对象独享，类变量每个对象共享并且只有一份。例如，当要统计根据类创建对象的数量时，该数量不属于任何对象，应该被所有对象所共享，数量应该设计成类变量。代码如下：

（源代码位置：Code\02\02-20.py）

```
1. class Student:
2.     #定义类变量
3.     num = 0  #统计创建对象的个数
4.     def __init__(self,name):  #实例方法
5.         self.name = name  #通过 self 绑定实例变量 name 并赋值
6.         # 构造方法每调用一次，数量加 1。
7.         Student.num += 1
8.
9.     def __str__(self):
10.        return self.name + "班有" + str(Student.num) + "人。"
11.
12. stu1 = Student('张三') #创建学生对象
13. stu2 = Student("李四")
14. stu3 = Student("王五")
15. print(stu1) #打印对象
16. print(stu2)
17. print(stu3)
```

运行结果如下：

```
张三班有 3 人。
李四班有 3 人。
王五班有 3 人。
```

上述代码，创建一个类变量 num 用来统计对象的个数，创建的三个对象 stu1、stu2 和 stu3 共享这个类变量 num，所以第 15 行、第 16 行和第 17 行代码访问到的人数是一样的。

小结：（1）实例变量属于各个实例所有，互不干扰。

（2）类变量属于类所有，所有实例共享一个类变量。

（3）不要对实例变量和类变量使用相同的名字，否则将产生难以发现的错误。

2.4　实例方法、类方法和静态方法

2.4.1　实例方法

实例方法与实例变量一样都是某个实例（或对象）个体特有的。定义实例方法时它的第一个参数也应该是 self，这个过程是将当前实例与该方法绑定起来，使该方法成为实例方法。

（源代码位置：Code\02\02-21.py）

```
1.  class Animal(object):
2.      """定义动物类"""
3.      def __init__(self, age, sex=1, weight=0.0):
4.          self.age = age  # 定义年龄实例变量
5.          self.sex = sex  # 定义性别实例变量
6.          self.weight = weight  # 定义体重实例变量
7.
8.      def eat(self):
9.          self.weight += 0.05
10.         print('eat...')
11.
12.     def run(self):
13.         self.weight -= 0.01
14.         print('run...')
15.
16. a1 = Animal(2, 0, 10.0)
17. print('a1 体重：{0:0.2f}'.format(a1.weight))
18. a1.eat()
19. print('a1 体重：{0:0.2f}'.format(a1.weight))
20. a1.run()
21. print('a1 体重：{0:0.2f}'.format(a1.weight))
```

运行结果如下：

```
a1 体重：10.00
eat...
a1 体重：10.05
run...
a1 体重：10.04
```

上述代码第 8 行和第 12 行声明了两个方法，其中第一个参数是 self。代码第 18 行和第 20 行调用了这些实例方法，注意其中不要传入 self 参数。

2.4.2 类方法

在 Python 中，万物皆对象。所以 Python 的类也是一个对象，称为类对象。（逆向证明：只要拥有属性或者方法的就是一个对象，类具有类属性就说明类是一个对象）既然类也是一个对象，就可以给类对象上添加方法，这种方法就称为类方法。

“类方法”与“类变量”不属于实例的方法，类方法不需要与实例绑定，但需要与类绑定，定义时它的第一个参数不是 self，而是类的 tpye。type 是描述 Python 数据类型的类，Python 中所有的数据类型都是 type 的一个实例。

类方法的定义语法如下：

```
class 类名(object):
    # 定义一个类方法
    @classmethod
    def 方法名(cls[,形参列表]):
        方法体
```

类方法的定义必须使用装饰器@classmethod 来标识该方法为类方法，通常使用 cls（class 缩写）作为类方法的第一个形式参数，Python 解释器自动将类对象传给类方法的第一个参数，调用的时候不用传该参数。装饰器是 Python3.0 之后加入的新特性，以@开头修改函数、方法和类，用来修饰和约束它们。

类方法是所有对象共享，所以可以通过类或者实例对象进行调用。

（源代码位置：Code\02\02-22.py）

```
class Account:
    """定义银行账户类"""
    interest_rate = 0.0668  # 类变量利率

    def __init__(self, owner, amount):
        self.owner = owner  # 定义实例变量账户名
        self.amount = amount  # 定义实例变量账户金额

    # 类方法
    @classmethod
    def interest_by(cls, amt):
        print(cls)
        return cls.interest_rate * amt

interest = Account.interest_by(12_000.0)
print('计算利息：{0:.4f}'.format(interest))
```

运行结果如下：

```
<class '__main__.Account'>
计算利息：801.6000
```

代码第 11 行定义了一个类方法，在类方法中可以访问其他的类变量和类方法，代码第 13 行 cls.interest_rate 是访问类变量 interest_rate。代码第 15 行是调用类方法 interest_by(cls, amt)，采用“类名.类方法（）”形式调用。从语法角度可以通过实例调用类方法，但这不符合规范。

使用类方法有以下两个优点：

（1）类方法不用创建对象直接可以通过类名调用，简单方便。

（2）为了起到对类属性的保护作用，通常将类属性设置为私有的，再通过类方法来获取和设置类属性。

（源代码位置：Code\02\02-23.py）

```
1. class Account:
2.     """定义银行账户类"""
3.     __interest_rate = 0.0668  # 类变量利率
4.
5.     def __init__(self, owner, amount):
6.         self.owner = owner  # 定义实例变量账户名
7.         self.amount = amount  # 定义实例变量账户金额
8.
9.     @classmethod
10.    def getInterestRate(cls):  # class 的缩写成 cls
11.        return cls.__interest_rate
12.
13.    @classmethod
14.    def setInterestRate(cls, interest_rate):
15.        cls.__interest_rate = interest_rate
16.
17.    # 类方法
18.    @classmethod
19.    def interest_by(cls, amt):
20.        print(cls)
21.        return cls.__interest_rate * amt
22.
23. interest = Account.interest_by(12_000.0)
24. print("利率：",Account.getInterestRate())
25. print('计算利息：{0:.4f}'.format(interest))
```

运行结果如下：

```
<class '__main__.Account'>
利率： 0.0668
计算利息：801.6000
```

代码第 3 行将类变量设置为私有，代码第 10 行定义读取私有类变量的类方法，第 14 行定义设置私有类变量的类方法，代码第 24 行 Account.getInterestRate()通过类名调用类方法 getInterestRate()访问私有类变量。

2.4.3 静态方法

如果定义的方法既不想与实例绑定，也不想与类绑定，只是想把类作为它的命名空间，那么可以定义静态方法。

静态方法，需要通过修饰器@staticmethod 来修饰，静态方法不需要额外定义参数。语法如下：

```
class 类名(object):
    # 定义一个静态方法
    @staticmethod
    def 方法名([参数列表]):
        # 方法体
```

静态方法中没有类方法中的第一个类参数 cls，也没有普通方法中的第一个对象参数 self。其与类方法相同。

（源代码位置：Code\02\02-24.py）

```python
class Account:
    """定义银行账户类"""
    interest_rate = 0.0668  # 类变量利率

    def __init__(self, owner, amount):
        self.owner = owner  # 定义实例变量账户名
        self.amount = amount  # 定义实例变量账户金额

    # 类方法
    @classmethod
    def interest_by(cls, amt):
        return cls.interest_rate * amt

    # 静态方法
    @staticmethod
```

```
16.     def interest_with(amt):
17.         return Account.interest_by(amt)
18.
19. interest1 = Account.interest_by(12_000.0)
20. print('计算利息：{0:.4f}'.format(interest1))
21. interest2 = Account.interest_with(12_000.0)
22. print('计算利息：{0:.4f}'.format(interest2))
```

运行结果如下：

```
计算利息：801.6000
计算利息：801.6000
```

上述代码中，第 16 行定义了静态方法，使用了@staticmethod 装饰器，方法参数不指定 self 和 cls；代码第 17 行调用了类方法，完成利率的计算。

可以在类的外面定义一个普通函数，但是这并不符合 Python 中面向对象的语法，面向对象语法要求有类、有对象。所以当将一个普通的函数放到类中，就成为了方法，而这种方法不需要传入实例对象或者类作为参数，这样的方法就是静态方法。如打印菜单等辅助功能，可以考虑使用静态方法，可在不创建对象的前提下使用。

静态方法既可以通过类名直接调用，也可以通过类的实例对象调用。

（源代码位置：Code\02\02-25.py）

```
1.  # 普通函数
2.  # def trim2(str):
3.  #     return str.strip()
4.
5.  class StringUtil(object):
6.      # 定义一个静态方法
7.      @staticmethod
8.      def trim2(str):
9.          return str.strip()
10.
11. print(StringUtil.trim2('   Hello world    '))# 通过类名访问静态方法
12. strUtil = StringUtil()
13. print(strUtil.trim2('   Hello world    '))# 通过对象访问静态方法
```

运行结果如下：

```
Hello world
Hello world
```

上述代码第 11 行通过类名调用静态方法，第 13 行通过对象名调用静态方法。

小结：（1）类方法使用 @classmethod 装饰器，可以使用类（也可以使用实例）来调用方法（传入类）。

（2）静态方法使用 @staticmethod 装饰器，它是跟类有关系但在运行时又不需要实例和类参与的方法（不传入任何参数），可以使用类和实例来调用。静态方法与类的耦合度更加松散。

（3）实际工作中通常访问类方法或者静态方法都使用类名访问，简单方便。使用类名不能访问实例变量和实例方法。

项目小结

本项目首先介绍了继承的概念及作用、继承的定义和使用。然后介绍了多态，不一定要满足继承和重写两个条件，Python 崇尚鸭子类型，不关注变量的类型，而关注变量具有的方法。鸭子类型像多态一样工作。最后介绍了类变量和实例变量的区别，类变量的使用，实例方法、类方法、静态方法的区别及使用。通过本项目的学习，希望读者能根据实际需求情况使用继承、多态、类变量、类方法、静态方法来设计类。

项目3　常 用 模 块

教学导航

本章概览

模块是一个保存了Python代码的文件，模块能定义函数、类和变量。模块里也能包含可执行的代码。本项目主要讲解Python语言里的常用模块，包括math模块、random模块、datetime模块和第三方模块。掌握以上模块将极大程度地提高使用Python语言的效率。

知识框架

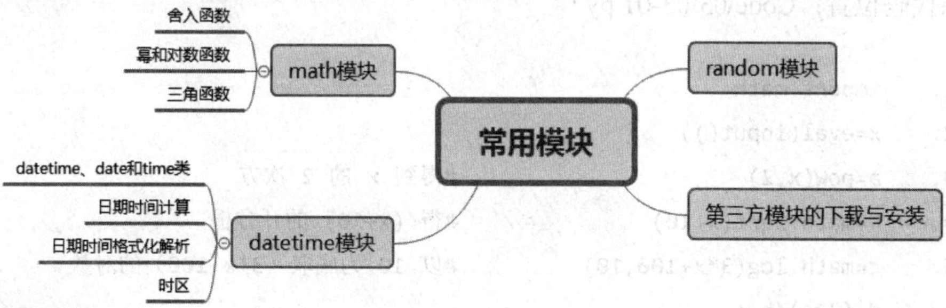

导　学

知识重点	math 模块、random 模块、时间模块的使用
知识难点	第三方模块的下载和安装
推荐教学方式	从任务入手，带领学生解决任务，针对任务中使用到的知识点进行重点讲解
建议学时	4 学时
推荐学习方法	（1）上机编写代码，勤于实践； （2）分小组解决老师布置的任务
必须掌握的理论知识	math 模块的常用方法、日期时间模块的常用方法
必须掌握的技能	能够熟练调用常用模块

任务 3-1 计算表达式的值

【任务描述】

在一行中输入 x(x(>-10)，计算表达式 $\frac{3x^2}{\sqrt{x+10}}-\lg(3x+100)$ 的值进行输出，并在一行中分别输出不大于它的最大整数和不小于它的最小整数。

【任务分析】

使用 math 模块的 sqrt()、log()、floor()、ceil()方法实现。

【实现步骤】

（1）创建模块，并且命名。
（2）使用 import 关键字引入 math 模块。
（3）调用 math 模块的相应方法。
（4）编写测试代码。

【关键代码】

（源代码位置：Code\03\03-01.py）

```
1.  import math
2.  x=eval(input())
3.  a=pow(x,2)                    #得到 x 的 2 次方
4.  b=math.sqrt(x+10)             #得 (x+10) 的开方根
5.  c=math.log(3*x+100,10)        #以 10 为底取（3*x+100）的对数
6.  d=(3*a)/b-c
7.  e=math.floor(d)               #向下取整
8.  f=math.ceil(d)                #向上取整
9.  print(d,e,f)
```

【输出结果】

```
3.3
6.917255107820688 6 7
```

【代码分析】

第 2 行代码从键盘录入；第 3 行到第 6 行代码，计算表达式的值；第 7 行代码计算不大于结果的最大值；第 8 行代码计算不小于结果的最小值。

3.1 math 模块常用函数

Python 的 math 模块提供了许多对浮点数的数学运算函数。需要注意的是，这些函数一般是对平台 C 库中同名函数的简单封装。

3.1.1 幂 数

math 模块里面提供了很多与幂数相关的操作，代码如下：

（源代码位置：Code\03\03-02.py）

```
import math
# pow(x,y)：返回 x 的 y 次方
print(math.pow(2, 4))  # 2**4
#  ldexp(x,i)：返回 x*(2**i)的值
print(math.ldexp(5, 2))  # 5*(2**2)=20.0
# sqrt(x)：求 x 的平方根
print(math.sqrt(16))  # 4.0
# factorial(x)：取 x 的阶乘的值
print(math.factorial(5))  # 5*4*3*2*1=120
# hypot(x,y)：得到(x**2+y**2)的平方根
print(math.hypot(3, 4))  # 5
# 常数 e
print(math.e)
# exp(x)：返回常数 e 的 x 次方
print(math.exp(2))
# expm1:返回常数 e 的 x 次方的值减 1
print(math.expm1(1))
```

【输出结果】

```
16.0
20.0
4.0
120
5.0
2.718281828459045
7.38905609893065
```

```
1.718281828459045
```

3.1.2 对　数

取对数操作是非常常用的操作。

（源代码位置：Code\03\03-03.py）

```
import math
# log2(x)：返回 x 的基 2 对数
print(math.log2(128))  # 7
# log10(x)：返回 x 的以 10 为底的对数
print(math.log10(100))  # 2
# log(x, base)：返回 x 的自然对数，默认以 e 为基数，base 参数给定时，将 x 的对数返回给定的 base,计算式为：log(x)/log(base)
print(math.log(256, 4))  # 4
# log1p(x)：:返回 x+1 的自然对数(基数为 e)的值
print(math.log1p(5))
```

【输出结果】

```
7.0
2.0
4.0
1.791759469228055
```

3.1.3 圆相关

math 模块里提供了许多与圆相关的计算方法，比如圆周率、角度与弧度的转换等。

（源代码位置：Code\03\03-04.py）

```
import math
# pi：常数 π，圆周率
print(math.pi)  # 3.141592653589793
angle = 30  # 30 度
# radians:把角度 x 转换成弧度
print(math.radians(angle))  # 0.5235987755982988
print(30 * math.pi / 180)  # 效果相同
# degrees:把 x 从弧度转换成角度
temp = math.radians(angle)
print(math.degrees(temp))  # 29.999999999999996
```

【输出结果】

```
3.141592653589793
0.5235987755982988
0.5235987755982988
29.999999999999996
```

3.1.4 三角函数

math 模块对正三角函数的计算，变量是弧度，所以在计算时需要先将角度转换为弧度。math 模块对反三角函数的计算，返回值是弧度。

（源代码位置：Code\03\03-05.py）

```
import math
# 正三角函数 sin、cos、tan
angle = 30  # 定义角度 30 度
radian = math.radians(angle)  # 将角度转换成弧度
print(math.sin(radian))  # 输出 sin 函数
print(math.cos(radian))  # 输出 cos 函数
print(math.tan(radian))  # 输出 tan 函数
# 反三角函数
h = math.asin(0.5)  # sin(30) = 0.5
print(math.degrees(h))  # 30.000000000000004
h = math.acos(0.5)  # cos(60) = 0.5
print(math.degrees(h))  # 60.00000000000001
h = math.atan(1)  # tan(45) = 1
print(math.degrees(h))  # 45.0
```

【输出结果】

0.49999999999999994
0.8660254037844387
0.5773502691896257
30.000000000000004
60.00000000000001
45.0

3.1.5 其他常用功能

除了以上操作外，math 模块还提供了如取整、计算绝对值、取余和计算最大公约数功能。

（源代码位置：Code\03\03-06.py）

```
import math
# trunc(x)：返回 x 的整数部分
print(math.trunc(8.3))  # 8
# ceil(x)：取大于或等于 x 的最小的整数值，如果 x 是一个整数，则返回 x
print(math.ceil(10.2))  # 11
# floor(x)：取小于或等于 x 的最大的整数值，如果 x 是一个整数，则返回自身
print(math.floor(15.3))  # 15
# fabs(x)：返回 x 的绝对值
print(math.fabs(-13))  # 13.0
# modf(x)：返回由 x 的小数部分和整数部分组成的元组
print(math.modf(132.333))  # (0.3329999999999984, 132.0)
# copysign(x, y)：把 y 的正负号加到 x 前面，可以使用 0
print(math.copysign(10, -15))  # -10.0
# fmod(x, y)：得到 x/y 的余数，其值是一个浮点数
print(math.fmod(15, 2))  # 1.0
# gcd(x, y)：返回 x 和 y 的最大公约数
print(math.gcd(8, 100))  # 4
# frexp(x)：返回一个元组(m,e),其计算方式为：x 分别除 0.5 和 1,得到一个值的范围
print(math.frexp(10))
# fsum(x)：对迭代器里的每个元素进行求和操作
print(math.fsum([1, 2, 3, 4]))  # 10.0
# isfinite(x)：如果 x 是正无穷大或负无穷大，则返回 True,否则返回 False
# isinf(x)：如果 x 是正无穷大或负无穷大，则返回 True,否则返回 False
# isnan(x)：如果 x 不是数字 True,否则返回 False
print(math.isnan(1.222))
```

【输出结果】

```
8
11
15
13.0
(0.3329999999999984, 132.0)
-10.0
1.0
4
(0.625, 4)
10.0
False
```

任务 3-2　使用 random 模块实现抽奖程序

【任务描述】

使用 random 模块编写一个抽奖程序，具体要求如下：

（1）用 txt 文件存储候选人员名单

（2）随机从名单里面抽取一位获奖人员

【任务分析】

抽奖程序的核心在于产生随机数，而 random 模块提供了很多产生规定范围随机数的函数。根据任务描述，可以得出以下步骤：

第一步，从 txt 文件中读取候选人员名单并存储在列表中。

第二步，统计候选人员数目（列表大小，也是文件行数）。

第三部，产生规定范围的随机数（获奖人员数据所在行的下标）。

第四部，输出获奖人员信息。

【关键代码】

使用 random 模块可以实现随机点名或抽奖的效果。示例代码如下所示：

（源代码位置：Code\03\03-07.py）

```
1.  import random
2.  with open("class1901.txt", "r", encoding="utf-8") as file:
3.      infors = file.readlines()
4.      num = len(infors)  # 统计人员人数
5.  # print(num) #打印人员人数
6.  #print(infors)
7.  luckey = infors[random.randint(0, num - 1)]
8.  print(luckey)
```

【输出结果】

```
19205003    钟小琳  18383002439
```

【代码分析】

代码第 8 行打开了一个名为 class1901 的 txt 文件，第 9 行将文件存储在 infors 数组中，第 12 行则通过使用 random.randint()函数来随机产生数组下标，最终实现抽奖的效果。

3.2　random 模块

Python 中的 random 模块用于生成随机数，当需要随机产生测试数据、抽奖、验证码等时，就可以利用这个模块。表 3-1 中列出了 random 模块常用接口。

表 3-1　random 模块常用接口

接口名称	类型	说明
random.random()	实数相关	用于生成一个 0 到 1 的随机浮点数: [0, 1)
random.uniform(a,b)		生成[*a*,*b*]或[b,a]之间的均匀分布随机浮点数
random.randint(a,b)	整数相关	生成[*a*,*b*]的随机整数，要求 $a < b$
random.randrange(a,b)		生成[*a*,*b*)的随机整数，第三个参数可以指定步长
random.choice(seq)	序列相关	从序列中随机选择一个元素，若序列为空，则抛出异常
random.shuffle(seqb)		打乱源序列，源序列必须可写
random.sample(seq,k)		从序列中选择 *k* 个元素返回，原序列不变
random.seed(n=none)	初始化	初始化随机种子

3.2.1　random.random()

用于生成一个 0 到 1 的随机浮点数：0 <= n < 1.0，这是 random 的核心函数，其余的 random 库的函数都源于此。

（源代码位置：Code\03\03-08.py）

```
import random
# 生成一个 0 到 1 的随机浮点数
a = random.random()
print(a)
```

结果如下：

```
0.9496174650614807
```

3.2.2　random.uniform(a, b)

用于生成一个指定范围内的随机符点数，两个参数中一个是上限，一个是下限。如果 $a > b$，则生成的随机数 n: b <= n <= a。如果 $a < b$， 则 a <= n <= b。

（源代码位置：Code\03\03-08.py）

```
import random
# 生成一个指定范围内的随机符点数，两个参数其中一个是上限，一个是下限
```

```
print(random.uniform(1, 10))
print(random.uniform(10, 1))
```

结果如下：

```
9.64317838203632
7.059500363778664
```

3.2.3 random.randint(a, b)

在前面的抽奖程序中使用到了该函数，它用于生成一个指定范围内的整数。其中参数 *a* 是下限，参数 *b* 是上限，生成的随机数 n： a <= n <= b。等于同 randrange(a, b+1)。

（源代码位置：Code\03\03-08.py）

```
import random
# 生成一个指定范围内的整数。其中参数 a 是下限，参数 b 是上限，生成的随机数 n： a <= n <= b。等于同 randrange(a, b+1)。
print(random.randint(1, 10))  # 返回[1, 10]的随机整数
print(random.randint(-10, -1))  # 返回[-10, -1]的随机整数
```

结果如下：

```
5
-3
```

3.2.4 random.randrange([start], stop[, step])

从指定范围内，按指定基数递增的集合中获取一个随机数。等同于 random.choice(range(start, stop, step))，但不实际创建 range 对象。

（源代码位置：Code\03\03-08.py）

```
import random
# 从指定范围内，按指定基数递增的集合中获取一个随机数。
print(random.randrange(4))  # 返回 0~3 的随机整数
print(random.randrange(1, 9))  # 返回 1~8 的随机整数
print(random.randrange(10, 30, 2))  # 返回 10~28 的随机偶数
```

结果如下：

```
3
2
22
```

random.randrange(10, 30, 2)，结果相当于从[10, 12, 14, 16, ... 26, 28]序列中获取一个随机数。random.randrange(10, 30, 2)在结果上与 random.choice(range(10, 30, 2) 等效。

3.2.5 random.choice(sequence)

random.choice 从序列中获取一个随机元素。其函数原型为 random.choice(sequence)。参数 sequence 表示一个有序类型。这里要说明一下：sequence 在 Python 不是一种特定的类型，而是泛指一系列的类型。List、tuple 和字符串都属于 sequence。

（源代码位置：Code\03\03-08.py）

```
import random
# 从序列中获取一个随机元素。其函数原型为 random.choice(sequence)
lst = ['Python', 'C', 'C++', 'javascript']
str1 = 'I love Python'
print(random.choice(lst))  # 从 lst 列表中随机选取一个元素并返回
print(random.choice(str1))  # 从 str1 中选择一个字符并返回
print(random.choice(('Bob', 'Jhon', 'Micheal'))) #返回元组中一个随机元素
```

结果如下：

```
C
o
Bob
```

3.2.6 random.shuffle(x[, random])

将一个序列中的元素打乱，即重新排列序列（洗牌）。

（源代码位置：Code\03\03-08.py）

```
import random
# 将一个序列中的元素打乱，即重新排列序列（洗牌）。
p = ['A', 'B', 'C', 'D', 'E']
random.shuffle(p)  # 列表重新排序
print(p)
```

结果如下：

```
['D', 'B', 'A', 'E', 'C']
```

3.2.7 random.sample(sequence, k)

从指定序列中随机获取指定长度的片断并随机排列。

注意：sample 函数不会修改原有序列。

（源代码位置：Code\03\03-08.py）

```
import random
# 从指定序列中随机获取指定长度的片断并随机排列。
lst = [1, 2, 3, 4, 5]
print(random.sample(lst, 4))  # 列表中随机抽取4个元素组成新的列表
print(lst)
```

结果如下：

```
[2, 4, 1, 3]
[1, 2, 3, 4, 5]
```

3.2.8 random.seed([x])

改变随机数生成器的种子，可以在调用其他随机模块函数之前调用此函数。参数是要改变随机数生成器的种子 seed，如果不提供 seed，默认使用系统时间，此时每次生成的随机数因时间差异而不同，也就是每次会生成不同的随机数。如果设置了种子值，则每次生成的随机数都相同，为伪随机数。

（源代码位置：Code\03\03-08.py）

```
import random
# 改变随机数生成器的种子，可以在调用其他随机模块函数之前调用此函数
# 随机数不一样
random.seed()
print("使用默认种子生成随机数：", random.random())
random.seed()
print("使用默认种子生成随机数：", random.random())
# 随机数一样
random.seed(1)
print("使用整数种子生成随机数：", random.random())
random.seed(1)
print("使用整数种子生成随机数：", random.random())
random.seed(2)
print("使用整数种子生成随机数：", random.random())
random.seed("hello", 2)
print("使用字符串种子生成随机数：", random.random())
```

结果如下：

```
使用默认种子生成随机数： 0.5956964637327029
使用默认种子生成随机数： 0.16600822742076193
使用整数种子生成随机数： 0.13436424411240122
使用整数种子生成随机数： 0.13436424411240122
```

```
使用整数种子生成随机数： 0.9560342718892494
使用字符串种子生成随机数： 0.3537754404730722
```

任务 3-3 使用时间模块编写倒计时程序

【任务描述】

使用时间模块来实现一个时间倒计时器，具体要求如下：

（1）倒计时器能够设定目标时间

（2）倒计时器能够实时输出距离设定目标时间的差距

【任务分析】

倒计时器需要设定一个目标时间，运行程序后控制台能够实时地显示距离目标时间的差距，直到达到目标时间，倒计时器停止。具体步骤如下：

第一步，设定目标时间，获取当前时间。

第二步，规定倒计时器输出时间格式。

第三部，开始倒计时，控制台输出倒计时信息。

第四部，到达目标时间，倒计时停止。

【关键代码】

倒计时程序的关键代码如下：

（源代码位置：Code\03\03-09.py）

```
import time
from datetime import datetime

future = datetime(2021, 1, 13, 0, 0, 0)
now = datetime.now()
diff = future - now  # timedelta
day = diff.days  # 剩余天数
hour = diff.seconds // 3600  # 剩余小时
minute = (diff.seconds % 3600) // 60  # 剩余分钟
second = (diff.seconds % 3600) % 60  # 剩余秒数
while True:
    print("倒计时：{}天{}小时{}分{}秒".format(day, hour, minute, second))
    if day == 0 and hour == 0 and minute == 0 and second == 0:
        print("倒计时结束！")
        break
    time.sleep(1)
```

```
17.         second -= 1
18.         if second == -1:  # 0天0小时1分0秒、0天0小时0分59秒
19.             minute -= 1
20.             second = 59
21.         if minute == -1:
22.             hour -= 1
23.             minute = 59
24.         if hour == -1:
25.             day -= 1
26.             hour = 23
```

【输出结果】

```
倒计时：0天14小时28分29秒
倒计时：0天14小时28分28秒
倒计时：0天14小时28分27秒
倒计时：0天14小时28分26秒
倒计时：0天14小时28分25秒
倒计时：0天14小时28分24秒
倒计时：0天14小时28分23秒
倒计时：0天14小时28分22秒
……
```

【代码分析】

代码第5行设定了目标时间；第6行通过datetime.now()函数获取到当前时间；第7行计算出了目标时间和当前时间之间的差距；第9至11行用来定义输出时间的格式；从12行开始进行循环，直到目标时间和当前时间的差距为0。

3.3 时间模块

时间模块是开发过程中使用比较频繁的模块，如记录日志、用户登录时、特定时间内的数据分析等。Python中提供了对时间日期的多种多样的处理方式，主要是在 time 和 datetime 这两个模块里。

3.3.1 time模块

这个模块提供各种与时间相关的函数。此模块并非在所有平台提供所有功能，因平台而异。在 Python 文档里，time 归类于 Generic Operating System Services 中，换句话说，它提供的功能是更加接近于操作系统层面的。通读文档可知，time 模块是围绕着 Unix Timestamp 进行的。

1. time 模块时间格式

time 模块中时间表现的格式主要有以下三种。

（1）timestamp 时间戳

时间戳是以秒为单位的浮点小数，表示的是从 1970 年 1 月 1 日 00:00:00 开始按秒计算的偏移量，从初始时间到指定时间的秒数。即从自 1970 年 1 月 1 日（00:00:00 GMT）至当前时间的总秒数，也被称为 Unix 时间戳（Unix Timestamp）。时间戳唯一地标识某一刻的时间。如 1589157240.1784334。

（2）struct_time 时间元组

时间元组是一个包含 9 组数字处理时间的元组，其属性如表 3-2 所示，可以通过索引和属性名访问值。例如：time.struct_time(tm_year=2020, tm_mon=3, tm_mday=20, tm_hour=23, tm_min=11, tm_sec=33, tm_wday=2, tm_yday=79, tm_isdst=0)。

表 3-2　struct_time 对象包含的字段

序号	属性	说明	值
0	tm_year	4 位数年	2008
1	tm_mon	月	1 到 12
2	tm_mday	日	1 到 31
3	tm_hour	小时	0 到 23
4	tm_min	分钟	0 到 59
5	tm_sec	秒钟	0 到 61 （60 或 61 是闰秒）
6	tm_wday	一周的第几日	0 到 6 (0 是周一)
7	tm_yday	一年的第几日	1 到 366(儒略历)

（3）format time 格式化时间

已格式化的结构使时间更具可读性。包括自定义格式和固定格式。例如：Mon May 11 08:34:00 2020——"%a %b %d %H:%M:%S %Y"。Python 中时间日期格式化符号见表 3-3。

表 3-3　时间日期格式化符号表

序号	符号	说明
1	%y	两位数的年份表示（00-99）
2	%Y	四位数的年份表示（000-9999）
3	%m	月份（01-12）
4	%d	月内的一天（0-31）
5	%H	24 小时制小时数（0-23）
6	%I	12 小时制小时数（01-12）
7	%M	分钟数（00=59）
8	%S	秒（00-59）
9	%a	本地简化的星期名称

（续表）

序号	符号	说明
10	%A	本地完整的星期名称
11	%b	本地简化的月份名称
12	%B	本地完整的月份名称
13	%c	本地相应的日期表示和时间表示
14	%j	年内的一天（001-366）
15	%p	本地 A.M.或 P.M.的等价符
16	%U	一年中的星期数（00-53）星期天为星期的开始
17	%w	星期（0-6），星期天为星期的开始
18	%W	一年中的星期数（00-53）星期一为星期的开始
19	%x	本地相应的日期表示
20	%X	本地相应的时间表示
21	%Z	当前时区的名称
22	%%	%号本身

2. time 模块内置函数

time 模块属于内置模块，直接导入即可使用，time 库提供的函数可分为时间处理函数、时间格式化函数和计时函数等。常用的函数列表如表 3-4 所示。

表 3-4 time 模块重用函数列表

接口名称	说明
time.time()	返回一个距 Epoch（1970 年 1 月 1 日 00:00:00 UTC）的秒数，是浮点数
time.gmtime([sec])	将时间戳秒数转化为时间元组，以 UTC 时间为标准。如果没有提供 sec，则使用 time()返回的当前时间
time.localtime([sec])	将时间戳秒数转化为时间元组，以当地时间为标准。如果没有提供 sec，则使用 time()返回的当前时间
time.ctime([sec])	将时间戳的时间转换为表示本地时间的固定字符串（Fri May 15 08:34:29 2020）。如果没有提供 secs 或没有提供 secs，则使用 time()返回的当前时间
time.asctime([tuple])	从 struct_time 返回时间的固定字符串。不填参数的话默认为 time.localtime()得到的时间
time.mktime(tuple)	将 struct_time 转换为时间戳类型的秒数
time.strftime(fmt[,t])	按照 fmt 格式将 struct_time 显示成指定格式的字符串。如果不填默认为当前时间（即 time.localtime()返回的时间）
time.strptime(str[,fmt])	将字符串时间按照 fmt 解析成 struct_time 结构。如果没有提供 fmt，则使用固定的格式“%a %b %d %H:%M:%S %Y”
time.sleep(secs)	推迟调用线程的运行，secs 指秒数

time 模块内置函数的例子代码如下所示：

（源代码位置：Code\03\03-10.py）

```
import time
# time 模块的方法
# time.localtime([secs])：将一个时间戳转换为当前时区的 struct_time。secs 参数未提供，则以当前时间为准
print(time.localtime())
# time.gmtime([secs])：和 localtime()方法类似，gmtime()方法是将一个时间戳转换为 UTC 时区（0 时区）的 struct_time
print(time.gmtime())
# time.time()：返回当前时间的时间戳
print(time.time())
# time.mktime(t)：将一个 struct_time 转化为时间戳
a = time.localtime()
print(time.mktime(a))
# time.sleep(secs)：线程推迟指定的时间运行。单位为秒
time.sleep(0.1)
# time.asctime([t])：把一个表示时间的元组或者 struct_time 表示为这种形式：
a = time.localtime()
print(time.asctime(a))
# time.ctime([secs])：把一个时间戳（按秒计算的浮点数）转化为 time.asctime()的形式
# 如果参数未给或者为 None 的时候，将会默认 time.time()为参数。它的作用相当于 time.asctime(time.localtime(secs))
print(time.ctime())
# time.strftime(format[, t])：把一个代表时间的元组或者 struct_time（如由 time.localtime()和 time.gmtime()返回）
# 转化为格式化的时间字符串。如果 t 未指定，将传入 time.localtime()
print(time.strftime("%Y-%m-%d %X", time.localtime()))
# time.strptime(string[, format])：把一个格式化时间字符串转化为 struct_time。实际上它和 strftime()是逆操作
print(time.strftime("2020-01-12 14:26:23"))
```

结果如下：

```
time.struct_time(tm_year=2021, tm_mon=1, tm_mday=12, tm_hour=9, tm_min=37, tm_sec=25, tm_wday=1, tm_yday=12, tm_isdst=0)
time.struct_time(tm_year=2021, tm_mon=1, tm_mday=12, tm_hour=1, tm_min=37, tm_sec=25, tm_wday=1, tm_yday=12, tm_isdst=0)
1610415445.9757338
```

```
1610415445.0
Tue Jan 12 09:37:26 2021
Tue Jan 12 09:37:26 2021
2021-01-12 09:37:26
2021-01-12 14:26:23
```

3. 时间类型之间的相互转换关系

不同时间类型之间可以进行相互转换，其转换关系如图 3-1 所示。

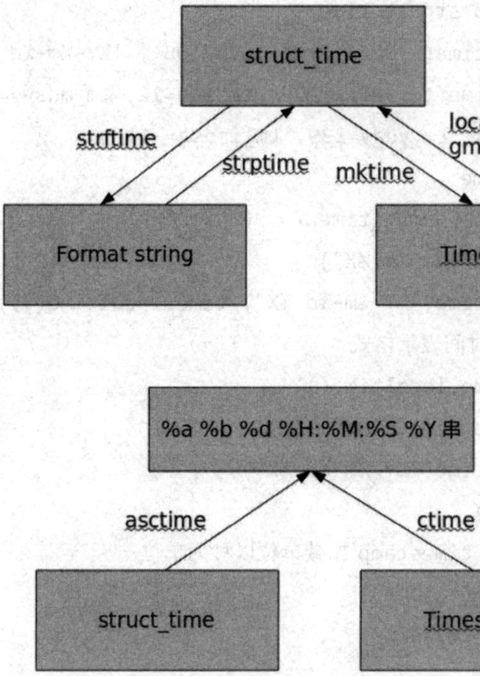

图 3-1　时间类型之间的转换关系

以上转换的示例如代码文件所示。

（源代码位置：Code\03\03-11.py）

```
import time
# 生成 timestamp
print(time.time())  # 1607032769.665028
# struct_time to timestamp
print(time.mktime(time.localtime()))  # 1607033097.0
# 生成 struct_time
# timestamp to struct_time 本地时间
time.localtime()
```

```
print(time.localtime(time.time()))
# time.struct_time(tm_year=2020, tm_mon=12, tm_mday=4, tm_hour=6, tm_min=4, tm_sec=57, tm_wday=4, tm_yday=339, tm_isdst=0)
# timestamp to struct_time 格林尼时间
time.gmtime()
print(time.gmtime(time.time()))
# time.struct_time(tm_year=2020, tm_mon=12, tm_mday=3, tm_hour=22, tm_min=4, tm_sec=57, tm_wday=3, tm_yday=338, tm_isdst=0)
# format_time to struct_time
print(time.strptime('2020-12-04 16:37:06', '%Y-%m-%d %X'))
# time.struct_time(tm_year=2020, tm_mon=12, tm_mday=4, tm_hour=16, tm_min=37, tm_sec=6, tm_wday=4, tm_yday=339, tm_isdst=-1)
# 生成 format_time
# struct_time to format_time
time.strftime("%Y-%m-%d %X")
print(time.strftime("%Y-%m-%d %X", time.localtime()))
# 生成固定格式的时间表示格式
time.asctime(time.localtime())
print(time.ctime(time.time()))
print(time.strftime("%Y-%m-%d %X"))
t1 = time.time()
t2 = t1 + 10  # timestamp 加减单位以秒为单位
print(time.ctime(t1))
print(time.ctime(t2))
```

结果如下：

```
1610415556.015377
1610415556.0
time.struct_time(tm_year=2021, tm_mon=1, tm_mday=12, tm_hour=9, tm_min=39, tm_sec=16, tm_wday=1, tm_yday=12, tm_isdst=0)
time.struct_time(tm_year=2021, tm_mon=1, tm_mday=12, tm_hour=1, tm_min=39, tm_sec=16, tm_wday=1, tm_yday=12, tm_isdst=0)
time.struct_time(tm_year=2020, tm_mon=12, tm_mday=4, tm_hour=16, tm_min=37, tm_sec=6, tm_wday=4, tm_yday=339, tm_isdst=-1)
2021-01-12 09:39:16
Tue Jan 12 09:39:16 2021
2021-01-12 09:39:16
Tue Jan 12 09:39:16 2021
Tue Jan 12 09:39:26 2021
```

3.3.2 datetime 模块

datetime 模块比 time 模块使用起来更加方便，可以理解为 datetime 基于 time 进行了封装，提供了更多实用的函数。在 datetime 模块中包含了几个类，具体信息如表 3-5 所示。

表 3-5 datetime 模块中包含的类

类名	功能说明
date	日期对象，常用的属性有 year、month、day
time	时间对象
datetime	日期时间对象，常用的属性有 hour、minute、second、microsecond
datetime_CAPI	日期时间对象 C 语言接口
timedelta	时间间隔，即两个时间点之间的长度
tzinfo	时区信息对象

datetime 模块还包括 datetime.MINYEAR 和 Datetime.MAXYEAR 两个常量，见表 3-6。

表 3-6 datetime 模块常量

常量名	说明
datetime.MINYEAR	date 或 datetime 对象允许的最小年份常量，值为 1
datetime.MAXYEAR	date 或 datetime 对象允许的最大年份常量，值为 9999

1. date 类

date 类的对象代表一个理想化历法中的日期（年、月和日），即当今 Gregorian calendar 向前后两个方向无限延伸。公元 1 年 1 月 1 日是第 1 日，公元 1 年 1 月 2 日是第 2 日，依此类推。

date 类的构造：

```
class datetime.date(year, month, day)
```

所有参数都是必要的。参数必须是下面范围内的整数：

（1）MINYEAR <= year <= MAXYEAR

（2）1 <= month <= 12

（3）1 <= 日期 <= 给定年月对应的天数

2. date 的类方法

（1）date.today()

返回当前的本地日期。这等价于 date.fromtimestamp(time.time())。

（2）date.fromtimestamp(timestamp)

返回对应于 POSIX 时间戳的当地时间，例如 time.time() 返回的就是时间戳。

（3）date.fromordinal(ordinal)

返回与序数公历序数相对应的日期，其中第 1 年的 1 月 1 日的序数为 1。

（4）date.fromisoformat(date_string)

返回一个对应于以 YYYY-MM-DD 格式给出的 date_string 的 date 对象：

```
>>> from datetime import date
>>> date.fromisoformat('2019-12-04')
datetime.date(2019, 12, 4)
```

这是 date.isoformat() 的逆操作。 它只支持 YYYY-MM-DD 格式。

3. date 类属性和实例属性

date 类属性和实例属性如表 3-7 所示。

表 3-7　date 类属性和实例属性

属性名	说明
date.min	最小的日期 date(MINYEAR, 1, 1)
date.max	最大的日期 ，date(MAXYEAR, 12, 31)
date.resolution	两个日期对象的最小间隔，timedelta(days=1)
date.year	在 MINYEAR 和 MAXYEAR 之间，包含边界
date.month	月份，值为 1 至 12（含）
date.day	返回 1 到指定年月的天数间的数字

4. 实例方法

（1）date.replace(year=self.year, month=self.month, day=self.day)

返回一个具有同样值的日期，除非通过任何关键字参数给出了某些形参的新值。

```
>>> from datetime import date
>>> d = date(2002, 12, 31)
>>> d.replace(day=26)
datetime.date(2002, 12, 26)
```

（2）date.timetuple()

返回一个 time.struct_time，即 time.localtime() 所返回的类型。

hours, minutes 和 seconds 值均为 0。

d.timetuple() 等价于:

time.struct_time((d.year, d.month, d.day, 0, 0, 0, d.weekday(), yday, -1))

（3）date.toordinal()

返回日期的序数，其中公元 1 年 1 月 1 日的序号为 1。 对于任意 date 对象 d，date.fromordinal(d.toordinal()) == d。

（4）date.weekday()

返回一个整数代表星期几，星期一为 0，星期天为 6。例如：

date(2002, 12, 4).weekday() == 2，表示的是星期三。

（5）date.isoweekday()

返回一个整数代表星期几，星期一为 1，星期天为 7。例如：

date(2002, 12, 4).isoweekday() == 3，表示星期三。

（6）date.isocalendar()

返回一个由三部分组成的对象: year, week 和 weekday。

```
>>> from datetime import date
>>> date(2003, 12, 29).isocalendar()
datetime.IsoCalendarDate(year=2004, week=1, weekday=1)
>>> date(2004, 1, 4).isocalendar()
datetime.IsoCalendarDate(year=2004, week=1, weekday=7)
```

（7）date.isoformat()

返回一个以 ISO 8601 格式 YYYY-MM-DD 来表示日期的字符串：

```
>>> from datetime import date
>>> date(2002, 12, 4).isoformat()
'2002-12-04'
```

这是 date.fromisoformat() 的逆操作。

（源代码位置：Code\03\03-12.py）

```
import time
from datetime import date
# 使用 date.today()来构造实例
today = date.today()
print(today)
# 判断 today 和 POSIX 时间戳的当地时间是否相等
print(today == date.fromtimestamp(time.time()))
# 定义我的生日
my_birthday = date(today.year, 12, 22)
if my_birthday < today:
    my_birthday = my_birthday.replace(year=today.year + 1)
print(my_birthday)
# 定义今天和生日之间的距离
time_to_birthday = abs(my_birthday - today)
print(time_to_birthday.days)
```

结果如下：

```
2021-01-12
True
2021-12-22
344
```

3.3.3 timedelta 类对象

timedelta 对象表示两个 date 或者 time 的时间间隔。

1. timedelta 实例的构造

```
class datetime.timedelta(days=0, seconds=0, microseconds=0, milliseconds=0, minutes=0, hours=0, weeks=0)
```

所有参数都是可选的并且默认为 0。这些参数可以是整数或者浮点数，也可以是正数或者负数。只有 days, seconds 和 microseconds 会存储在内部。参数单位的换算规则如下：

（1）1 毫秒会转换成 1000 微秒。

（2）1 分钟会转换成 60 秒。

（3）1 小时会转换成 3600 秒。

（4）1 星期会转换成 7 天。

并且 days, seconds, microseconds 会经标准化处理以保证表达方式的唯一性，即：

```
0 <= microseconds < 1000000
0 <= seconds < 3600*24 (一天的秒数)
-999999999 <= days <= 999999999
```

下面的例子演示了如何对 days, seconds 和 microseconds 以外的任意参数执行“合并”操作并标准化为以上三个结果属性：

```
>>> from datetime import timedelta
>>> delta = timedelta(
...         days=50,
...         seconds=27,
...         microseconds=10,
...         milliseconds=29000,
...         minutes=5,
...         hours=8,
...         weeks=2
... )
>>> # 只保留 days, seconds, and microseconds
>>> delta
```

2. 类属性和实例属性

类属性主要有以下三个：

（1）timedelta.min

最小的 timedelta 对象， timedelta(-999999999)

（2）timedelta.max

最正的 timedelta 对象，timedelta(days=999999999,hours=23,minutes=59,seconds=59, microseconds=999999)

（3）timedelta.resolution

两个不相等的 timedelta 类对象，最小的间隔为 timedelta(microseconds=1)。

需要注意的是，因为标准化的缘故，timedelta.max > -timedelta.min，-timedelta.max 不可以表示一个 timedelta 类对象。

实例属性为只读。

timedelta 类属性和实例属性如表 3-8 所示。

表 3-8　timedelta 类属性和实例属性

属性	值
days	-999999999 至 999999999 ，含 999999999
seconds	0 至 86399，包含 86399
microseconds	0 至 999999，包含 999999

3. 支持的运算

timedelta 支持的运算如表 3-9 所示。

表 3-9　timedelta 支持的运算

运算	结果
t1 = t2 + t3	t2 和 t3 的和。运算后 t1-t2 == t3 and t1-t3 == t2 必为真值
t1 = t2 - t3	t2 减 t3 的差。运算后 t1 == t2 - t3 and t2 == t1 + t3 必为真值
t1 = t2 * i or t1 = i * t2	乘以一个整数。运算后假如 i != 0 则 t1 // i == t2 必为真值
	t1 * i == t1 * (i-1) + t1 is true.
t1 = t2 * f or t1 = f * t2	乘以一个浮点数，结果会被舍入到 timedelta 最接近的整数倍。精度使用四舍五偶入奇不入规则
f = t2 / t3	总时间 t2 除以间隔单位 t3。 返回一个 float 对象
t1 = t2 / f or t1 = t2 / i	除以一个浮点数或整数。结果会被舍入到 timedelta 最接近的整数倍。精度使用四舍五偶入奇不入规则
t1 = t2 // i or t1 = t2 // t3	计算底数，其余部分（如果有）将被丢弃。在第二种情况下，将返回整数
t1 = t2 % t3	余数为一个 timedelta 对象
q, r = divmod(t1, t2)	通过 q = t1 // t2 和 r = t1 % t2 计算出商和余数。q 是一个整数，r 是一个 timedelta 对象
+t1	返回一个相同数值的 timedelta 对象
-t1	等价于 timedelta(-t1.days, -t1.seconds, -t1.microseconds)，和 t1* -1.
abs(t)	当 t.days >= 0 时等于+t，当 t.days < 0 时等于-t
str(t)	返回一个形如 [D day[s],][H]H:MM:SS[.UUUUUU] 的字符串，当 t 为负数的时候，D 也为负数
repr(t)	返回一个 timedelta 对象的字符串表示形式，作为附带正规属性值的构造器调用

4. 实例方法

实例方法的构造：

```
timedelta.total_seconds()
```

返回时间间隔包含了多少秒。相当于 td / timedelta(seconds=1)。对于其他单位可以直接使用除法的形式 (例如 td / timedelta(microseconds=1))。需要注意的是，时间间隔较大时，这个方法的结果中的微秒将会失真（大多数平台上大于 270 年视为一个较大的时间间隔）。

以下代码给出了 timedelta 的用法示例：

（源代码位置：Code\03\03-13.py）

```
from datetime import timedelta
year = timedelta(days=365)
print(year)
# another_year 各部分加起来等于 365 天
another_year = timedelta(weeks=40, days=84, hours=23,
                         minutes=50, seconds=600)
# 判断 year 和 another_year 是否相等
print(year == another_year)
print(year.total_seconds())
# timedelta 算术运算
ten_years = 10 * year
print(ten_years)
# 计算底数
print(ten_years.days // 365)
# 3650 - 365
nine_years = ten_years - year
print(nine_years)
three_years = nine_years // 3
print(three_years, three_years.days // 365)thday - today)
print(time_to_birthday.days)
```

结果如下：

```
365 days, 0:00:00
True
31536000.0
3650 days, 0:00:00
10
3285 days, 0:00:00
1095 days, 0:00:00 3
```

3.4 其他模块介绍

除了上述模块外，Python 还提供了大约 200 多个内置的标准模块，涵盖了 Python 运行时服务、文字模式匹配、操作系统接口、数学运算、对象永久保存、网络和 Internet 脚本和 GUI 构建等方面。其他常用模块如表 3-10 所示。

表 3-10 其他常用模块

模块名	描述
sys	与 Python 解释器及其环境操作相关的标准库
time	提供与时间相关的各种函数的标准库
os	提供了访问操作系统服务功能的标准库
calendar	提供与日期相关的各种函数的标准库
urllib	用于读取来自网上（服务器上）的数据的标准库
json	用于使用 JSON 序列化和反序列化对象
re	用于在字符串中执行正则表达式匹配和替换
math	提供算术运算函数的标准库
decimal	用于进行精确控制运算精度、有效数位和四舍五入操作的十进制运算
shutil	用于进行高级文件操作，如复制、移动和重命名等
logging	提供了灵活的记录事件、错误、警告和调试信息等日志信息的功能
tkinter	使用 Python 进行 GUI 编程的标准库

除了上表所列出的标准模块外，Python 还提供了很多模块可以在 Python 的帮助文档中查看。具体方法是：打开 Python 安装路径下的 Doc 目录，在该目录中的扩展名为.chm 的文件（如 Python364.chm）即为 Python 的帮助文档。打开该文件，找到图 3-2 所示的位置进行查看即可。

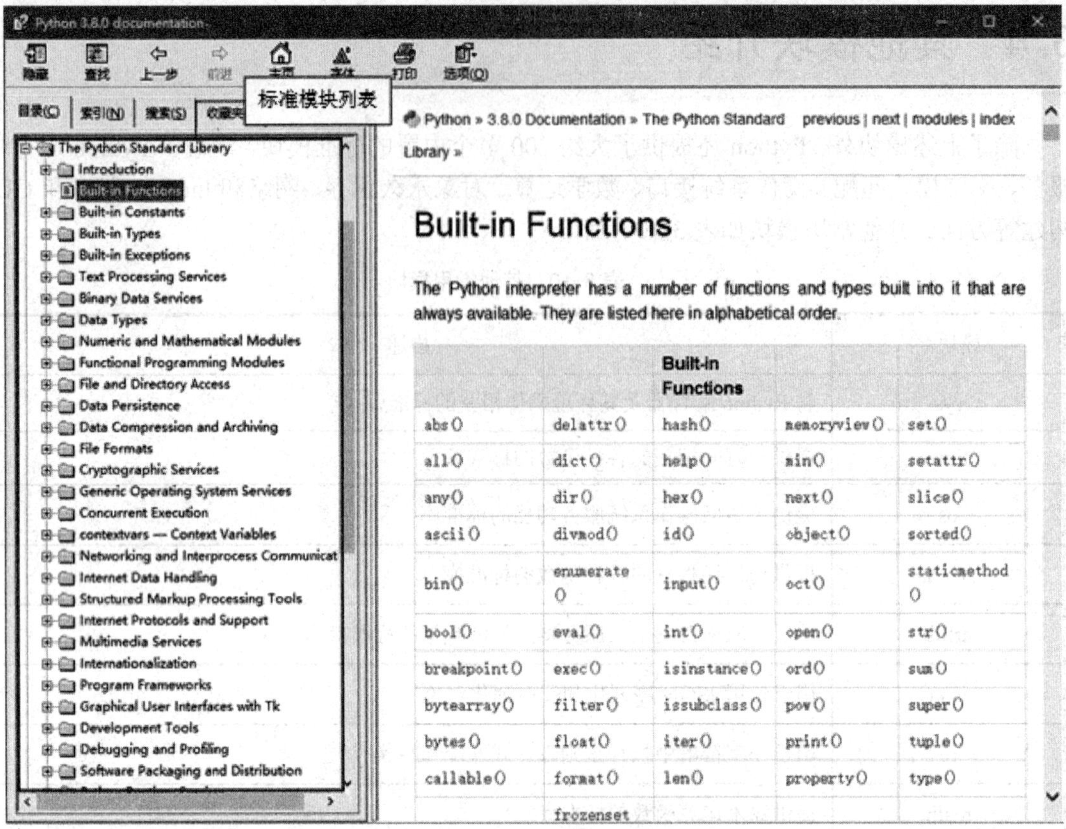

图 3-2　Python 内建模块

项目小结

本项目主要介绍了 math 模块、随机模块、日期时间模块以及利用 Python 帮助文档查看标准模块。通过本项目的学习，希望读者可以认真学习数学模块、随机模块、日期时间模块的常用方法，能够熟练使用相关方法实现功能。

项目 4　迭代器和生成器

教学导航

本章概览

本项目将学习可迭代对象、迭代器及它们的区别，列表生成式的使用，列表生成器和函数生成器的创建和使用。

知识框架

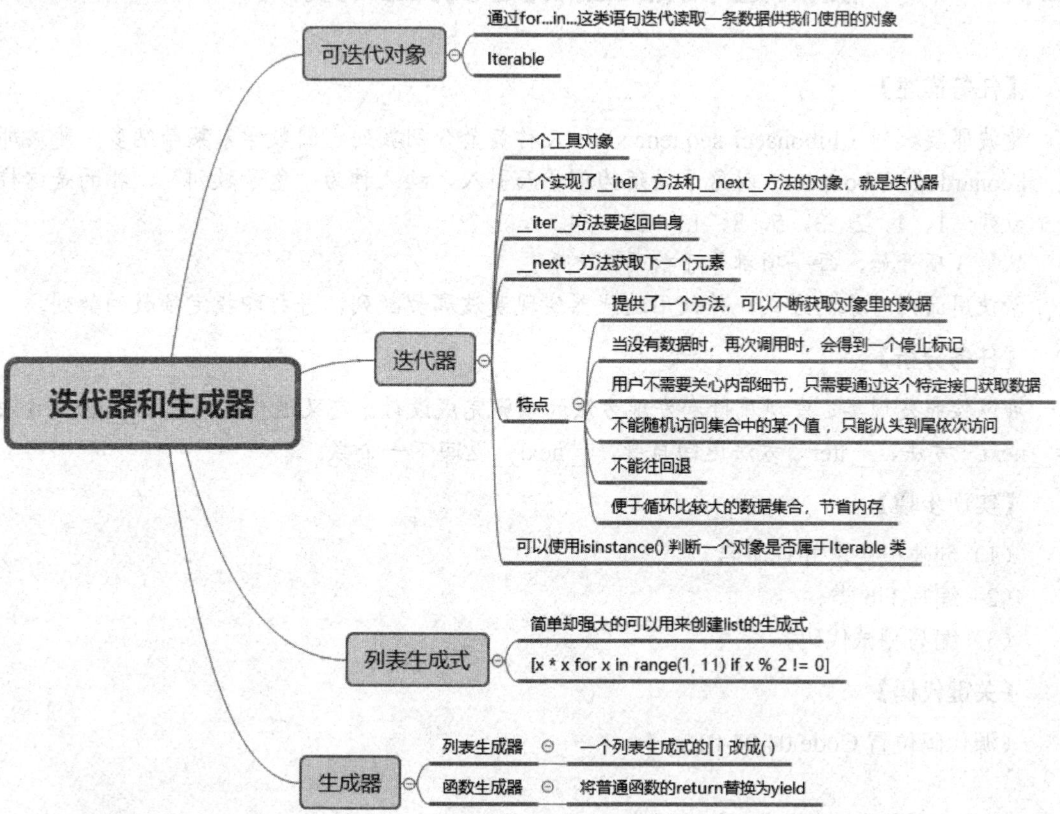

导 学

知识重点	（1）可迭代对象； （2）迭代器； （3）列表生成式； （4）列表生成器； （5）函数生成器
知识难点	函数和生成器函数的区别
推荐教学方式	从任务入手，带领学生解决任务，针对任务中使用到的知识点进行重点讲解
建议学时	4 学时
推荐学习方法	（1）上机编写代码，勤于实践； （2）分小组解决老师布置的任务
必须掌握的理论知识	可迭代对象、迭代器、列表生成器、函数生成器
必须掌握的技能	会使用可迭代对象和迭代器、会定义列表生成器和函数生成器

任务 4-1　使用迭代器生成斐波拉契数列

【任务描述】

斐波那契数列（Fibonacci sequence），又称黄金分割数列、因数学家莱昂纳多·斐波那契（Leonardoda Fibonacci）以兔子繁殖为例子而引入，故又称为“兔子数列”，指的是这样一个数列：1、1、2、3、5、8、13、21、34、……

从第 3 项开始，每一项都等于前两项之和。

请使用面向对象的方式，并使用迭代器实现斐波那契数列，并打印指定项数的数列。

【任务分析】

可以按照发现类、发现属性和发现方法的步骤完成设计。定义迭代器，定义__iter__方法和__next__方法，__iter__方法返回自身，__next__返回下一个数。

【实现步骤】

（1）创建模块，并且命名。

（2）编写 Fib 类。

（3）编写测试代码。

【关键代码】

（源代码位置 Code\04\04-01.py）

```
from itertools import islice
```

```
2.
3.  class Fib:
4.      """斐波那契数列迭代器"""
5.      def __init__(self):
6.          self.prev = 0
7.          self.curr = 1
8.
9.      def __iter__(self):
10.         """迭代器的__iter__返回自身即可"""
11.         return self
12.
13.     def __next__(self):
14.         """next()函数调用来获取下一个数"""
15.         value = self.curr
16.         self.curr += self.prev
17.         self.prev = value
18.         return value
19.
20.
21. if __name__ == '__main__':
22.     fib = Fib()
23.     print(list(islice(fib, 0, 10)))
```

【输出结果】

运行以上代码，将显示以下结果：

```
[1, 1, 2, 3, 5, 8, 13, 21, 34, 55]
```

【程序解析】

程序中定义了 Fib 类，__init__方法定义了斐波那契数列前两项的值，__iter__方法返回迭代器自身，__next__方法用来生成斐波那契数列的下一项。

4.1 可迭代对象 Iterable

对 list、tuple、dict、set、str 等类型的数据使用 for...in...的循环语法从其中依次拿到数据进行使用的过程称为迭代。把可以通过 for...in...这类语句迭代读取一条数据供使用的对象称之为可迭代对象。在 Python 中，迭代可通过 for ... in 来完成，例如列表的迭代：

（源代码位置 Code\04\04-02.py）

```
list = [1, 2, 3, 4]
for num in list:
    print(num)
```

在 Python 中，可以返回一个迭代器的对象都可称之为可迭代对象 Iterable。

4.2 迭 代 器

4.2.1 迭代器的概念

大部分编程语言都有迭代器的概念，可以简单地理解迭代器就是一个工具对象，它的特点如下。

（1）提供了一个方法，可以不断获取对象里的数据。

（2）用户不需要关心内部细节，只需要通过这个特定接口获取数据。

（3）当没有数据时，再次调用时，会得到一个停止标记。

（4）不能随机访问集合中的某个值 ，只能从头到尾依次访问。

（5）不能往回退。

（6）便于循环比较大的数据集合，节省内存。

迭代器它是一个带状态的对象，能在调用 next()方法的时候返回容器中的下一个值。例如设计一个迭代器，可以把初始化的数据以平方值反馈回来。例如用户向迭代器里初始化 1，2，3，4 这 4 个数字，在用户访问时，会得到 1，4，9，16。

迭代器是用来记录每次迭代访问到的位置，当对迭代器使用 next()函数的时候，迭代器会返回它所记录位置的下一个位置的数据。实际上，在使用 next()函数的时候，调用的就是迭代器对象的__next__方法。所以，要想构造一个迭代器，就要实现它的__next__方法。但这还不够，Python 要求迭代器本身也是可迭代的，所以还要为迭代器实现__iter__方法，而__iter__方法要返回一个迭代器，迭代器自身正是一个迭代器，所以迭代器的__iter__方法返回自身即可。

一个实现了__iter__方法和__next__方法的对象，就是迭代器。

例如，在 Python 中的列表和字典容器，要想获得里面的数据，一是通过下标获取其中一个，二可以借助 for…in 的语法。for…in 循环的本质就是先通过 iter()函数获取可迭代对象 Iterable 的迭代器，然后对获取到的迭代器不断调用 next()方法来获取下一个值并将其赋值给 item，当遇到 StopIteration 的异常后循环结束。

4.2.2 迭代器的使用方法

1. 生成迭代器

在 Python 中，提供了 iter()方法，会返回一个迭代器；itertools 模块函数返回的都是迭代器对象。

生成无限序列：

（源代码位置 Code\04\04-03.py）

```
from itertools import count

counter = count(start=9)
print(next(counter))     #输出结果 9
print(next(counter))     #输出结果 10
```

从一个有限序列中生成无限序列：

（源代码位置 Code\04\04-04.py）

```
from itertools import cycle

colors = cycle(['red', 'yellow', 'blue'])
print(next(colors))      #输出结果 red
print(next(colors))      #输出结果 yellow
print(next(colors))      #输出结果 blue
print(next(colors))      #输出结果 red
```

从无限的序列中生成有限序列：

（源代码位置 Code\04\04-05.py）

```
from itertools import cycle, islice

colors = cycle(['red', 'yellow', 'blue'])
limited = islice(colors, 0, 4)
for x in limited:
    print(x)
```

2. 取出迭代器的数据

在迭代器中会定义一个叫做__next__方法，它提供获取数据的接口；在 Python3 中，提供了一个 next()的内置函数，专门调用迭代器的__next__方法；一旦没有数据后，再次访问时，会抛出 StopIteration 的异常。

3. 如何判断一个对象是否可以迭代

可以使用 isinstance() 判断一个对象是否属于 Iterable 类。

（源代码位置 Code\01\04-06.py）

```
from collections.abc import Iterable

isinstance([], Iterable)                              #True
isinstance({}, Iterable)                              #True
isinstance('abc', Iterable)                           #True
isinstance((x for x in range(8)), Iterable)           #True
isinstance(100, Iterable)                             #False
```

任务 4-2 使用生成器优化斐波那契数列代码

【任务描述】

使用生成器优化任务 1-1 编写的斐波那契数列代码，使代码更加简洁和优雅。

【任务分析】

定义函数生成器使用 yield 抛出后面的变量值，保存当前函数的状态，等待 next 的操作。

【实现步骤】

（1）使用函数生成器改写斐波那契数列代码。
（2）修改测试代码
（3）运行测试。

【关键代码】

（源代码位置：Code\04\04-07.py）

```
from itertools import islice


def fib():
    prev, curr = 0, 1
    while True:
        yield curr
        prev, curr = curr, curr + prev


f = fib()
print(list(islice(f, 0, 10)))
```

【输出结果】

运行以上代码，将显示以下结果：

```
[1, 1, 2, 3, 5, 8, 13, 21, 34, 55]
```

【程序解析】

第 7 行代码 yield curr 抛出 curr 的值，然后保存当前函数的状态，等待 next 的操作。

4.3　列表生成式

列表生成式即 List Comprehensions，是 Python 内置的非常简单却强大的可以用来创建 list 的生成式。

例如：要生成 list [1, 2, 3, 4, 5, 6, 7, 8, 9, 10]，可用一下以下代码：

```
list(range(1, 11))
```

如果需要生成一个列表，列表元素分别为 [1*1, 2*2, 3*3, ……, 10*10]， 如果使用一般的写法：

（源代码位置：Code\04\04-09.py）

```
li = []
for x in range(1, 11):
    li.append(x * x)
```

而如果使用列表生成式写法，则简略很多：

（源代码位置：Code\04\04-10.py）

```
li = [x * x for x in range(1, 11)]
```

接着上一个需求，要求返回的序列中不存在偶数项：

（源代码位置：Code\04\04-11.py）

```
li = [x * x for x in range(1, 11) if x % 2 != 0]
```

生成器可以有多个循环，例如要生成两个字符串的全排列，字符串 s1 = “abc”，字符串 s2=“123”， 要生成序列 a1 a2 a3 b1 b2 b3 c1 c2 c3，可以使用列表生成式：

（源代码位置：Code\04\04-12.py）

```
li = [x + y for x in 'abc' for y in '123']
```

4.4 生 成 器

列表的所有数据都在内存中，如果有海量数据的话将会非常耗内存。如果仅仅需要访问列表的前面几个元素，那后面绝大多数元素占用的空间都白白浪费了。

如果列表元素按照某种算法推算出来，那就可以在循环的过程中不断推算出后续的元素，这样就不必创建完整的 list，从而节省大量的空间。

简单来说，如果想要得到庞大的数据，又想占用内存少，那就用生成器。

4.4.1 列表生成器

利用迭代器可以不断地获取数据。在实际开发中，有时候希望数据一开始不存放在内存上，而且在遵循某种规律的情况下，用的时候再给用户。

在 Python 中提供了生成器（generator）。它不仅具备迭代器的能力，而且生成器是使用时再分配，而不是事先分配空间的，内存利用效率更高。

生成器其实是一种特殊的迭代器，不过这种迭代器更加优雅。它不需要再写__iter__()和__next__()方法，在实际开发时，在需要迭代特性获取值时，建议使用生成器来实现，它的语法简单清晰。

要创建一个生成器，有很多种方法。第一种方法很简单，只要把一个列表生成式的[ ] 改成( )。

（源代码位置：Code\04\04-13.py）

```
L = [ x*2 for x in range(5)]
G = ( x*2 for x in range(5))
next(G)                              #2
next(G)                              #4
next(G)                              #6
next(G)                              #8
next(G)                              #StopIteration
```

这种方式称之为列表生成器，该方式也是迭代器，只是书写起来会非常清晰。通过列表生成式可以直接创建一个列表。生成器是懒加载模式，保存的是算法，每次调用 next(G)，就计算出 G 的下一个元素的值，直到计算到最后一个元素，没有更多的元素时，抛出 StopIteration 的错误。

4.4.2 函数生成器

Python 的生成器非常优雅和强大，如果推算的算法比较复杂，用列表生成式的逻辑无法实现的时候，还可以用函数来实现。

它的语法形式非常简单，就是将普通函数的 return 替换为 yield。

yield 这里的意思不是返回，而是抛出后面的变量值，然后保存当前函数的状态，等待 next 的操作，因此生成器也是一种懒加载的方式。可以看出来，当 yiled 在函数中使用后，这个函数已经升级为了迭代器。

用函数生成器的方式改写取列表的各项平方值：

（源代码位置：Code\04\04-14.py）

```
def power2(n):
    cur = 1
    while cur <= n:
        yield cur * 2
```

项目小结

本项目主要介绍了迭代器和生成器。迭代器是一种支持 next()操作的对象，它包含了一组元素，当执行 next()操作时，返回其中一个元素。当所有元素都被返回后，再执行 next()报异常 StopIteration。生成器本质上是一个函数，它记住了上一次返回时在函数体中的位置。对生成器函数的第二次（或第 *n* 次）调用跳转至函数上一次挂起的位置，而上次调用的所有局部变量都保持不变。生成器不仅“记住”了它的数据状态；生成器还“记住”了程序执行的位置，节约内存。生成器一定是可迭代的，也一定是迭代器对象。生成器是生成元素的，迭代器是访问容器元素的一种方式，迭代输出生成器的内容。通过本项目的学习，希望读者可以使用迭代器生成斐波拉契数列、使用生成器优化斐波那契数列代码。

项目5 闭包和装饰器

教学导航

本章概览

上一个项目介绍了迭代器和生成器，本项目将学习闭包、命名空间和作用域及装饰器，通过本项目的学习，大家应该对闭包、变量查找 LEGB 原则及装饰器有更深的理解，并能够熟练地应用到开发中。

知识框架

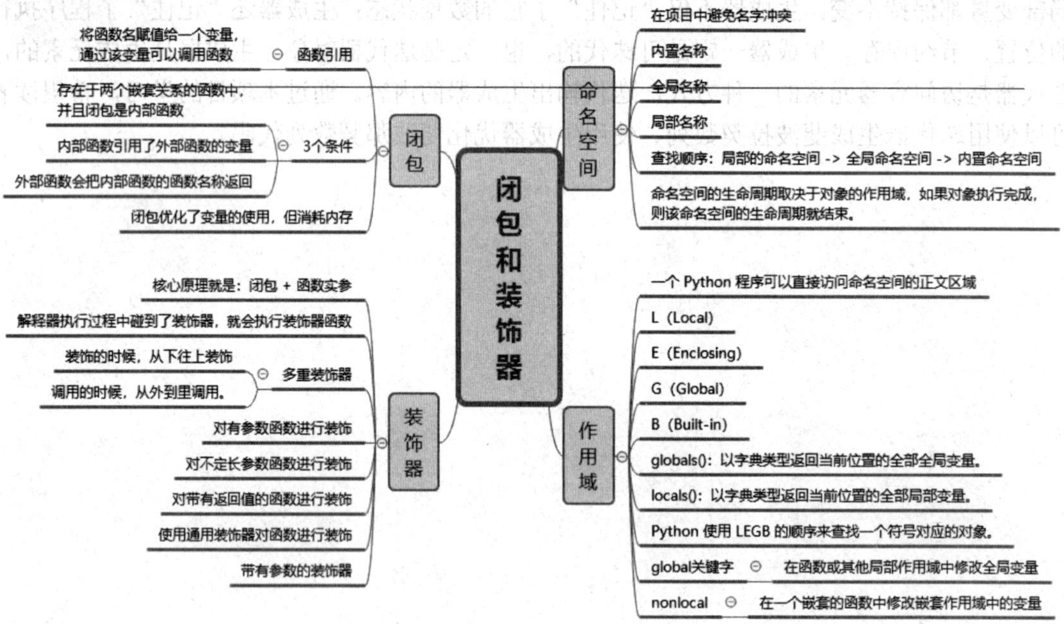

导 学

知识重点	（1）闭包； （2）命名空间与作用域； （3）LEGB 原则； （4）nonlocal； （5）装饰器的认识； （6）装饰器的实现
知识难点	定义和应用装饰器
推荐教学方式	从任务入手，带领学生解决任务，针对任务中使用到的知识点进行重点讲解
建议学时	8 学时
推荐学习方法	（1）上机编写代码，勤于实践； （2）分小组解决老师布置的任务
必须掌握的理论知识	闭包、LEGB 原则、装饰器
必须掌握的技能	会定义闭包、会实现装饰器

任务 5-1　直线闭包

【任务描述】

实现一条直线的闭包，通过这个闭包可以得到直线的坐标。

提示：直线的坐标公式是 y = kx + b。

【任务分析】

将直线公式定义闭包函数，直线公式中的 k，b 参数从外部函数中传递过来。横坐标变量作为闭包函数的参数。

【实现步骤】

（1）定义闭包函数。

（2）调用外部函数赋值给一个变量。

（3）通用变量调用闭包函数，实现求某条直线上的坐。

【关键代码】

（源代码位置 Code\05\05-01.py）

```
def line_conf(a, b):
    def line(x):
        return a * x + b
```

```
4.      return line
5.
6. line1 = line_conf(1, 1)
7. line2 = line_conf(4, 5)
8. print(line1(5))
9. print(line2(5))
```

【输出结果】

运行以上代码，将显示以下结果：

```
6
25
```

【程序解析】

第 1 行至第 4 行代码定义了一个闭包函数，实现求某条直线上的坐标；第 6 行代码创建了一条直线 $y=x+1$；第 8 行代码求直线 $y=x+1$ 上 $x=5$ 处的 y 坐标；第 7 行代码创建了一条直线 $y=4x+5$；第 9 行代码求直线 $y=4x+5$ 上 $x=5$ 处的 y 坐标。

5.1 闭　包

5.1.1 函数引用

在 Python 中，可以将一个变量赋值给另一个变量，如下所示：

```
a = 100
c = a
```

a 是一个引用，指向 100。c=a 之后，c、a 指向同一个 100。类似，函数名也是一个引用，指向了一块代码块，只不过这个代码块是函数体而已。函数也能赋值给变量，通过变量调用该函数。 示例代码如下：

（源代码位置：Code\05\05-02.py）

```
#定义函数
def test():
    print("--- in test func----")

#调用函数
test()
print(test)
```

```
#引用函数
f = test
print(id(f))  #id() 函数用于获取对象的内存地址
print(id(test))

#通过引用调用函数
f()
print(f)
#获取函数名
print(test.__name__)
print(f.__name__)
```

运行结果如下：

```
-- in test func----
<function test at 0x000001E6EFA0DF70>
2091374403440
2091374403440
--- in test func----
<function test at 0x000001E6EFA0DF70>
test
test
```

在上述代码中，将函数名赋值给变量 *f*，变量 *f* 和函数名 test 指向同一段代码块，通过 *f* 和 test 调用的是同一个函数体。函数有一个__name__属性，可以获取函数的名字。

5. 1. 2　闭包的概念

Python 函数是支持嵌套的。如果在一个内部函数中对外部函数作用域（非全局作用域）的变量进行引用，那么内部函数就会被称为闭包。闭包需要满足如下 3 个条件：

（1）存在于两个嵌套关系的函数中，并且闭包是内部函数。

（2）内部函数引用了外部函数的变量（自由变量）。

（3）外部函数会把内部函数的函数名称返回。

为了更好地认识闭包，接下来，通过一个案例进行讲解，示例代码如下：

（源代码位置：Code\05\05-03.py）

```
# 外部函数
def outer(start=0):
    count = [start]   # 函数内的变量
    # 内部函数
    def inner():
        count[0] += 1   # 引用外部函数的变量
```

```
7.          return count[0]
8.      # 返回内部函数的名称
9.      return inner
10.
11. quote = outer(5)
12. print(quote())
```

在上述示例中，第 2~9 行代码定义了一个嵌套函数。其中，outer 函数是外部函数，inner 是内部函数。

在 outer 函数中，首先定义了一个表示列表的变量 count (该列表只有一个元素)，然后定义了一个 inner 函数，最后将 inner 函数的名称返回。在 inner 函数中，引用了外部函数定义的列表 count，并对 count 的元素进行修改，修改后的列表元素使用 return 返回。

第 11 行代码调用了外部函数 outer，并将其返回的结果 inner 赋值给变量 quote，这表明 quote 与 inner 一样，引用的都是 inner 函数占用的内存空间。

第 12 行代码调用了 quote 函数，实际上就是调用 inner 函数。

程序的运行结果如下：

```
6
```

下面通过一张图来分析程序执行的过程，如图 5-1 所示。

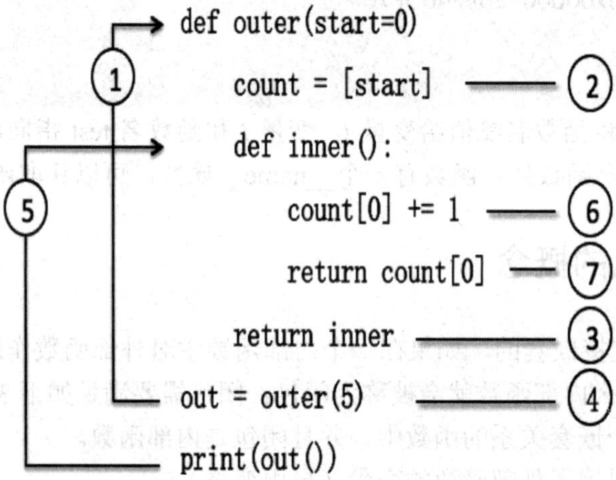

图 5-1　程序执行的过程

图 5-1 描述的具体过程如下：

（1）调用 outer 函数，并且把 5 传递给 start 参数。此时，start 的值为 5。

（2）由于 start 引用的值为 5，所以 count 列表中存放的元素为 5。

（3）返回内部函数的名称 inner。

（4）将调用 outer 函数返回的 inner 赋值给 quote 变量，即 quote = inner 此时，quote 变量引用的是 inner 函数占用的内存空间。

（5）调用 quote 引用的函数，实质上相当于调用 inner 函数。此时，程序会来到 inner 函数的定义部分。

（6）让 count 列表的元素加 1，即 5 + 1 = 6。计算完以后，把得出的结果再次赋值为列表的元素。此时，列表中存放的元素为 6。

（7）返回 count 列表的元素值 6。

从变量的生命周期的角度来讲，在 outer 函数执行结束以后，变量 count 已经被销毁了。当 outer 函数执行完后，会再执行内部的 inner 函数，由于 inner 函数中使用了 count 变量，所以程序应该出现运行时错误。然而，程序仍能正常运行，这是为什么呢？究其原因，主要在于函数的闭包会记得外层函数的作用域，在 inner 函数（闭包）中引用了外部函数的 count 变量，所以程序是不会释放这个变量的。

5.2　命名空间和作用域

5.2.1　命名空间

先看看官方文档的一段话：

A namespace is a mapping from names to objects. Most namespaces are currently implemented as Python dictionaries.

命名空间(Namespace)是从名称到对象的映射，大部分的命名空间都是通过 Python 字典来实现的。

命名空间提供了在项目中避免名字冲突的一种方法。各个命名空间是独立的，没有任何关系的，所以一个命名空间中不能有重名，但不同的命名空间是可以重名而没有任何影响。

举一个计算机系统中的例子，一个文件夹（目录）中可以包含多个文件夹，每个文件夹中不能有相同的文件名，但不同文件夹中的文件可以重名，如图 5-2 所示。

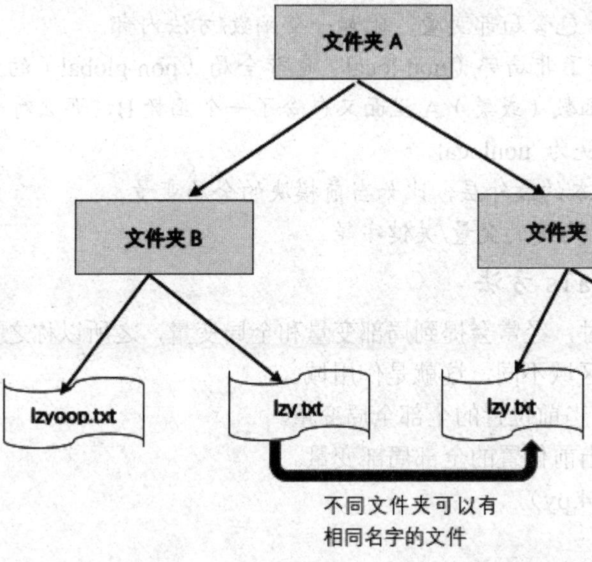

图 5-2　命名空间举例

一般有以下三种命名空间：

（1）内置名称（built-in names）。Python 语言内置的名称，比如函数名 abs、char 和异常名称 BaseException、Exception 等。

（2）全局名称（global names）。模块中定义的名称，记录了模块的变量，包括函数、类、其他导入的模块、模块级的变量和常量。

（3）局部名称（local names）。函数中定义的名称，记录了函数的变量，包括函数的参数和局部定义的变量。

命名空间查找顺序：局部的命名空间 -> 全局命名空间 -> 内置命名空间。

命名空间的生命周期取决于对象的作用域，如果对象执行完成，那么该命名空间的生命周期就结束。

5.2.2 作用域

先看看官方文档的一段话：

A scope is a textual region of a Python program where a namespace is directly accessible. "Directly accessible" here means that an unqualified reference to a name attempts to find the name in the namespace.

作用域就是一个 Python 程序可以直接访问命名空间的正文区域。

在一个 Python 程序中，直接访问一个变量，会从内到外依次访问所有的作用域直到找到，否则会报未定义的错误。

Python 中，程序的变量并不是在哪个位置都可以访问的，访问权限决定于这个变量是在哪里赋值的。

变量的作用域决定了在哪一部分程序可以访问哪个特定的变量名称。Python 的作用域一共有 4 种，分别是：

- L（Local）：最内层，包含局部变量，比如一个函数/方法内部。
- E（Enclosing）：包含了非局部（non-local）也非全局（non-global）的变量。比如两个嵌套函数，一个函数（或类）A 里面又包含了一个函数 B，那么对于 B 中的名称来说 A 中的作用域就为 nonlocal。
- G（Global）：当前脚本的最外层，比如当前模块的全局变量。
- B（Built-in）：包含了内建的变量/关键字等。

1. globals 方法和 locals 方法

在之前学习变量的作用域时，经常会提到局部变量和全局变量，之所以称之为局部、全局，就是因为他们各自作用的区域不同，这就是作用域。

globals()：以字典类型返回当前位置的全部全局变量。

locals()：以字典类型返回当前位置的全部局部变量。

（源代码位置：Code\05\05-04.py）

```
a = 100 #全局变量
```

```
2. def test():
3.     b = 200 #局部变量
4.     print(locals())
5.
6. print(globals())  #查看当前命名空间中的所有全局变量
7. print("------------")
8. test()
```

运行结果如下：

```
{'__name__': '__main__', '__doc__': None, '__package__': None, '__loader__': <_frozen_importlib_external.SourceFileLoader object at 0x000001D9055BE3D0>, '__spec__': None, '__annotations__': {}, '__builtins__': <module 'builtins' (built-in)>, '__file__': 'E:/ 01-03.py', '__cached__': None, 'a': 100, 'test': <function test at 0x000001D90712DF70>}
------------
{'b': 200}
```

第 6 行代码查看当前命名空间中的所有变量，从运行结果来看，第 1 行定义的 a，第 2 行定义的函数 test 都是全局变量。第 4 行代码查看当前位置的全部局变量，从运行结果来看，第 3 行定义的 b 是局部变量。

2. LEGB

Python 使用 LEGB 的顺序来查找一个符号对应的对象。

```
L -> E -> G -> B
```

在局部找不到，便会去局部外的局部找（例如闭包），再找不到就会去全局找，再者去内置中找。变量查找顺序 LEGB 规则如图 5-3 所示。

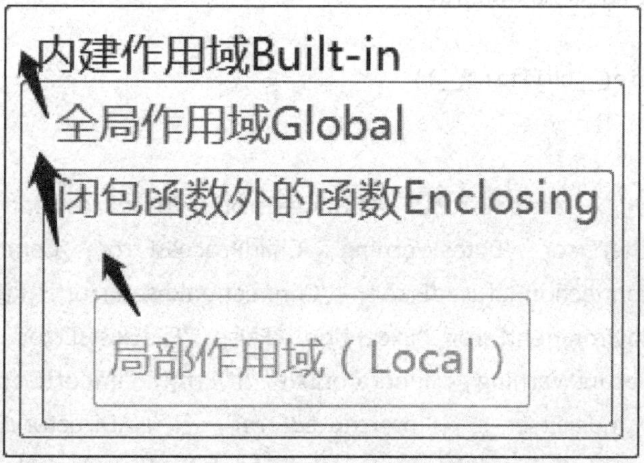

图 5-3　变量查找顺序 LEGB 规则

在 Python 中，有一个内建模块，该模块中有一些常用函数、变量、类等，在 Python 启动后且没有执行程序员所写的任何代码前，Python 会首先加载该内建模块到内存。这也是为什么在没有 import 任何模块的情况下，就能使用比如 dict，list，type，print 等这么多丰富的函数和功能了。之所以内建模块中的功能可以直接使用，不用在其前添加内建模块前缀，其原因是对函数、变量、类等标识符的查找是按 LEGB 法则，其中 B 即代表内建模块。比如：内建模块中有一个 abs()函数，其功能求绝对值，如 abs(-20)将返回 20。

LEGB 规则示例代码如下：

（源代码位置：Code\05\05-05.py）

```
1. num = 100
2. def test_outer():
3.     #num = 200
4.     def test():
5.         #num = 300
6.         print(num)
7.     return test
8.
9. ret = test_outer()  #200，局部变量优先
10. ret()
```

运行结果如下：

```
100
```

执行第 10 行代码时，实际调用的是 test()，第 6 行输出 num 时，按照 LEGB 规则，先从内部找，找不到再从 test_outer()中找，找不到再从全局变量中找，找到全局变量 num，所以最后的运行结果为 100。

可以使用 dir(__builtins__) 来查看内建模块的内容。

（源代码位置：Code\05\05-06.py）

```
print(dir(__builtins__))
```

运行结果如下：

```
['ArithmeticError', 'AssertionError', 'AttributeError', 'BaseException', 'BlockingIOError', 'BrokenPipeError', 'BufferError', 'BytesWarning', 'ChildProcessError', 'ConnectionAbortedError', 'ConnectionError', 'ConnectionRefusedError', 'ConnectionResetError', 'DeprecationWarning', 'EOFError', 'Ellipsis', 'EnvironmentError', 'Exception', 'False', 'FileExistsError', 'FileNotFoundError', 'FloatingPointError', 'FutureWarning', 'GeneratorExit', 'IOError', 'ImportError', 'ImportWarning', 'IndentationError', 'IndexError', 'InterruptedError', 'IsADirectoryError', 'KeyError', 'KeyboardInterrupt', 'LookupError', 'MemoryError', 'ModuleNotFoundError', 'NameError', 'None', 'NotADirectoryError', 'NotImplemented', 'NotImplementedError', 'OSError', 'OverflowError', 'PendingDeprecationWarning', 'PermissionError', 'ProcessLookupError', 'RecursionError',
```

```
'ReferenceError', 'ResourceWarning', 'RuntimeError', 'RuntimeWarning', 'StopAsyncIteration', 'StopIteration', 'SyntaxError', 'SyntaxWarning', 'SystemError', 'SystemExit', 'TabError', 'TimeoutError', 'True', 'TypeError', 'UnboundLocalError', 'UnicodeDecodeError', 'UnicodeEncodeError', 'UnicodeError', 'UnicodeTranslateError', 'UnicodeWarning', 'UserWarning', 'ValueError', 'Warning', 'WindowsError', 'ZeroDivisionError', '__build_class__', '__debug__', '__doc__', '__import__', '__loader__', '__name__', '__package__', '__spec__', 'abs', 'all', 'any', 'ascii', 'bin', 'bool', 'breakpoint', 'bytearray', 'bytes', 'callable', 'chr', 'classmethod', 'compile', 'complex', 'copyright', 'credits', 'delattr', 'dict', 'dir', 'divmod', 'enumerate', 'eval', 'exec', 'exit', 'filter', 'float', 'format', 'frozenset', 'getattr', 'globals', 'hasattr', 'hash', 'help', 'hex', 'id', 'input', 'int', 'isinstance', 'issubclass', 'iter', 'len', 'license', 'list', 'locals', 'map', 'max', 'memoryview', 'min', 'next', 'object', 'oct', 'open', 'ord', 'pow', 'print', 'property', 'quit', 'range', 'repr', 'reversed', 'round', 'set', 'setattr', 'slice', 'sorted', 'staticmethod', 'str', 'sum', 'super', 'tuple', 'type', 'vars', 'zip']
```

3. global 和 nonlocal 关键字

当内部作用域想修改外部作用域的变量时，就要用到 global 和 nonlocal 关键字。

前面已经学过，global 关键字用来在函数或其他局部作用域中使用全局变量。但是如果不修改全局变量也可以不使用 global 关键字。示例代码如下：

（源代码位置：Code\05\05-07.py）

```
1. a = 100
2. b = -10
3. def test():
4.     print(b)
5.     global a
6.     a += 100
7.     print(a)
8.
9. test()
```

第 9 行代码调用 test()函数时，在 test 函数内部，访问了全局变量 b。想要修改全部变量 a，必须在函数内使用 global 关键字进行声明，见第 5 行代码。如果注释第 5 行代码，则会报错。在 Python 中，如果在函数内部对全局变量 a 进行修改，见第 6 行代码，Python 会把变量 a 当作是局部变量，而在进行“a += 100”之前，是没有声明局部变量 a 的，因此程序会报错。

nonlocal 是在 Python3.0 中新增的关键字，Python2.X 不再支持。使用 nonlocal 关键字可以在一个嵌套的函数中修改嵌套作用域中的变量。示例代码如下：

（源代码位置：Code\01\05-08.py）

```
def outer():
    num = 10
```

```
10.     def inner():
11.         nonlocal num    # nonlocal 关键字声明
12.         num = 100
13.         print(num)
14.     inner()
15.     print(num)
16.
17. outer()
```

运行结果如下：

```
100
100
```

上述代码中，在 inner()函数中使用了 nonlocal 关键字，就会告诉 Python 在 outer()函数中使用嵌套作用域中的变量 num，因此对变量 num 进行修改时，会直接影响到嵌套作用域中的 num 变量，程序最后也就输出了 100。

将第 4 行代码注释，第 5 行代码通过对变量 num 进行赋值，会创建一个新的变量，而非使用第 2 行 num=10 语句中的 num。运行结果就变成如下：

```
100
100
```

说明：使用 global 关键字修饰的变量之前可以不存在，而使用 nonlocal 关键字修饰的变量在嵌套作用域中必须已经存在。

任务 5-2　统计执行时间的装饰器

【任务描述】

实现一个统计执行时间的装饰器，并写出测试用例。

提示：可以统计计算 100 以内数字的平方和 100 000 以内数字平方和的差别。

【任务分析】

定义一个函数，实现计算 *n* 以内的所有整数平方和。创建一个装饰器，计算整数平方和函数的执行时间。

【实现步骤】

（1）导入 time 模块，使用 time.perf_counter()获取时间。

（2）创建装饰器，计算函数执行时间。

（3）定义原函数，实现 *n* 以内的所有整数平方和。

（4）对原函数进行装饰。

（5）编写测试代码进行测试。

【关键代码】

（源代码位置：Code\05\05-09.py）

```
import time
#装饰器，统计函数执行的时间
def countTime(func):
    def inner(*args, **kwargs):
        start = time.perf_counter()  #开始计时
        func(*args, **kwargs)
        end = time.perf_counter()  #结束计时
        spend = end - start #时间差
        print( "运行时间：{} 秒".format(end))  #输出执行时间
    return inner

#原函数：计算整数的平方和
@countTime
def squareSum(n):
    Result = 0
    for v in range(1, n + 1):
        result += v ** 2
    print(result)

squareSum(3)
squareSum(100)
squareSum(9999999)
```

【输出结果】

运行以上代码，将显示以下结果：

```
14
运行时间：0.1718844 秒
338350
运行时间：0.1719591 秒
333333283333335000000
运行时间：4.2858176 秒
```

【程序解析】

第 3 行到第 10 行代码定义了一个装饰器，统计函数执行时间；第 13 行代码使用装饰器对函数 squareSum(n)进行装饰；第 14 行到第 18 行代码定义函数 squareSum(n)，计算整数的平方和；第 20 行到第 22 行代为测试代码。

5.3 装 饰 器

装饰器本质是一个 Python 函数，它可以在不改动其他函数的前提下，对函数的功能进行扩充。通常情况下，装饰器用于下列场景：

（1）引入日志；

（2）函数执行时间统计；

（3）执行函数前预备处理；

（4）执行函数后清理功能；

（5）权限校验；

（6）缓存。

先看一个简单的例子，示例代码如下：

```
def test_one():
    print("test_one")
```

在有一个需求，希望可以输出函数的执行日志，这时，有人会这么实现：

```
def test_one():
    print("test_one")
    print("test_one is running")

test_one()
```

但是，如果函数 test_two()、函数 test_three()都有类似的需求，那么现在这样的做法会出现大量重复的代码。为了减少重复的代码，可以创建一个新的函数专门记录函数执行日志，谁需要记录执行日志，就把谁作为参数传递，示例代码如下：

```
def print_log(func):
    print('函数正在运行中')
    func()

def test_one():
    print("test_one")

print_log(test_one)
```

按照上述代码将函数作为参数传递，虽然可以实现功能，但是却破坏了原有代码的逻辑结构。如果要求已经实现的函数，不能修改，只能扩展，即遵守“封闭开放”原则，那么是不允许在函数 test 内部进行修改的。

装饰器可以满足上述需求。在 Python 中，装饰器的语法是以@开头，下面写一个简单的装饰器。

（源代码位置：Code\05\05-10.py）

```
def wrap(func):
    print('正在装饰')
    def inner():
        print('正在验证权限')
        func()
    return inner

@wrap
def test():
    print("test")

test()
```

下面来分析一下程序的执行过程。

（1）当程序执行 test()时，发现函数 test()上面有装饰器@wrap，所以会先执行@wrap。@wrap 等价于 test = wrap(test)，它可以拆分为两步:

① 执行 wrap(test)，将函数名 test 作为参数传递给 wrap。在调用 wrap 函数的过程中，首先会执行 print 语句，输出“正在装饰”，然后会将形参 func 指向 test()函数体，并将 inner()函数的引用返回给 wrap(test)，作为 wrap(test)的返回值，具体如图 5-4 所示。

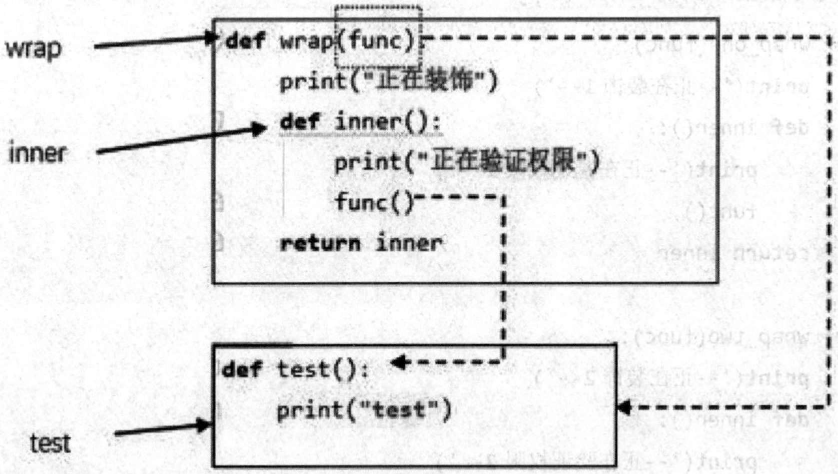

图 5-4 执行 wrap(test)

②将 wrap(test)的返回值赋给 test，此时，test 指向 inner()函数，如图 5-5 所示。到此，完成了函数 test()的装饰。

（2）调用 test()指向的函数。因为 test 指向的是 inner()函数，所以此时，调用 test()函数相当于调用 inner()函数，输出过程如下：

① 输出 print 语句“正在验证权限”。

② 调用 func 指向的函数，输出“test”。

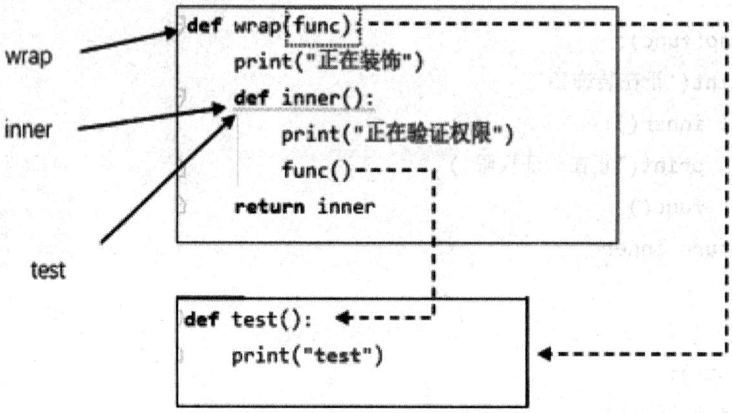

图 5-5　执行 test = wrap(test)

从以上例子可以看出，装饰器的核心原理就是：闭包 + 函数实参。

注释：上述代码中的第 12 行代码，装饰器函数执行了，说明解释器执行过程中碰到了装饰器，就会执行装饰器函数，并不需要调用 test()函数。

5.3.1　多重装饰器

多个装饰器可以应用在一个函数上，下面举例演示：

（源代码位置：Code\05\05-11.py）

```
def wrap_one(func):
    print('--正在装饰 1--')
    def inner():
        print('--正在验证权限 1--')
        func()
    return inner

def wrap_two(func):
    print('--正在装饰 2--')
    def inner():
        print('--正在验证权限 2--')
        func()
    return inner
```

```
@wrap_one
@wrap_two
def test():
    print('---test---')

# 调用 test，调用 test 之前，已经装饰过了
test()
```

运行结果如下：

```
--正在装饰 2--
--正在装饰 1--
--正在验证权限 1--
--正在验证权限 2--
---test---
```

从输出效果中可以看到：装饰器的执行是从下往上的，底层装饰器执行完成后返回函数再传给上层的装饰器，以此类推。

上述代码中，test()函数上面有两个装饰器，按照多个装饰器从下往上的调用顺序，程序首先会执行@wrap_two，再执行@wrap_one。下面一步一步来分析程序的执行过程。

（1）程序将 wrap_one、wrap_two、test 函数加载到内存中，加载完成后如图 5-6 所示。

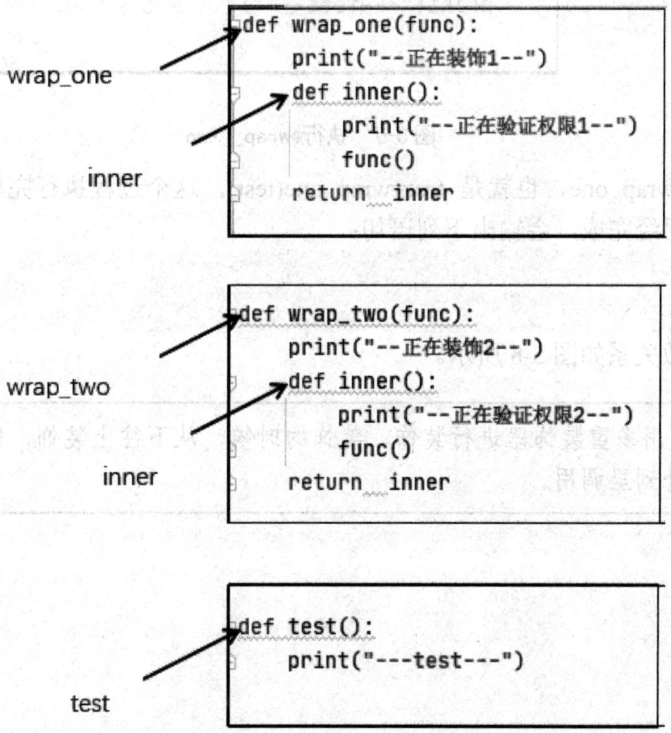

图 5-6　将函数加载到内存

（2）test()函数上有两个装饰器，首先程序会执行@wrap_two，也就是 test = wrap_two(test)，执行完毕后的内存如图 5-7 所示。

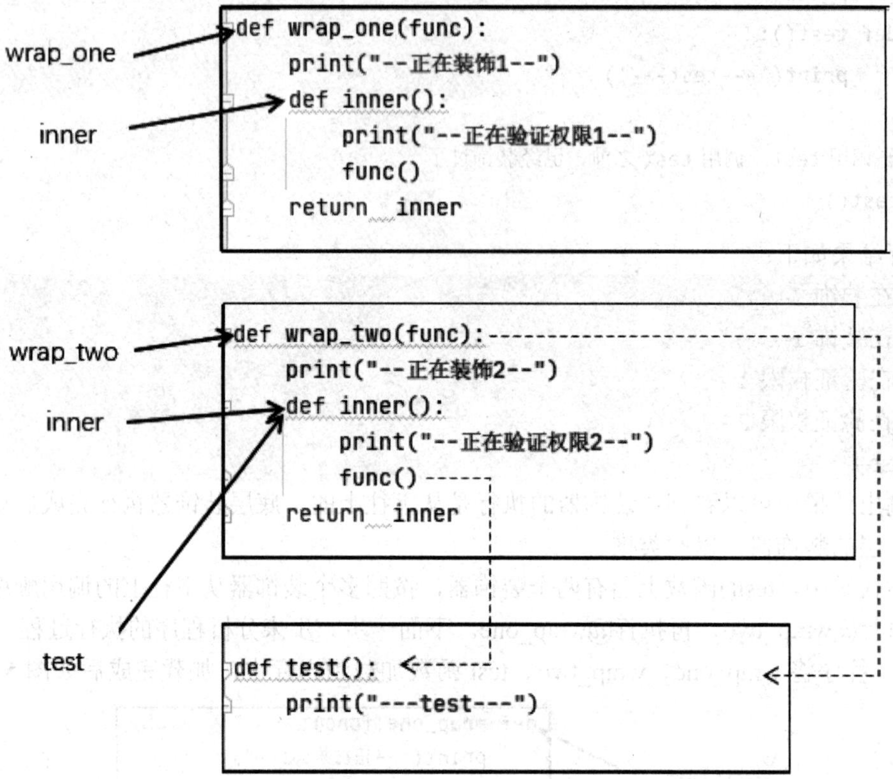

图 5-7 执行@wrap__two

（3）执行@wrap_one，也就是 test=wrap_one(test)，这个过程执行完毕后，其实，装饰器对函数的装饰已经完成，会输出下列语句：

```
--正在装饰 2--
--正在装饰 1--
```

装饰后的函数关系如图 5-8 所示。

说明：使用多重装饰器进行装饰，装饰的时候，从下往上装饰，即从里到外装饰。调用的时候，从外到里调用。

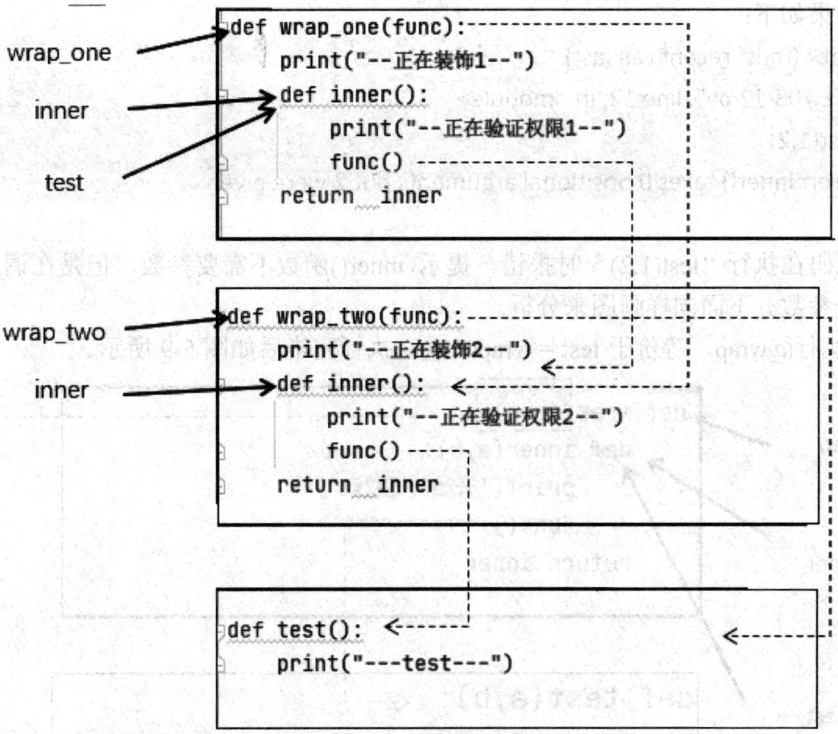

图 5-8　装饰过后的 test()函数

5.3.2　装饰器对有参数函数进行装饰

前面介绍的装饰器，都是对无参数函数进行装饰，如果要对有参数的函数进行装饰，那么参数如何设置呢？下面先看一段代码：

（源代码位置：Code\05\05-12.py）

```
def wrap(func):
    def inner():
        print('开始验证权限')
        func()
    return inner

@wrap
def test(a,b):
    print('a={},b={}'.format(a,b))

# 调用 test，调用 test 之前，已经装饰过了
test(1,2)
```

运行结果如下：

```
Traceback (most recent call last):
  File "E:/05-12.py", line 12, in <module>
    test(1,2)
TypeError: inner() takes 0 positional arguments but 2 were given
```

上述代码在执行“test(1,2)”时报错，提示 inner()函数不需要参数，但是在调用的时候，传递了两个参数。下面同样画图来分析。

（1）执行@wrap，等价于 test = wrap(test)，执行完毕后如图 5-9 所示。

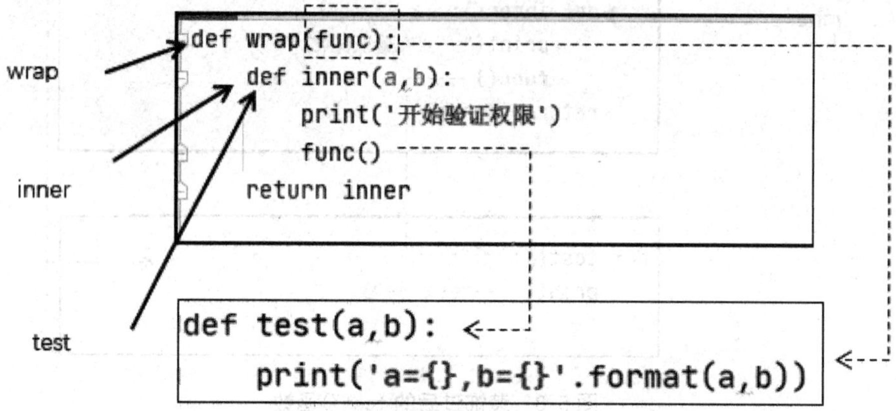

图 5-9　执行 test = wrap(test)

（2）执行代码“test(1, 2)”，此时 test 指向的是 inner()函数，程序会执行 inner()函数中的代码。可是，创建的 inner()函数是不需要参数的，而调用 test 时传入了两个参数，因此程序会报错，提示 inner 不需要参数，但却传入了两个参数。

下面对 inner()函数进行修改，在创建 inner()函数时添加两个参数，再次调用 test()函数，具体代码如下：

（源代码位置：Code\05\05-13.py）

```
def wrap(func):
    def inner(a,b):
        print('开始验证权限')
        func()
    return inner

@wrap
def test(a,b):
    print('a={},b={}'.format(a,b))

# 调用 test，调用 test 之前，已经装饰过了
```

```
test(1,2)
```

运行结果如下：

```
Traceback (most recent call last):
  File "E:/ 05-13.py", line 12, in <module>
    test(1,2)
  File "E:/ 05-13.py", line 4, in inner
    func()
TypeError: test() missing 2 required positional arguments: 'a' and 'b'
开始验证权限
```

程序还是报错，同样是缺少函数参数引起的错误。这是因为，在 inner()函数内执行 func()语句时，func()缺少两个参数，具体如图 5-10 所示。

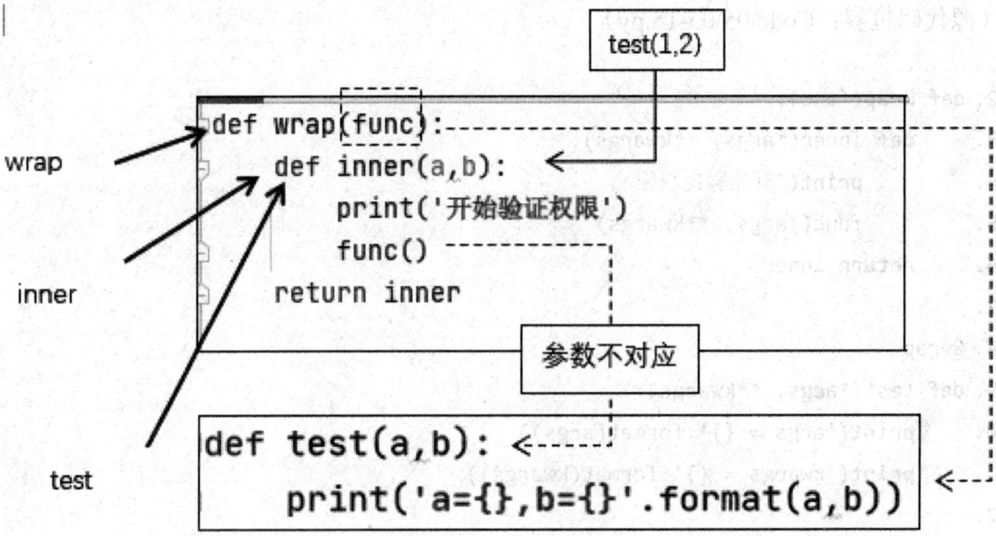

图 5-10　程序报错分析

再次修改 inner()函数，在调用 func()时，将 a, b 参数传入，示例代码如下：

（源代码位置：Code\05\05-14.py）

```
def wrap(func):
    def inner(a, b):
        print('开始验证权限')
        func(a, b)
    return inner

@wrap
def test(a,b):
```

```
        print('a = {}, b = {}'.format(a, b))

# 调用 test，调用 test 之前，已经装饰过了
test(1, 2)
```

此时，程序输出结果如下：

```
开始验证权限
a = 1, b = 2
```

5.3.3 装饰器对不定长参数函数进行装饰

前面学习的装饰器只是对两个参数的函数适用，如果无法确定函数的参数个数以及参数类型，可以使用不定长参数来传递，示例代码如下。

（源代码位置：Code\05\05-15.py）

```
def wrap(func):
    def inner(*args, **kwargs):
        print('开始验证权限')
        func(*args, **kwargs)
    return inner

@wrap
def test(*args, **kwargs):
    print('args = {}'.format(args))
    print('kwargs = {}'.format(kwargs))

# 调用 test，调用 test 之前，已经装饰过了
print("第一次调用：")
test()
print("\n 第二次调用：")
test(1, 2, 3)
print("\n 第三次调用：")
test(Python=99, html=100, computer=98)
print("\n 第四次调用：")
test(4, 5, 6, p=99, h=100, c=98)

```

此时，调用不同参数的函数，发现装饰器适用于不同参数的函数，运行结果如下：

```
第一次调用：
开始验证权限
args = ()
kwargs = {}

第二次调用：
开始验证权限
args = (1, 2, 3)
kwargs = {}

第三次调用：
开始验证权限
args = ()
kwargs = {'Python': 99, 'html': 100, 'computer': 98}

第四次调用：
开始验证权限
args = (4, 5, 6)
kwargs = {'p': 99, 'h': 100, 'c': 98}
```

5.3.4 装饰器对带有返回值的函数进行装饰

前面介绍的装饰器，都是对不带返回值的函数进行装饰，如果要对有返回值的函数进行装饰，那么该如何实现呢，先来看一段代码：

```python
def test():
    return 'LZY'

result = test()
print(result)
```

运行结果如下：

```
LZY
```

上述代码定义了一个test()函数，并使用result变量保存调用test()函数后的返回值。此时，如果对带有返回值的函数进行装饰，那么，调用test函数后，函数的返回值还能输出吗?下面编码来尝试。

（源代码位置：Code\05\05-16.py）

```python
def func(function_name):
```

```
    def func_in():
        function_name()
    return func_in

@func
def test():
    return 'LZY'

result = test()
print(result)
```

运行结果如下：

```
None
```

程序执行后，没有输出任何内容，也就是说调用 test()函数返回了 None。这是因为，当使用@func 对 test()函数装饰后，test 指向了 func_ in()函数，而 func_ in()函数本身是没有返回值的，具体如图 5-11 所示。

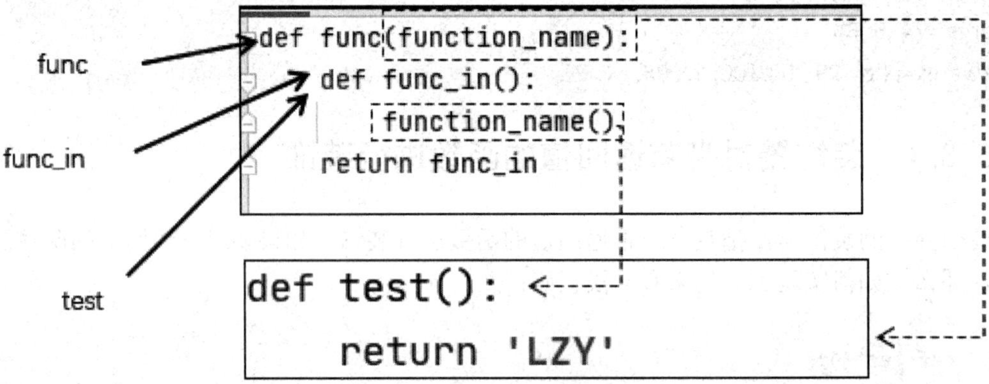

图 5-11　函数调用情况分析

在图 7-10 中，test 指向了新的函数，原本 test()函数的返回值被 function_name()接收了。因此，如果想输出"LZY"，需要使用 return 语句将调用后的结果返回。对装饰函数进行修改。修改后的代码如下所示：

```
def func(function_name):
    def func_in():
        return function_name()
    return func_in
```

此时，再次调用 test()函数，发现成功得到了返回值，结果如下：

```
LZY
```

5.3.5　使用通用装饰器对函数进行装饰

根据上面的学习可以得到一个通用装饰器。
（源代码位置：Code\05\05-17.py）

```
def func(functionName):
    def func_in(*args, **kwargs):
        print("-----记录日志-----")
        ret = functionName(*args, **kwargs)
        return ret
    return func_in

@func
def test():
    print("----test----")
    return "haha"

@func
def test2():
    print("----test2---")

@func
def test3(a):
    print("-----test3--a={}--".format(a))

ret = test()
print("test return value is {}".format(ret))

a = test2()
print("test2 return value is {}".format(a))

b = test3(11)
print("test3 return value is {}".format(a))
```

运行结果如下：

```
-----记录日志-----
----test----
test return value is haha
```

```
-----记录日志-----
----test2---
test2 return value is None
-----记录日志-----
-----test3--a=11--
test3 return value is None
```

上述代码中，第一个代码定义了一个通用装饰器，接下来分别对无参有返回值的函数、无参无返回值的函数，有参无返回值的函数进行了装饰，从运行结果来看，装饰函数分别对这些函数进行了装饰。

5.3.6 带有参数的装饰器

前面讲解的装饰器都是不带参数的，这些装饰器最终返回的都是函数名。如果给装饰器添加参数，那么需要增加一层封装，先传递参数，然后再传递函数名。下面看一段代码：

（源代码位置：Code\05\05-18.py）

```
def func_arg(args):
    def func(function_name):
        def func_in():
            print('--记录日志 - args = %s' % args)
            function_name()

        return func_in
    return func

@func_arg('haha')
def test():
    print('---test---')

test()
```

上述代码中，“@func_arg(‘haha’)” 装饰函数 test，等价于：

```
test = func_arg('haha')(test)
```

由于函数 func_arg 的返回值是 func 函数的引用，也就是函数名 func，因此，上述代码等价于：

```
test = func(test)
```

看到这行代码，大家应该很熟悉了，这就是前面学习的无参数的装饰器。相比无参数的装饰器，带参数的装饰器只是用来“加强装饰”的，如果希望装饰器可以根据参数的不同，对不同的函数进行不同的装饰，那么带参数的装饰器是个不错的选择。

上述代码运行结果如下：

```
--记录日志 - args = haha
---test---
```

项目小结

本项目探讨了闭包、命名空间和作用域及装饰器。在一个函数（外部函数）内部定义了另一个函数（内部函数），并且内部函数引用了外部函数的变量，外部函数把内部函数的名称返回，这样的内部函数称为闭包。闭包优化了变量的使用，由于闭包引用了外部函数的局部变量，外部函数的局部变量没有及时释放，消耗内存。Python 中查找变量按照 LEGB 原则。装饰器本质上是一个 Python 函数，它可在不改动其他函数的前提下，对函数的功能进行扩充。

项目 6　数据库编程

教学导航

本章概览

数据必须以某种方式存储起来才有价值，数据库实际上是一组相关数据的集合。数据库编程的相关技术有很多，涉及具体的数据库安装、配置和管理，还要掌握 SQL 语句，最后才能编写程序访问数据库。本项目重点介绍 Python 操作 MySQL 数据库编程及相关的密码摘要算法的使用。通过本项目的学习，读者可以掌握使用 PyMySQL 操作 MySQL 数据库的步骤，能编写封装类实现对 MySQL 数据库的 CRUD 操作，能对密码进行摘要存储。

知识框架

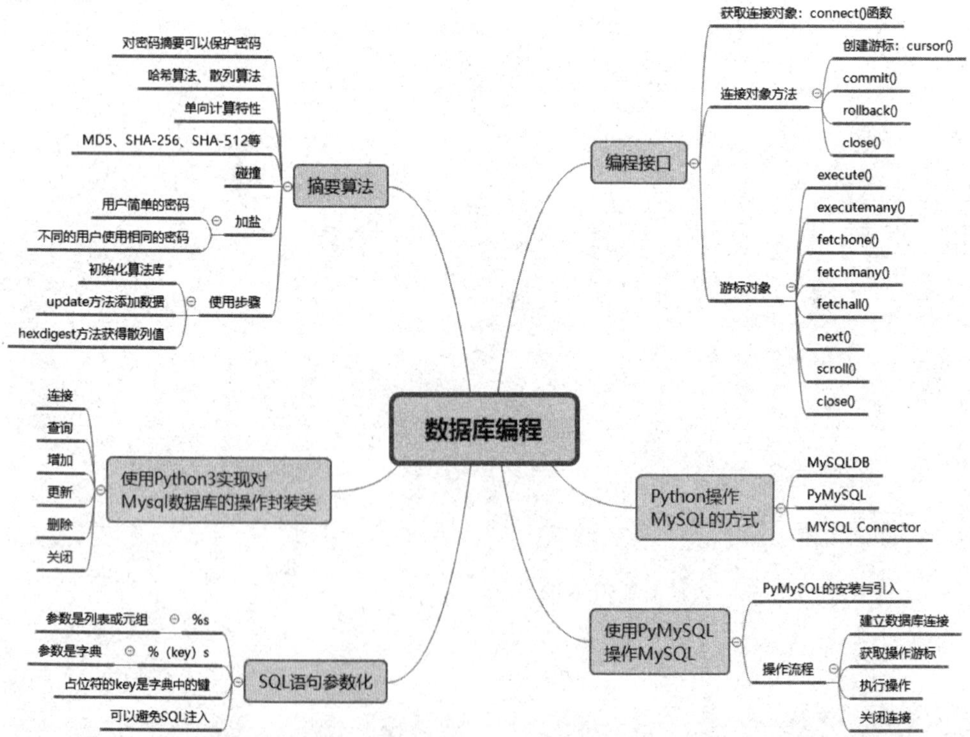

导　学

知识重点	（1）连接对象的常用方法； （2）游标对象的常用方法； （3）使用 PyMySQL 操作 MySQL 的四步曲； （4）SQL 语句参数化； （5）使用 Python 对 MySQL 的操作封装类； （6）摘要算法在密码中的应用
知识难点	执行 SQL 语句方法的选择、使用 Python 对 MySQL 的操作封装类实现
推荐教学方式	从任务入手，带领学生解决任务，针对任务中使用到的知识点进行重点讲解
建议学时	8 学时
推荐学习方法	（1）勤于动手实践操作； （2）分小组团队学习，互相查找问题、解决问题
必须掌握的理论知识	连接对象、游标对象的常用方法、使用 PyMySQL 操作 MySQL 的四步曲
必须掌握的技能	会使用 PyMySQL 操作 MySQL、会对密码进行摘要

任务 6-1　注册登录实现——传入 SQL 语句值

【任务描述】

很多系统都有注册登录功能，例如某个系统的数据库（userdb）中用户表结构设计如表 6-1 所示。

表 6-1　user 表结构

字段	数据类型	中文说明	备注
id	int	编号	主键，自动增长
name	varchar(6)	用户名	不能为空，唯一
pwd	varchar(256)	密码	不能为空
age	int	年龄	不能为空

在 user 表中已经有如下 4 条记录，如图 6-1 所示。

id	name	pwd	age
1	test	test	10
2	sc	sc	20
3	lzy	lzy	18
4	ied	ied	19

图 6-1　user 表中记录

如果读者对于编写 DDL 脚本不熟悉，可以直接使用笔者编写好的 usedb_schema_data.sql 脚本文件，该文件位于 Code\06\db 目录中。

请试着完成以下任务：

（1）从键盘输入用户信息，实现系统注册功能。

（2）实现系统登录功能。针对 user 表，从键盘输入用户名和密码，输出结果：登录成功或登录失败。

【任务分析】

第 1 个任务是数据库的数据插入问题，第 2 个任务是数据库的数据查询问题，均是数据库操作问题。使用 PyMySQL 模块操作 MySQL 数据库分四步：建立连接、创建游标对象、执行 SQL 语句、关闭连接。

【实现步骤】

（1）准备好数据库。

（2）安装 PyMySQL。

（3）操作数据库。

①建立连接。

②创建游标对象。

③执行 SQL 语句。

④关闭连接。

（4）查看操作结果。

【关键代码】

注册功能实现如下：

（源代码位置：Code\02\06-01.py）

```
import pymysql
# 任务：实现系统注册，往 uer 表中插入一条记录
# 第一步：创建连接对象，建立连接
conn = pymysql.connect(host = '127.0.0.1', #连接 MySQL 服务的主机地址
                       port = 3306, #端口号
                       database = 'userdb', #连接的数据库
                       user = 'root', #登录数据库的账号
                       password = 'p@ssw0rd', ##登录数据库的密码
                       charset = 'utf8', #指定通信采用的编码方式
                       )
#print(conn)

# 第二步：创建游标对象
cursor = conn.cursor()
```

```
# 第三步：插入一条记录
name = input("请输入姓名：")
pwd = input("请输入密码：")
age = int(input("请输入年龄："))

sql = "insert into user(name,pwd,age) value ('{}','{}',{})".format(name,pwd,age)
lines = cursor.execute(sql) # 将 SQL 语句发送到数据库服务器并返回执行结果
print(lines)
conn.commit() #只有提交了，才会真正的新增、修改、删除数据

# 第四步：关闭连接
cursor.close()
conn.close()
```

运行该程序，输入数据如图 6-2 所示。注册后，表中新增了一条数据，user 表中数据如图 6-3 所示。

```
请输入姓名：st
请输入密码：st
请输入年龄：19
```

图 6-2　输入数据

id	name	pwd	age
1	test	test	10
2	sc	sc	20
3	lzy	lzy	18
4	ied	ied	19
5	st	st	19

图 6-3　user 表中数据

登录功能实现如下：

（源代码位置：Code\02\06-02.py）

```
# 任务：系统登录实现，从键盘输入用户名和密码，判断登录是否成功。
import pymysql
# 第一步：建立连接
conn = pymysql.connect(host = '127.0.0.1',
                       port = 3306,
                       database = "userdb",
                       user = 'root',
                       password = 'p@ssw0rd',
                       charset = 'utf8')
```

```
#print(conn)
# 第二步：创建游标对象
cursor = conn.cursor()

#第三步：查询
# 从键盘录入用户名和密码，然后和数据库中的用户名和密码比对，如果存在，登录成功，如果不存在，登录失败
name = input("请输入用户名：")
pwd = input("请输入密码：")
sql = "select * from user where name = '{}' and pwd = '{}'".format(name,pwd)
lines = cursor.execute(sql)
if lines:
    print("登录成功!")
else:
    print("登录失败！")

#第四步：关闭连接
cursor.close()
conn.close()
```

运行该程序，登录成功如图 6-4 所示，登录失败如图 6-5 所示，发现程序实现了登录功能。用户名和密码正确的情况下，登录成功，否则登录失败。

```
请输入用户名：st
请输入密码：st
登录成功!
```

图 6-4　登录成功

```
请输入用户名：asd
请输入密码：asdf
登录失败!
```

图 6-5　登录失败

尝试以下的输入，如图 6-6 能否登录成功呢？

```
请输入用户名：xx' or 1=1 -- lzy
请输入密码：跳过密码
登录成功!
```

任意字符' or 条件为真 -- 任意字符

图 6-6　用户名或密码不正确时登录成功

从结果来看，虽然用户名和密码不正确，也是可以登录成功的。当以“任意字符'or 条件为真–任意字符”方式输入用户名时，会有以下问题：输入的 SQL 语句被注释了，将这句 SQL 语句，粘贴到 navicat 中查看，能发现 -- 后面的被注释掉了，如图 6-7 所示。

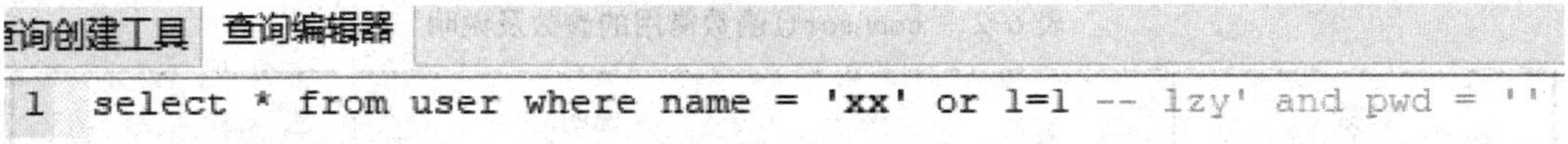

图 6-7 sql 语句

这种写法，可以 SQL 注入。

【程序解析】

在第一个子任务 06-01 中，数据库操作四步曲，在第三步中，第 22 行代码只是将 SQL 语句发送到数据库服务器并返回执行结果，数据库并没有执行插入操作，对数据库数据的增删改操作会在事先分配的缓存中进行，只有在 commit 之后，数据库的数据才会改变。

在第二个子任务 06-02 中，有 SQL 注入的漏洞。所谓 SQL 注入，就是通过把 SQL 命令插入到 Web 表单提交或输入域名或页面请求的查询字符串，最终达到欺骗服务器执行恶意的 SQL 命令。具体来说，它是利用现有应用程序，将（恶意的）SQL 命令注入到后台数据库引擎执行的能力，它可以通过在 Web 表单中输入（恶意）SQL 语句得到一个存在安全漏洞的网站上的数据库，而不是按照设计者意图去执行 SQL 语句。比如先前的很多影视网站泄露 VIP 会员密码大多就是通过 WEB 表单递交查询字符暴出的，这类表单特别容易受到 SQL 注入式攻击。

SQL 注入是比较常见的网络攻击方式之一，它不是利用操作系统的 BUG 来实现攻击，而是针对程序员编程时的疏忽，通过 SQL 语句，实现无帐号登录，甚至篡改数据库。

6.1 数据库编程基础

6.1.1 数据库编程接口

在项目开发中，数据库应用必不可少。虽然数据库的种类有很多，如 SQLite、MySQL、Oracle 等，但是它们的功能基本都是一样的，为了对数据库进行统一的操作，大多数语言都提供了简单的、标准化的数据库接口(API)。在 Python Database API 2.0 规范中，定义了 Python 数据库 API 接口的各个部分，如模块接口、连接对象、游标对象、类型对象和构造器、DB API 的可选扩展以及可选的错误处理机制等。下面重点介绍一下数据库 API 接口中的连接对象和游标对象。

1. 连接对象

数据库连接对象（Connection Object）主要提供获取数据库游标对象和提交、回滚事务的方法，以及关闭数据库连接。

（1）获取连接对象

如何获取连接对象呢？这就需要使用 connect()函数。该函数有多个参数，具体使用哪个参数，取决于使用的数据库类型。connect()函数常用的参数及说明如表 6-2 所示。

表 6-2　connect()函数常用的参数及说明

参数	说明
dsn	数据源名称，给出该参数表示数据库依赖
user	用户名
password	用户密码
host	连接的 mysql 主机，本机是'localhost'或'127.0.0.1'
port	连接 mysql 主机的端口，默认是 3306
database	数据库名称
charset	通信采用的编码方式，默认是'gb2312'，要求与数据库创建时指定的编码一致，否则中文会乱码

例如，使用 PyMySQL 模块连接 MySQL 数据库，连接代码如下：

（源代码位置：Code\06\06-03.py）

```
import pymysql
#第一步：连接数据库
conn = pymysql.connect(
    host = "127.0.0.1",  #本机上
    user = "root",
    password = "p@ssw0rd",
    database = "userdb",
    charset = "utf8"
)
print(conn)
```

运行结果如图 6-8 所示。

```
<pymysql.connections.Connection object at 0x0000018687368CD0>
```

图 6-8　输出连接对象结果

也可以连接时指定游标类型，代码如下：

（源代码位置：Code\06\06-04.py）

```
import pymysql.cursors
config = {
        'host':'127.0.0.1',
        'port':3306,
          'user':'root',
```

```
            'password':'p@ssw0rd',
            'database':'userdb',
            'charset':'utf8',
            'cursorclass':pymysql.cursors.Cursor,
            }
# 连接数据库
conn = pymysql.connect(**config)
 print(conn)
```

运行结果如图 6-9 所示。

```
<pymysql.connections.Connection object at 0x000001DAEB688CD0>
```

图 6-9　输出连接对象结果

pymysql.connect()使用的参数与表 6-2 中并不完全相同。在使用时，要以具体的数据库模块为准。

（2）连接对象的方法

connect()函数返回连接对象。这个对象表示目前和数据库的会话，连接对象支持的方法如表 6-3 所示。

表 6-3　连接对象方法

方法名	说明
close()	关闭数据库连接
commit()	提交事务
rollback()	回滚事务
cursor()	获取游标对象，操作数据库，如执行 DML 操作，调用存储过程等

commit()方法用于提交事务，事务主要用于处理数据量大、复杂度高的数据。如果操作的是一系列的动作，比如张三给李四转账，有如下两个操作：

（1）张三账户金额减少。

（2）李四账户金额增加。

这时使用事务可以维护数据库的完整性，保证两个操作要么全部执行，要么全部不执行。

cursor()方法创建一个新的游标来执行查询。

语法如下：

```
游标 = 连接对象.cursor(cursor=None)
```

例如：

```
连接对象.cursor(cursor=pymysql.cursors.DictCursor)
```

游标类型如表 6-4 所示。

表 6-4　游标类型

类名	说明
Cursor	默认类型，查询返回 list
DictCursor	与 Cursor 不同的地方是，查询返回 dict，包括属性名
SSCursor	查询不会返回所有的行，而是按需求返回
SSDictCursor	差别同前两个

示例如表 6-5 所示。

表 6-5　示例

```
#Cursor 查询返回
(1, 'test', 'test', 10)
#DictCursor 查询返回
{'id': 1, 'name': 'test', 'pwd': 'test', 'age': 10}
```

Cursor 查询返回的是元组，DictCursor 查询返回的是字典。

2. 游标对象

游标对象（Cursor Object）代表数据库中的游标，用于指示抓取数据操作的上下文，主要提供执行 SQL 语句、调用存储过程、获取查询结果等方法。

如何获取游标对象呢？通过使用连接对象的 cursor()方法，可以获取到游标对象。游标对象的属性如下：

- description：数据库列类型和值的描述信息。
- rowcount：返回结果的行数统计信息，如 SELECT、UPDATE、CALLPROC 等。

游标对象的方法如表 6-6 所示。

表 6-6　游标对象方法

方法名	说明
callproc(procname,[, parameters])	调用存储过程，需要数据库支持
close()	关闭当前游标
execute(operation[, parameters])	执行数据库操作，SQL 语句或者数据库命令。执行一条 SQL 语句，返回受影响的行数。若 parameters 是列表或元组，用%s 做占位符，若是字典，用%(name)s
executemany(operation, seq_of_params)	用于批量操作，如批量更新，批量插入
fetchone()	获取查询结果集中的下一条记录
fetchmany(size)	获取指定数量的记录，取出 size 行，获取剩余结果的前 size 数据
fetchall()	获取结果集的所有记录
next()	执行查询语句时，获取当前行的下一行

（续表）

方法名	说明
scroll(value[,mode])	将行指针移动到某个位置 mode 表示移动的方式 mode 的默认值为 relative，表示基于当前行移动到 value，value 为正则向下移动，value 为负则向上移动 mode 的值为 absolute，表示基于第一条数据的位置，第一条数据的位置为 0

（1）发送 SQL 语句

创建一个游标对象用于与数据库进行交互，并且调用 execute 方法实现发送 SQL 语句。

语法：游标对象.execute('SQL 语句',参数)

execute()：将一条 SQL 语句发送到数据库服务器并返回执行结果。

语法：游标对象.executemany('SQL 语句',[参数 1,参数 2,参数 n])

executemany()：针对一个 SQL 语句运行多个数据。

（2）结果集处理

语法：游标.fetchone()

获取下一行数据（获取一行数据，数据指针自动移动到下一行）。

语法：游标.fetchall()

获取所有数据，返回一个元组。

语法：游标.fetchmany(数量)

获取指定数量的数据。

6.1.2　Python 操作 MySQL 的方式

由于 MySQL 服务器以独立的进程运行，并通过网络对外服务，所以，需要支持 Python 的 MySQL 驱动来连接到 MySQL 服务器。

在 Python 中支持 MySQL 的数据库模块有很多，Python 可以使用多种方法对 MySQL 数据库进行操作，如 MySQLDB、PyMySQL、MYSQL Connector 等，其中 MYSQL Connector 是 MYSQL 官方的数据库驱动，PyMySQL 是纯用 Python 操作 MySQL 的模块，其使用方法和 MySQLdb 几乎相同。但目前 PyMySQL 支持 Python3.x 而后者不支持 3.x 版本，这里选择使用 PyMySQL。

6.1.3　PyMySQL 的安装与引入

在熟练使用 sql 语句的基础上，开始使用 Python 语言提供的模块 PyMySQL 与 mysql 进行交互。

1. 什么是 PyMySQL

PyMySQL 是在 Python 3.x 版本中用于连接 MySQL 服务器的一个库，Python 2 中则使用 mysqldb。

PyMySQL 遵循 Python 数据库 API v2.0 规范，并包含了 pure-Python MySQL 客户端库。

手册地址：https://pymysql.readthedocs.io/en/latest/

pip 地址：https://pypi.org/project/PyMySQL/

2. 支持版本

Python 版本 >= 3.3

MySQL 版本 >= 5.5

3. 安装 pymysql

```
pip install PyMySQL
```

安装 pymysql 如图 6-10 所示。

```
D:\PetStore>pip install pymysql
Looking in indexes: https://mirrors.aliyun.com/pypi/simple/
Collecting pymysql
  Using cached https://mirrors.aliyun.com/pypi/packages/1a/ea/dd9c81e2d85efd03cfbf808736dd055bd9ea1a7
63/PyMySQL-0.10.1-py2.py3-none-any.whl (47 kB)
Installing collected packages: pymysql
Successfully installed pymysql-0.10.1
WARNING: You are using pip version 20.1.1; however, version 20.2.4 is available.
You should consider upgrading via the 'd:\python38\python.exe -m pip install --upgrade pip' command.
```

图 6-10　安装 pymysql

4. 引入

```
import pymysql
```

5. 使用 PyMySQL 的前提

（1）已经创建了数据库。

（2）拥有访问数据库的帐号和密码，并且连接数据库具备访问权限。

（3）电脑上已经安装了 Python pymysql 模块。

（4）必须熟练使用 SQL 语句。

6.2 使用 PyMySQL 操作 MySQL

在 Python 中，操作数据库的操作流程一般分为以下 4 步。

（1）建立数据库连接。

（2）获取操作游标。

（3）执行操作（查询、插入、更新、删除等）。

（4）关闭连接。

Python 操作数据库的通用的流程如图 6-11 所示。

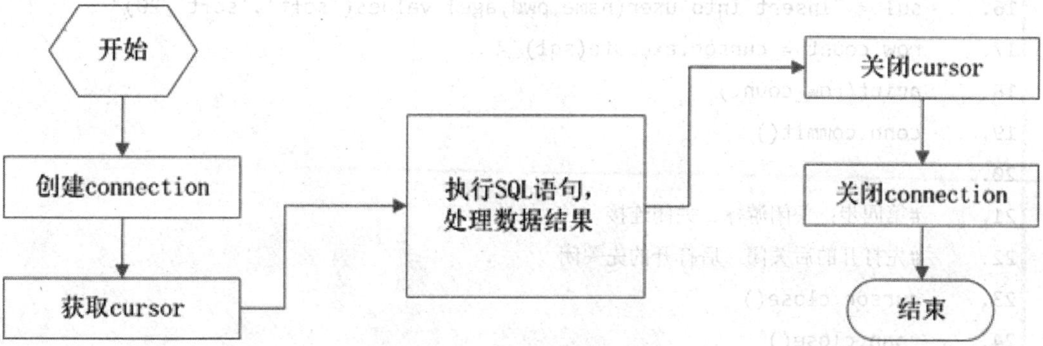

图 6-11 操作数据库流程

6.2.1 增删改 CUD

CRUD 操作是指添加数据 create、读取数据 read、修改数据 update、删除数据 delete。

新增数据 SQL 语句如下：

insert into 表名(字段名 1,字段名 2,…,字段名 n) values (字段值 1,字段值 2,…,字段值 n)

修改数据 SQL 语句如下：

update 表名 set 字段名 = 字段值 where 查询条件

删除数据 SQL 语句如下：

delete from 表名 where 查询条件

例如，往 user 表中插入一条数据('soft','soft',20)：

（源代码位置：Code\06\06-05.py）

```
import pymysql
try:
    #第一步：连接数据库
    conn = pymysql.connect(
        host = "127.0.0.1",  #本机上
        user = "root",
        password="p@ssw0rd",
        database="userdb",
        charset = "utf8"
    )
    #print(conn)
    # 第二步：得到一个可以执行 SQL 语句的光标对象
    cursor = conn.cursor()

    # 第三步：执行 SQL 语句并提交
```

```
16.     sql = "insert into user(name,pwd,age) values('soft','soft',20)"
17.     row_count = cursor.execute(sql)
18.     print(row_count)
19.     conn.commit()
20.
21.     #第四步：关闭游标、关闭连接
22.     #先打开的后关闭，后打开的先关闭
23.     cursor.close()
24.     conn.close()
25. except Exception as e:
26.     print(e)
```

执行 sql 语句前需要获取 cursor，因为配置默认不会自动提交，故在执行 sql 语句后需要主动 commit，最后不要忘记关闭连接。

插入数据后，表中新增了一条数据，表中新增的数据如图 6-12 所示。

soft	soft	20

图 6-12　表中新增的数据

第 16 行代码直接指定了值，其实也可以给 sql 语句传入变量。例如，修改刚刚那条记录的年龄值，代码如下：

（源代码位置：Code\06\06-06.py）

```
import pymysql #导入模块
# 第一步：建立连接
conn = pymysql.connect(host = '127.0.0.1', #连接 MySQL 服务所在的主机地址
                port = 3306, #指定通信的端口号
                database = 'userdb', #指定访问的数据库名
                user = 'root', #指定访问数据库的帐号
                password = 'p@ssw0rd', #指定访问数据库的密码
                charset = 'utf8' #指定通信的编码方式，与数据库创建时指定的编码一致
                )
#print(conn)  #如果正常输出说明连接成功。
#第二步：创建游标对象
cursor = conn.cursor()
#第三步：执行 SQL
name = input("请输入用户名：")
age = int(input("请输入年龄："))
sql = "update user set age = {} where name = '{}'".format(age,name)
```

```
17. lines = cursor.execute(sql) #将 sql 语句发送到 mysql 服务器并返回执行的结果
18. print(lines)
19. #对数据库数据的操作会在事先分配的缓存中进行， 只有在 commit 之后， 数据库的数据才会改
    变
20. conn.commit() #只有提交了，才会更新数据库中的数据
21. # 第四步：关闭连接
22. cursor.close() #关闭游标对象
23. conn.close() #关闭连接对象
```

第 16 行代码使用变量的值来构造一条 sql 语句。运行输入如图 6-13 所示。

```
请输入用户名：soft
请输入年龄：22
```

图 6-13　表中新增的数据

运行之后，数据库中修改后的数据如图 6-14 所示。

soft	soft	22

图 6-14　表中修改后的数据

请读者试着完成删除刚刚修改的数据。

6.2.2 查询 R

查询 SQL 语句：

```
select　字段名 1,字段名 2,字段名 3,… from 表名　where 查询条件
```

查看数据 R 的代码与 CUD 大致相同，不同点在于使用的 SQL 语句不同。此外，查询数据时通常使用以下 3 种方式。

（1）fetchone()：获取查询结果集中的下一条记录。

（2）fetchmany(size)：获取指定数量的记录。

（3）fetchall()：获取结果集的所有记录。

1. 三种查询方式

下面通过一个实例来学习这 3 种查询方式的区别。

（源代码位置：Code\06\06-07.py）

```
 import pymysql  #导入模块
try:
    #第一步：连接数据库
    conn = pymysql.connect(
        host='127.0.0.1',  #mysql 服务所在的主机地址
```

```
6.          user='root',  #访问数据库的用户名
7.          password="p@ssw0rd",#访问数据库的密码
8.          database="userdb",#访问的数据库
9.          charset='utf8', #指定编码方式
10.         #cursorclass=pymysql.cursors.DictCursor
11.     )
12.     #print(conn)
13.
14.     #第二步：创建光标对象，默认的启动一个隐藏的事务
15.     cursor = conn.cursor()
16.
17.     #第三步：查询
18.     sql = "select * from user"
19.     lines = cursor.execute(sql)
20.     #print(lines)
21.     result1 = cursor.fetchone() #取出结果集中的一条
22.     print(result1)
23.     #第四步：关闭连接，后打开的先关闭
24.     cursor.close()
25.     conn.close()
26. except Exception as e:
27.     print(e)
28.      print("操作失败！")
```

第 21 行代码取出结果集中的第一条记录，结果如图 6-15 所示。

```
(1, 'test', 'test', 10)
```

图 6-15　fetchone 的结果

修改第 21 行、第 22 行代码，将获取查询结果的语句块代码修改为：

```
result2 = cursor.fetchmany(2)
print(result2)
```

获取其中的 2 条记录，结果如图 6-16 所示。

```
((1, 'test', 'test', 10), (2, 'sc', 'sc', 20))
```

图 6-16　fetchmany 的结果

继续修改第 21 行、第 22 行代码，将获取查询结果的语句块代码修改为：

```
result3 = cursor.fetchall()
print(result3)
```

获取所有的查询结果，结果如图 6-17 所示。

```
((1, 'test', 'test', 10), (2, 'sc', 'sc', 20), (3, 'lzy', 'lzy', 18), (4, 'ied', 'ied', 19), (9, 'soft', 'soft', 22))
```

图 6-16　fetchall 的结果

2. 查询指定的记录

例如，获取第 3 条、第 4 条记录，可以查询所有记录，然后将行指针下移 2 个位置，最后获取其中的第 3 条、第 4 条。

（源代码位置：Code\06\06-08.py）

```
import pymysql  #导入模块
try:
    #第一步：连接数据库
    conn = pymysql.connect(
        host='127.0.0.1',  #mysql 服务所在的主机地址
        user='root',  #访问数据库的用户名
        password="p@ssw0rd",#访问数据库的密码
        database="userdb",#访问的数据库
        charset='utf8', #指定编码方式
        #cursorclass=pymysql.cursors.DictCursor
    )
    #print(conn)

    #第二步：创建光标对象，默认的启动一个隐藏的事务
    cursor = conn.cursor()

    #第三步：查询
    sql = "select * from user"
    lines = cursor.execute(sql)
    print(lines)
    cursor.scroll(2)  # 基于当前行往下移动 2 行
    result = cursor.fetchmany(2)
    print(result)
    #第四步：关闭连接，后打开的先关闭
    cursor.close()
    conn.close()
except Exception as e:
    print(e)
    print("操作失败！")
```

运行结果如图 6-18 所示。

```
5
((3, 'lzy', 'lzy', 18), (4, 'ied', 'ied', 19))
```

图 6-18 fetchmaney 查询指定记录的结果

也可以使用 limit 只查询第 3 条、第 4 条记录。
（源代码位置：Code\06\06-09.py）

```
import pymysql  #导入模块
try:
    #第一步：连接数据库
    conn = pymysql.connect(
        host='127.0.0.1',  #mysql 服务所在的主机地址
        user='root',  #访问数据库的用户名
        password="p@ssw0rd",#访问数据库的密码
        database="userdb",#访问的数据库
        charset='utf8', #指定编码方式
        #cursorclass=pymysql.cursors.DictCursor
    )
    #print(conn)

    #第二步：创建光标对象，默认的启动一个隐藏的事务
    cursor = conn.cursor()

    #第三步：查询
    sql = "select * from user limit 2,2"
    lines = cursor.execute(sql)
    print(lines)
    result = cursor.fetchall()
    print(result)
    #第四步：关闭连接，后打开的先关闭
    cursor.close()
    conn.close()
except Exception as e:
    print(e)
    print("操作失败！")
```

运行结果如图 6-19 所示。

```
2
((3, 'lzy', 'lzy', 18), (4, 'ied', 'ied', 19))
```

图 6-19　limit 查询指定记录的结果

不建议使用 fetchmany，如果要取其中的几条记录，通过使用 limit 来实现。

任务 6-2　注册登录实现——SQL 语句参数化

【任务描述】

请使用带参数的 SQL 语句完成任务 6-1。

【任务分析】

在任务 6-1 的实现中，有 SQL 注入的风险。为了避免 SQL 注入，本任务使用参数化的 SQL 语句实现系统注册、登录功能。在操作数据库的四步曲中，只有第三步有区别，第一步、第二步、第四步是相同的。

【实现步骤】

（1）准备好带参数的 SQL 语句。

（2）操作数据库。

①建立连接。

②创建游标对象。

③执行 SQL 语句。

④关闭连接。

（3）查看结果。

【关键代码】

注册功能实现如下：

（源代码位置：Code\06\06-10.py）

```
import pymysql
# 任务：系统注册，往 uer 表中插入一条记录
# 第一步：创建连接对象，建立连接
conn = pymysql.connect(host = '127.0.0.1', #连接 MySQL 服务的主机地址
                port = 3306, #端口号
                database = 'userdb', #连接的数据库
                user = 'root', #登录数据库的账号
                password = 'p@ssw0rd', ##登录数据库的密码
                charset = 'utf8', #指定通信采用的编码方式
                )
```

```
#print(conn)
# 第二步：创建游标对象
cursor = conn.cursor()
# 第三步：插入一条记录
name = input("请输入姓名：")
pwd = input("请输入密码：")
age = int(input("请输入年龄："))
sql = "insert into user(name,pwd,age) value (%s,%s,%s)"
params = [name,pwd,age]
lines = cursor.execute(sql,params) # 将 SQL 语句发送到数据库服务器并返回执行结果
print(lines)
conn.commit() #只有提交了，才会真正的新增、修改、删除数据
# 第四步：关闭连接
cursor.close()
conn.close()
```

运行该程序，输入数据如图 6-20 所示。注册后，表中新增了一条数据，user 表中数据如图 6-21 所示。

```
请输入姓名：cn
请输入密码：cn
请输入年龄：18
```

图 6-20　输入数据

id	name	pwd	age
1	test	test	10
2	sc	sc	20
3	lzy	lzy	18
4	ied	ied	19
5	st	st	19
6	cn	cn	18

图 6-21　user 表中数据

登录功能实现如下：

（源代码位置：Code\06\06-11.py）

```
# 任务：系统登录，从键盘输入用户名和密码，判断登录是否成功。
import pymysql
# 第一步：建立连接
conn = pymysql.connect(host = '127.0.0.1',
                       port = 3306,
```

```
                         database = "userdb",
                         user = 'root',
                         password = 'p@ssw0rd',
                         charset = 'utf8')
#print(conn)
# 第二步：创建游标对象
cursor = conn.cursor()

#第三步：查询
# 从键盘录入用户名和密码，然后和数据库中的用户名和密码比对，如果存在，登录成功，如果不存在，登录失败
name = input("请输入用户名：")
pwd = input("请输入密码：")

# 带参数的 sql 语句
sql = "select * from user where name = %s and pwd = %s"  #带参数的 sql 语句
#print(sql)
lines = cursor.execute(sql,[name,pwd])
#lines = cursor.execute(sql,(name,pwd))
if lines:
    print("登录成功!")
else:
    print("登录失败！")

#第四步：关闭连接
cursor.close()
conn.close()
```

运行该程序，登录成功如图 6-22 所示，登录失败如图 6-23 所示，发现程序实现了登录功能。用户名和密码正确的情况下，登录成功，否则登录失败。

```
请输入用户名：cn
请输入密码：cn
登录成功!
```

图 6-22　登录成功

```
请输入用户名：cn
请输入密码：aq
登录失败!
```

图 6-23　登录失败

尝试以下的输入，如图 6-24 所示，能否登录成功呢？从运行结果来看，登录失败。

```
请输入用户名：xx' or 1==1 -- lzy
请输入密码：
登录失败！
```

图 6-24　用户名或密码不正确时登录成功

【程序解析】

数据库操作四步曲的在第三步中，sql 语句采用参数的写法，可以防 SQL 注入。在 06-10.py 中，第 21 行代码使用了参数化的 SQL 语句，第 23 行代码传递了列表类型的参数。在 06-12.py 中，第 20 行代码使用了参数化的 SQL 语句，第 22 行代码传递了列表类型的参数，注释的第 23 行代码传递了元组类型的参数。在 SQL 语句参数化时，SQL 语句如果使用多个%s 的占位符，那么可以以列表或元组的类型传递多个参数值。

6.3　SQL 语句参数化

6.3.1　参数替代

利用占位符传递参数。这里要注意，无论整数、字符串、占位符都为 %s，且不需加引号。不管什么类型，统一使用%s 作为占位符，不能加引号。在执行语句需要数据拼接时使用参数进行查询，可避免 SQL 注入。

修改登录密码，使用带参数 sql 语句如下：

（源代码位置：Code\06\06-12.py）

```
1.  # 任务：修改登录密码
2.  import pymysql
3.  # 第一步：建立连接
4.  conn = pymysql.connect(host = '127.0.0.1',
5.                         port = 3306,
6.                         database = "userdb",
7.                         user = 'root',
8.                         password = 'p@ssw0rd',
9.                         charset = 'utf8')
10. #print(conn)
11. # 第二步：创建游标对象
12. cursor = conn.cursor()
13. #第三步：查询
14. # 带参数的 sql 语句
15. name = input("请输入用户名：")
```

```
16. pwd = input("请输入密码：")
17. sql = "update user set pwd = %s where name = %s"  #带参数的 sql 语句
18. lines = cursor.execute(sql,(pwd,name))
19. conn.commit()
20. #第四步：关闭连接
21. cursor.close()
22. conn.close()
```

第 17 行使用带参数的 sql 语句实现密码的更新。第 18 行给 sql 语句传参，当参数多于 1 个时，execute()传入参数应为 list 或者 tuple 类型。

6.3.2　字典类型传递参数

当传递的参数是字典时，占位符%s 要修改为%(字典 key)s。这里要保证占位符的 key 要包含在传递的字典 keys 中。使用字典参数传参实现注册如下：

（源代码位置：Code\06\06-13.py）

```
import pymysql
try:
    # 第一步：建立连接
    conn = pymysql.connect(host = '127.0.0.1',
                           port = 3306,
                           database = "userdb",
                           user = 'root',
                           password = 'p@ssw0rd',
                           charset = 'utf8')
    #print(conn)
    # 第二步：创建游标对象
    cursor = conn.cursor()
    #第三步：查询
    # 带参数的 sql 语句
    name = input("请输入用户名：")
    pwd = input("请输入密码：")
    age = input("请输入年龄：")
    age = int(age)
    args = {"name":name,"pwd":pwd,"age":age}

    sql = "insert into user(name,pwd,age) value (%(name)s,%(pwd)s,%(age)s)"
    cursor.execute(sql,args)
```

```
    conn.commit()
    #第四步：关闭连接
    cursor.close()
    conn.close()
except Exception as e:
    print(e)
```

使用字典传递参数，实现登录功能如下：

（源代码位置：Code\06\06-14.py）

```
# 任务：从键盘输入用户名和密码，判断登录是否成功
import pymysql
try:
    # 第一步：建立连接
    conn = pymysql.connect(host = '127.0.0.1',
                           port = 3306,
                           database = "userdb",
                           user = 'root',
                           password = 'p@ssw0rd',
                           charset = 'utf8')
    #print(conn)
    # 第二步：创建游标对象
    cursor = conn.cursor()

    #第三步：查询
    # 从键盘录入用户名和密码，然后和数据库中的用户名和密码比对，如果存在，登录成功，如果不存在，登录失败
    name = input("请输入用户名：")
    pwd = input("请输入密码：")
    data = {'name':name,'pwd':pwd}

    # 带参数的 sql 语句
    sql = "select * from user where name = %(name)s and pwd = %(pwd)s"
    #print(sql)
    lines = cursor.execute(sql,data)
    if lines:
        print("登录成功!")
    else:
        print("登录失败！")
```

```
    #第四步：关闭连接
    cursor.close()
    conn.close()
except Exception as e:
     print(e)
```

6.3.3 插入多条记录

PyMySQL 提供了两个执行语句的方法，一个是 execute()，另一个是 executemany()。

execute(sql)：可接受一条语句从而执行

executemany(templet,args)：能同时执行多条语句，执行同样多的语句可比 execute()快很多，强烈建议执行多条语句时使用 executemany。参数如下：

templet：sql 模板字符串，例如：'insert into table(id,name) values(%s,%s)'。

args：模板字符串的参数，是一个列表，列表中的每一个元素必须是元组！例如：[(1,'小明'),(2,'zeke'),(3,'琦琦'),(4,'韩梅梅')]。

通过 executemany 与参数配合实现批量新增数据，executemany()方法可提高多行 INSERT 和 REPLACE 的性能。否则，它等同于使用 execute（）循环。

往 user 表中，输入 3 条记录结果如图 6-25 所示。

```
输入第1条记录:
请输入姓名: cl
请输入密码: cl
请输入年龄: 20
输入第2条记录:
请输入姓名: un
请输入密码: un
请输入年龄: 19
输入第3条记录:
请输入姓名: ss
请输入密码: ss
请输入年龄: 18
```

图 6-25　输入 3 条记录结果

插入后 user 表中新增数据如图 6-26 所示。

11	cl	cl	20
12	un	un	19
13	ss	ss	18

图 6-26　表中新增的 3 条记录

代码实现如下：

（源代码位置：Code\06\06-15.py）

```
# 插入多条记录，每条记录的数据都从键盘录入
# 插入 3 条记录
import pymysql
# 建立连接对象
conn = pymysql.connect(host='127.0.0.1',
                       port = 3306,
                       database = 'userdb',
                       user = 'root',
                       password = 'p@ssw0rd',
                       charset = 'utf8')
# 创建游标对象
cursor = conn.cursor()

# 批量插入，插入 3 条记录
sql = "insert into user(name,pwd,age) values (%s,%s,%s)"
# 列表，列表中的元素是元组，一个元组对应要插入的一条记录所需要的数据
#data = [('hh','hh',18),('h2h','hh2',19),('hh3','hh3',20)]
data = []
for i in range(3):
    print("输入第{}条记录：".format(i+1))
    name = input("请输入姓名：")
    pwd = input("请输入密码：")
    age = int(input("请输入年龄："))
    one = (name,pwd,age) #创建了一个元组
    # 将元组添加到列表中
    data.append(one)
print(data)
lines = cursor.executemany(sql,data)
print(lines)
conn.commit()
cursor.close()
conn.close()
```

任务 6-3　注册登录实现——使用封装类

【任务描述】

请使用操作 MySQL 数据库的通用封装类完成任务 6-1。注册时要求用户名唯一。

【任务分析】

在熟练掌握 PyMySQL 操作 MySQL 数据库后，实现对 MySQL 操作的封装，主要涉及连接、查询、增加、更新、删除、关闭操作，对外公开查询、增加、更新、删除操作。使用封装类的查询、增加函数实现系统的注册功能，使用封装类的查询函数实现系统登录功能。

【实现步骤】

（1）准备好 PyMySQL 操作 MySQL 的封装类。

（2）调用封装类的查询、增加函数实现系统注册功能。

（3）调用封装类的查询函数实现系统登录功能。

（4）查看结果。

【关键代码】

注册功能实现如下：

（源代码位置：Code\06\06-16.py）

```
# 任务：使用通用类实现注册功能，要求用户名惟一
import MySQLHelper
name = input("请输入用户名：")
pwd = input("请输入密码：")
age = int(input("请输入年龄："))
sql = "select * from user where name = %s"
mst = MySQLHelper.MySQLTool('127.0.0.1','root','p@ssw0rd','userdb')
result = mst.get_one(sql,name) #查询用户名是否存在
if result:
    print("注册失败！用户名存在")
else:
    # 用户名不存在，再插入
    sql = "insert into user(name,pwd,age) values (%s,%s,%s)"
    data = [name,pwd,age]
    lines = mst.insert(sql,data)
    if lines:
        print("注册成功！")
    else:
        print("注册失败")
```

运行该程序，注册失败如图 6-27 所示，注册成功如图 6-28 所示。

请输入用户名：*cn*
请输入密码：*cn*
请输入年龄：*15*
注册失败！用户名存在

图 6-27　注册失败

请输入用户名：*haha*
请输入密码：*haha*
请输入年龄：*20*
注册成功！

图 6-28　注册成功

登录功能实现如下：

（源代码位置：Code\06\06-17.py）

```
1.  # 任务：使用数据访问通用类实现登录功能，用户名和密码从键盘输入，输出登录成功还是失败
2.  import MySQLHelper
3.  name = input("请输入用户名：")
4.  pwd = input("请输入密码：")
5.  sql = "select * from user where name = %s and pwd = %s"
6.  data = [name,pwd]
7.  mst = MySQLHelper.MySQLTool('127.0.0.1','root','p@ssw0rd','userdb')
8.  result = mst.get_one(sql,data)
9.  if result:
10.     print("登录成功")
11. else:
12.     print("登录失败")
```

运行该程序，登录成功如图 6-29 所示，登录失败如图 6-30 所示，发现程序实现了登录功能。用户名和密码正确的情况下，登录成功，否则登录失败。

请输入用户名：*haha*
请输入密码：*haha*
登录成功

图 6-29　登录成功

请输入用户名：*haha*
请输入密码：*hh*
登录失败

图 6-30 登录失败

【程序解析】

在任务 6-16.py 中，第 8 行代码调用 get_one(sql,name)方法根据用户输入的用户名判断该用户名是否存在；第 15 行代码调用 insert(sql,data)方法在表中插入一条数据，实现用户注册功能 。在任务 6-17.py 中，第 8 行代码调用 get_one(sql,name)根据用户输入的用户名、密码判断该条记录是否存在，从而实现系统登录功能。

6.4 封　装

6.4.1 访问 MySQL 的通用数据操作类

操作 MySQL 数据库的四步曲中，观察前面的 CRUD 操作发现，除了第三步 sql 语句及参数不同，第一步、第二步、第四步等其他语句都是一样的，所以考虑可以写成一个通用类，需要用的时候调用此通用类即可。在此通用类中，主要涉及连接参数设置、连接、增加、删除、修改、查询、关闭等操作，封装类代码如下：

（源代码位置：Code\06\MySQLHelper.py）

```
#实现一个访问 MySQL 数据库的一个通用类，实现 CRUD 操作
import pymysql
class MySQLTool(object):
    def __init__(self, host, user, password, database, port=3306, charset="utf8"):
        self.host = host
        self.user = user
        self.password = password
        self.database = database
        self.port = port
        self.charset = charset

    def __connect(self):
        '''
        建立连接，创建游标
        :return:
        '''
        # self.conn：给对象动态添加属性 conn
        self.conn = None
        self.cursor = None
        self.conn = pymysql.connect(host = self.host,
                                    user = self.user,
                                    password = self.password,
                                    database=self.database,
                                    port=self.port,
                                    charset = self.charset)
        self.cursor = self.conn.cursor()
```

```

    def __close(self):
        if self.cursor:
            self.cursor.close()
        if self.conn:
            self.conn.close()

    def __cud(self,sql,params=[]):
        '''
        执行增删改
        :param sql: 要执行的 sql 语句
        :param params: 给 sql 参数传递的值
        :return: 受影响的行数
        '''
        rowcount = 0
        try:
            self.__connect()
            rowcount = self.cursor.execute(sql,params)
            self.conn.commit()
        except Exception as e:
            print(e)
        finally:
            self.__close()
        return rowcount

    def insert(self,sql,params = []):
        '''
        插入
        :param sql: 要执行的 sql 语句
        :param params: 给带参数的 sql 语句传递的参数值
        :return: 受影响的行数
        '''
        return self.__cud(sql,params)

    def update(self,sql,params = []):
        '''
        更新
        :param sql: 要执行的 sql 语句
        :param params: 给带参数的 sql 语句传递的参数值
```

```
        :return: 受影响的行数
        '''
        return self.__cud(sql,params)

    def delete(self,sql,params = []):
        '''
        删除
        :param sql: 要执行的 sql 语句
        :param params: 给带参数的 sql 语句传递的参数值
        :return: 受影响的行数
        '''
        return self.__cud(sql,params)

    def get_one(self,sql,params=[]):
        '''
        查询一条记录
        :param sql: 待查询的 sql 语句
        :param params: sql 语句的参数值
        :return: 返回查询到的记录，一个元组类似(1, 'test', 'test', 10)，或 None(没有找到记录时)
        '''
        result = None
        try:
            self.__connect()
            self.cursor.execute(sql,params)
            result = self.cursor.fetchone()
        except Exception as e:
            print(e)
        finally:
            self.__close()
        return result

    def get_all(self,sql,params=[]):
        '''
        查询多条记录
        :param sql:待查询的 sql 语句
        :param params:sql 语句的参数值
        :return:返回查询到的记录，当没有查询到记录时返回()
        '''
```

```
113.         result = None
114.         try:
115.             self.__connect()
116.             self.cursor.execute(sql,params)
117.             result = self.cursor.fetchall()
118.         except Exception as e:
119.             print(e)
120.         finally:
121.             self.__close()
122.         return result
```

【程序解析】

上述代码中，第 4 行代码定义了构造方法，设置数据库连接的各参数信息；第 12 行定义了一个私有的方法，用于建立数据库连接及创建游标对象，完成操作数据库的第一步、第二步；第 28 行定义了一个私有方法，用于关闭连接；第 34 行定义了一个私有方法，用于执行增删改；第 52 行定义了 insert(self,sql,params = [])，用于实现插入操作；第 61 行定义了 update(self,sql,params = [])，用于实现更新操作；第 70 行定义了 delete(self,sql,params = [])，用于实现删除操作；第 80 行定义了 get_one(self,sql,params=[])，用于查询一条记录；第 97 行定义了 get_all(self,sql,params=[])，用于查询多条记录。

6.4.2 运行测试代码

读者在编写代码的过程中，每写完一个模块，可以测试这个模块。例如，写完连接部分，就可以测试连接，写完增删改就测试增删改，写完查询就测试查询。

测试代码如下：

（源代码位置：Code\06\MySQLHelper.py）

```
if __name__ == '__main__':
    mt = MySQLTool('127.0.0.1','root','p@ssw0rd','userdb')

    sql = "select * from user where name = 'lzy'"
    print(mt.get_one(sql))

    sql = "insert into user(name,pwd,age)values(%s,%s,%s)"
    name = input("请输入姓名：")
    pwd = input("请输入密码：")
    age = input("请输入年龄：")
    age = int(age)
    args = [name,pwd,age]
```

```
    if mt.insert(sql,args):
        print("插入成功")
    else:
        print("插入失败！")
```

运行测试代码效果如图 6-31 所示。

```
(3, 'lzy', 'lzy', 18)
请输入姓名：tt
请输入密码：tt
请输入年龄：20
插入成功
```

图 6-31　运行测试代码效果

任务 6-4　注册登录实现——密码摘要实现

【任务描述】

请对密码使用摘要算法完成任务 6-1。

【任务分析】

密码直接以明文的形式存储存在风险，故使用摘要算法对密码进行摘要存储。使用 Python 的 hashlib 标准库中的摘要算法对密码进行摘要，首先导入 hashlib 库，然后选择相应的摘要算法并初始化算法库，调用实例化对象的 update 方法添加数据，调用实例化对象的 hexdigest 方法获得散列值。

【实现步骤】

（1）对用户输入的密码进行 sha256 摘要后获取对应的摘要值。

（2）调用封装类的查询、增加函数，将用户名，密码对应的摘要值插入到表中，实现系统注册功能。

（3）调用封装类的查询函数，将用户输入的用户名、用户输入密码对应的摘要值和系统中的用户名、摘要值进行比对，实现系统登录功能。

（4）查看结果。

【关键代码】

注册功能实现如下：

（源代码位置：Code\06\06-18.py）

```
# 对密码使用摘要算法，摘要存储，实现注册功能
from MySQLHelper import MySQLTool
```

```
import hashlib
# 创建对象
mst = MySQLTool('127.0.0.1','root','p@ssw0rd','userdb')
# 1、判断用户名是否存在
# 调用对象的方法实现查询的功能
sql = "select * from user where name = %s"
name = input("请输入用户名：")
result = mst.get_one(sql,name)
if result: #用户名存在
    print("注册失败！用户名已存在")
else: #用户名不存在
    # 2、在用户名不存在的情况下，插入一条记录。
    sql = "insert into user(name,pwd,age) values (%s,%s,%s)"
    pwd = input("请输入密码：")
    age = int(input("请输入年龄："))

    # 对密码进行 sha256 摘要，存储摘要值.
    s = hashlib.sha256()#初始化算法库
    s.update(pwd.encode("utf8"))  #使用实例化对象的 update 方法添加数据
    new_pwd = s.hexdigest()  #使用实例化对象的 hexdigest 方法获得散列值

    params = [name,new_pwd,age]
    result = mst.insert(sql,params)
    if result:
        print("注册成功")
    else:
        print("注册失败！")
```

运行该程序，注册成功如图 6-32 所示，注册失败如图 6-33 所示。

```
请输入用户名：heihei
请输入密码：heihei
请输入年龄：20
注册成功
```

图 6-32　注册成功

```
请输入用户名：heihei
注册失败！用户名已存在
```

图 6-33　注册失败

注册后，表中新增了一条数据，表中新增的数据如图 6-34 所示

8	heihei	99280d4cef60ac835de843322a647303f0195abdea540d0568d0fca66bc304c1	20

图 6-34　密码摘要后新增的数据

登录功能实现如下：

（源代码位置：Code\06\06-19.py）

```
1. # 输入用户名和密码，给出结果：登录成功或登录失败。注册时密码进行了摘要存储
2. import hashlib
3. from MySQLHelper import MySQLTool
4. mst = MySQLTool('127.0.0.1','root','p@ssw0rd','userdb')
5. sql = "select * from user where name = %s and pwd = %s"
6. name = input("请输入用户名：")
7. pwd = input("请输入密码：")
8.
9. # 对用户输入的密码进行摘要
10. s = hashlib.sha256() #初始化算法库
11. s.update(pwd.encode("utf8")) #使用实例化对象的 update 方法添加数据
12. new_pwd = s.hexdigest()  #使用实例化对象的 hexdigest 方法获得散列值
13. # 根据用户输入的用户名和摘要值去查询数据库
14. params = [name,new_pwd]
15. result = mst.get_one(sql,params)
16. if result:
17.     print("登录成功！")
18. else:
19. print("登录失败！")
```

运行该程序，输入如图 6-35、图 6-36 所示，发现程序实现了登录功能。用户名和密码正确的情况下，登录成功，否则登录失败。

```
请输入用户名：heihei
请输入密码：heihei
登录成功！
```

图 6-35　登录成功

```
请输入用户名：heihei
请输入密码：hh
登录失败！
```

图 6-36　登录失败

【程序解析】

在 06-18 中，第 20 行代码使用 sha256 摘要算法并初始化该算法库；第 21 行代码调用 update 方法添加要摘要的数据；第 22 行代码调用 hexdigest 方法获取密码对应的散列值；第 25 行代码将用户名、密码对应的摘要值写入到表中。

在 06-19 中，第 10 行代码使用 sha256 摘要算法并初始化该算法库；第 11 行代码调用 update 方法添加要摘要的数据；第 12 行代码调用 hexdigest 方法获取密码对应的散列值；第 15 行代码根据用户名、用户输入密码对应的摘要值到表中查询。

6.5 摘要算法

6.5.1 摘要算法简介

Python 的 hashlib 模块提供了常见的摘要算法，如 MD5，SHA1 等等。

摘要算法又称哈希算法、散列算法。它通过一个函数，把任意长度的数据转换为一个长度固定的数据串（通常用 16 进制的字符串表示）。摘要算法就是通过摘要函数 f()对任意长度的数据 data 计算出固定长度的摘要 digest，目的是为了发现原始数据是否被人篡改过。

摘要算法之所以能指出数据是否被篡改过，就是因为摘要函数是一个单向函数，计算 digest=f(data)很容易，但通过 digest 反推 data 却非常困难。而且，对原始数据做一个 bit 的修改，都会导致计算出的摘要完全不同。

下面以常见的摘要算法 MD5 为例，计算出一个字符串的 MD5 值：

（源代码位置：Code\06\06-20.py）

```
import hashlib
md5 = hashlib.md5() #初始化算法库
#使用实例化对象的 update 方法添加数据
md5.update('how to use md5 in Python hashlib?'.encode("utf8"))
#使用实例化对象的 hexdigest 方法获得散列值
print(md5.hexdigest())
```

运行结果如图 6-37 所示：

```
d26a53750bc40b38b65a520292f69306
```

图 6-37　运行结果

MD5 可以产生出一个 128 位（16 字节）的散列值（32 位的 16 进制字符串），用于确保信息传输完整一致。MD5 已经广泛使用在为文件传输提供一定的可靠性方面。例如，服务器预先提供一个 MD5 校验和，用户下载完文件以后，用 MD5 算法计算下载文件的 MD5 校验和，然后通过检查这两个校验和是否一致，就能判断下载的文件是否出错。1996 年后被证实存在弱点，可以被加以破解，对于需要高度安全性的数据，专家一般建议改用其他算法，如 SHA-2。2004 年，证实 MD5 算法无法防止碰撞（collision），因此不适用于安全性认证，如 SSL 公开密钥认证或是数字签名等用途。

SHA-2 名称来自于安全散列算法 2（Secure Hash Algorithm 2）的缩写，是一种密码散列函数算法标准，由美国国家安全局研发，由美国国家标准与技术研究院（NIST）在 2001 年发布。其中最常用的是：SHA-256、SHA-512。

SHA1 的结果是 160 bit（20 字节），通常用一个 40 位的 16 进制字符串表示。

比 SHA1 更安全的算法是 SHA256 和 SHA512，不过越安全的算法越慢，而且摘要长度更长。

6.5.2 摘要算法的应用

摘要算法能应用到什么地方？举个常用例子：

任何允许用户登录的网站都会存储用户登录的用户名和口令。如何存储用户名和口令呢？方法是存到数据库表中。如果以明文保存用户口令，如果数据库泄露，所有用户的口令就落入黑客的手里。此外，网站运维人员是可以访问数据库的，也就是能获取到所有用户的口令。

正确的保存口令的方式是不存储用户的明文口令，而是存储用户口令的摘要，比如 MD5，如表 6-7 所示。

表 6-7 密码 md5 摘要

username	password
michael	e10adc3949ba59abbe56e057f20f883e
bob	878ef96e86145580c38c87f0410ad153
alice	99b1c2188db85afee403b1536010c2c9

用户登录时，首先计算用户输入的明文口令的 MD5，然后和数据库存储的 MD5 对比，如果一致，说明口令输入正确，如果不一致，口令肯定错误。存储 MD5 的好处是即使运维人员能访问数据库，也无法获知用户的明文口令。

采用 MD5 存储口令也不一定安全。如很多用户喜欢用 123456、888888、password 这些简单的口令，于，黑客可以事先计算出这些常用口令的 MD5 值，得到一个反推表，如表 6-8 所示。

表 6-8 密码与摘要反推表

```
'e10adc3949ba59abbe56e057f20f883e': '123456'
'21218cca77804d2ba1922c33e0151105': '888888'
'5f4dcc3b5aa765d61d8327deb882cf99': 'password'
```

这样，无需破解，只需要对比数据库的 MD5，黑客就获得了使用常用口令的用户账号。

由于常用口令的 MD5 值很容易被计算出来，所以要确保存储的用户口令不是那些已经被计算出来的常用口令的 MD5，这一方法通过对原始口令加一个复杂字符串来实现，俗称“加盐”，如表 6-9 所示。

表 6-9 加盐示例

```
def calc_md5(password):
    return get_md5(password + 'the-Salt')
```

经过 Salt 处理的 MD5 口令，只要 Salt 不被黑客知道，即使用户输入简单口令，也很难通过 MD5 反推明文口令。但如果有两个用户都使用了相同的简单口令比如 123456，在数据库中，将存储两条相同的 MD5 值，这说明这两个用户的口令是一样的。

如果假定用户无法修改登录名，就可以通过把登录名作为 Salt 的一部分来计算 MD5，从而实现相同口令的用户也存储不同的 MD5。

6.5.3 使用摘要算法步骤

所有安全散列算法，都在 hashlib 标准库里进行了管理，要使用其中的算法，首先导入 hashlib 库，然后使用里面的函数即可。使用摘要算法步骤如下：

（1）初始化算法库。

（2）使用实例化对象的 update 方法添加数据。

（3）使用实例化对象的 hexdigest 方法获得散列值。

6.5.4 实现注册功能——密码加盐摘要

对密码加盐后使用摘要算法，摘要存储，实现注册功能。

（源代码位置：Code\06\06-21.py）

```
# 任务：使用通用类实现注册功能，要求用户名惟一
# 对密码加盐，存储密码的摘要值
import hashlib
import MySQLHelper

def getSha256(data):
    s = hashlib.sha256()
    s.update(data.encode("utf8"))
    new_data = s.hexdigest()  # 密码的 sha256 的摘要值
    return new_data

name = input("请输入用户名：")
pwd = input("请输入密码：")
age = int(input("请输入年龄："))
sql = "select * from user where name = %s"
mst = MySQLHelper.MySQLTool('127.0.0.1','root','p@ssw0rd','userdb')
result = mst.get_one(sql,name) #查询用户名是否存在
if result:
    print("注册失败！用户名存在")
else:
    # 用户名不存在，再插入
    sql = "insert into user(name,pwd,age) values (%s,%s,%s)"
    new_pwd = getSha256(pwd+name)#对密码加 name 盐处理再 sha256 摘要
    data = [name,new_pwd,age]
```

```
    lines = mst.insert(sql,data)
    if lines:
        print("注册成功！")
    else:
         print("注册失败")
```

运行结果如图 6-38 所示。

```
请输入用户名：sha256
请输入密码：sha256
请输入年龄：20
注册成功！
```

图 6-38　运行结果

在数据库中查看注册的结果，如图 6-39 所示。

15	sha256	60132c406c7c95c222d503e343a4fff3db8d1202bf4c3c0727fceb4495c33d86	20

图 6-39　密码加盐摘要后的结果

6.5.5　实现登录功能

输入用户名和密码，给出结果：登录成功或登录失败。

（源代码位置：Code\06\06-22.py）

```
# 任务：使用数据访问通用类实现登录功能，用户名和密码从键盘输入，输出登录成功还是失败
# 1、用户输入用户名和密码
# 2、将用户输入的密码加盐处理后进行 sha256 摘要，得到摘要值
# 3、将计算出来的摘要值和数据库中该用户对应的摘要值进行比对
import hashlib
import MySQLHelper
def getSha256(data):
    s = hashlib.sha256()
    s.update(data.encode("utf8"))
    new_data = s.hexdigest()  # 密码的 sha256 的摘要值
    return new_data

name = input("请输入用户名：")
pwd = input("请输入密码：")
new_pwd = getSha256(pwd+name)#对密码加 name 盐处理再 sha256 摘要
```

```

sql = "select * from user where name = %s and pwd = %s"
data = [name,new_pwd]
mst = MySQLHelper.MySQLTool('127.0.0.1','root','p@ssw0rd','userdb')
result = mst.get_one(sql,data)
if result:
    print("登录成功")
else:
    print("登录失败")
```

登录成功运行效果如图 6-40 所示，登录失败运行效果如图 6-41 所示。

```
请输入用户名：sha256
请输入密码：sha256
登录成功
```

图 6-40　登录成功运行效果

```
请输入用户名：sha
请输入密码：sha256
登录失败
```

图 6-41　登录失败运行效果

项目小结

本项目首先介绍了 Python 操作 MySQL 的方式，PyMySQL 的安装及使用；然后介绍了操作数据库的四步曲：连接数据库、创建游标、利用游标执行 SQL 语句、关闭连接。在执行增删改时，一定要 commit()，才能真正的修改表中数据。在查询获取数据时，可以 fetchone() 读取一条数据，也可以 fetchmany(n)读取 *n* 条数据，还可以 fetchall() 读取查询到的全部数据。使用带参数的 SQL 语句可以避免 SQL 注入。

使用 Python 实现对 Mysql 数据库的操作封装类，涉及 Python 针对 mysql 数据库的连接、查询、增加、更新、删除及关闭连接等相关操作，封装 Mysql 操作方法的时候一定要全面，可重用性要高。

摘要算法在很多地方都有广泛的应用。要注意摘要算法不是加密算法，不能用于加密（因为无法通过摘要反推明文），只能用于防篡改，但是它的单向计算特性决定了可以在不存储明文口令的情况下验证用户口令。

项目7 GUI 编 程

教学导航

本章概览

图形用户界面（Graphical User Interface，简称 GUI，又称图形用户接口）是指采用图形方式显示的计算机操作用户界面。图形用户界面是一种人与计算机通信的界面显示格式，允许用户使用鼠标等输入设备操纵屏幕上的图标或菜单选项，以选择命令、调用文件、启动程序或执行其他一些日常任务。与通过键盘输入文本或字符命令来完成例行任务的字符界面相比，图形用户界面由窗口、下拉菜单、对话框及其相应的控制机制构成，在各种新式应用程序中都是标准化的，即相同的操作总是以同样的方式来完成，在图形用户界面，用户看到和操作的都是图形对象，应用的是计算机图形学的技术。

知识框架

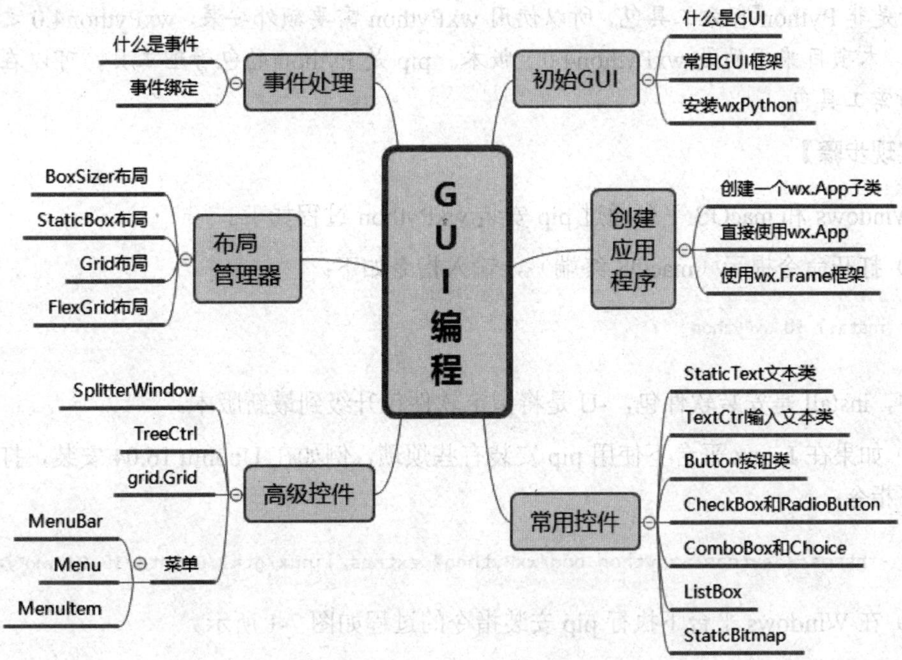

导 学

知识重点	（1）GUI 基础概念； （2）wxPython； （3）常用控件； （4）布局管理； （5）高级窗口； （6）使用菜单
知识难点	事件处理
推荐教学方式	从任务入手，带领学生解决任务，针对任务中使用到的知识点进行重点讲解
建议学时	8 学时
推荐学习方法	（1）上机编写代码，勤于实践； （2）分小组解决老师布置的任务
必须掌握的理论知识	安装 wxPython、了解 GUI 的框架、熟悉常用控件、高级窗口、事件处理
必须掌握的技能	安装 wxPython、熟练使用 wxPython 常用控件、常用布局、事件处理

任务 7-1　安装 wxPython

【任务描述】

由于是非 Python 官方工具包，所以使用 wxPython 需要额外安装，wxPython4.0 之后支持 pip 安装，本项目采用的是 wxPython4.0.1 版本。pip 是 Python 的包管理工具，可以在线安装 Python 所需工具包。

【实现步骤】

在 Windows 和 macOS 平台通过 pip 安装 wxPython 过程如下。

（1）打开命令提示（macOS 终端），输入指令如下：

```
Pip install -U wxPython
```

其中，install 是安装软件包，-U 是将指定软件包升级到最新版本。

（2）如果在 Linux 平台下使用 pip 安装有些烦琐，例如在 Ubuntu 16.04 安装，打开终端输入如下指令：

```
Pip -U \-fhttps://extras.wxpython.org/wxPython4/extras/linux/gtk3/ubuntu-16.04\wxPython
```

（3）在 Windows 平台下执行 pip 安装指令的过程如图 7-1 所示。

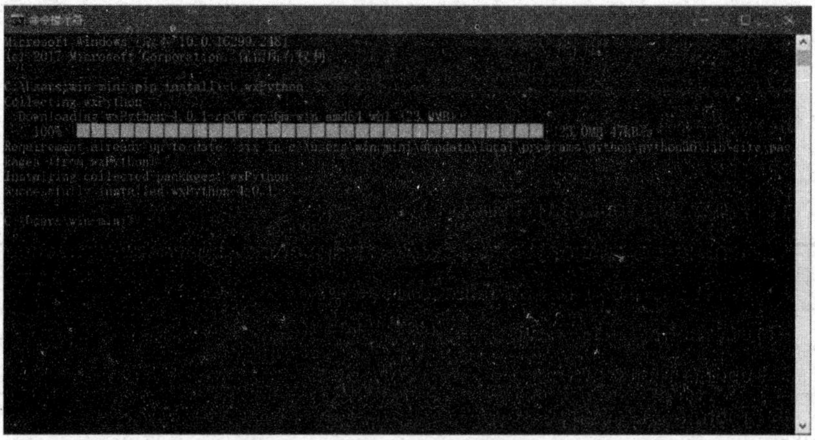

图 7-1　Window 下安装 wxPython

除了安装 wxPython 工具包外，还可以在网页 https://extras.wxPython.org/wxPython4/extras/ 中下载 wxPython 的帮助文档和案例。

7.1　初识 GUI

7.1.1　什么是 GUI

GUI 是 Graphical User Interface （图形用户界面）的缩写。在 GUI 中，并不只是键入文本和返回文本，用户可以看到窗口、按钮、文本框等图形，而且可以用鼠标单击，还可以通过键盘键入。GUI 是与程序交互的一种不同的方式，GUI 的程序有输入、处理和输出 3 个基本要素，如图 7-2 所示。

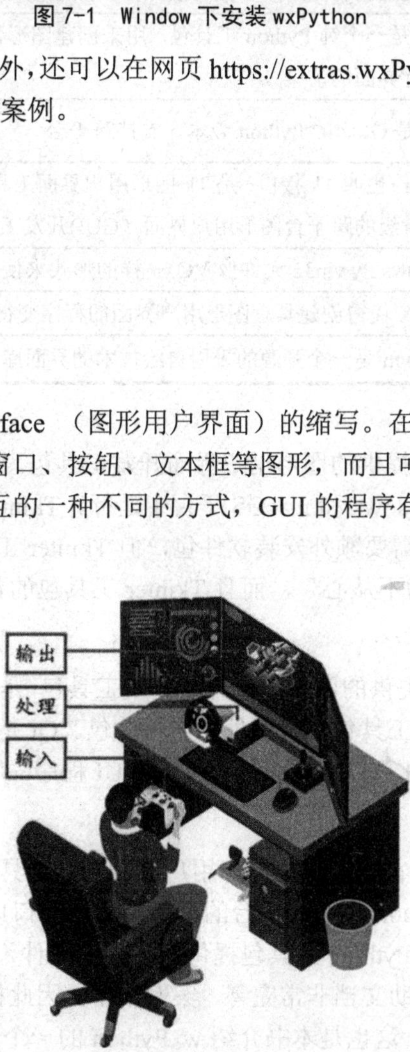

图 7-2　GUI 的三要素

7.1.2 Python 图形用户界面开发工具包

虽然支持 Python 图形用户界面开发的工具包有很多，但是这些工具包各有自己的优缺点。下面列举了一些常用的 GUI 开发工具包，如表 7-1 所示。

表 7-1 一些常用的 GUI 开发工具包

工具包	描述
vxPytlion	wxPython 是 Python 语言的一套优秀的 GUI 图形库，允许 Python 程序员很方便地创建完整的、功能键全的 GUI 用户界面
Kivy	Kivy 是一个开源工具包，能够让使用相同源代码创建的程序能跨平台运行。它主要关注创新型用户界面开发，如多点触摸应用程序
Flexx	Flexx 是一个纯 Python 工具包，用来创建图形化界面应用程序，可使用 Web 技术进行界面的渲染
PyQt	PyQt 是 Qt 库的 Python 版本，支持跨平台
Tkinter	Tkinter (也叫 Tk 接口）是 Tk 图形用户界面工具包标准的 Python 接口。Tk 是一个轻量级的跨平台图形用户界面（GUI)开发工具
Pywin32	Windows Pywin32 允许像 VC 一样的形式来使用 Python 开发 Win32 应用
PyGTK	PyGTX 使得创建具有图形用户界面的程序变得更加容易
pyui4\vin	pyui4win 是一个开源的采用自绘技术的界面库

1. Tkinter

Tkinter 是 Python 官方提供的图形用户界面开发工具包。Tkinter 是跨平台的，可以在大多数的 UNIX、Linux、Windows 和 macOS 平台中运行，Tkinter8.0 之后可以实现本地窗口风格。使用 Tkinter 工具包不需要额外安装软件包，但 Tkinter 工具包所包含控件较少，开发复杂图形用户界面时显得“力不从心”，而且 Tkinter 工具包的帮助文档不健全。

2. PyQt

PyQt 是非 Python 官方提供的图形用户界面开发工具包，是对 Qt 工具包封装而来的，PyQt 也是跨平台的。使用 PyQt 工具包需要额外安装软件包。Qt 是一个跨平台的 C++应用程序开发框架，广泛用于开发 GUI 程序，也可用开发非 GUI 程序。

3. wxPython

wxPython 是非 Python 官方提供的图形用户界面开发工具包。wxPython 是对 wxWidgers 工具包封装而来的，wxPython 也是跨平台的，拥有本地窗口风格。使用 wxPython 工具包需要额外安装软件包，但 wxPython 工具包提供了丰富的控件，可以开发复杂图形用户界面，而且 wxPython 工具包的帮助文档非常完善、案例丰富，因此推荐使用 wxPython 工具包开发 Python 图形用户界面应用，这也是本书介绍 wxPython 的一个主要原因。

每个工具包都有其优缺点，所以工具包的选择取决于应用场景。本项目将详细介绍 wxPython 的使用方法。图形用户界面（Graphical User Interface, GUI）编程对于某种计算机语言来说非常重要。可开发 Python 图形用户界面的工具包有多种，本项目主要介绍 wxPython 图形用户界面工具包。

任务 7-2　编写第一个 wxPython 程序

【任务描述】

图形用户界面主要是由窗口以及窗口中的控件构成的，编写 wxPython 程序主要就是创建窗口和添加控件的过程。wxPython 中的窗口主要使用 wx.Frame，很少直接使用 wx.Window。另外，为了管理窗口还需要 wx.App 对象代表应用程序。

【任务分析】

构建一个最简单的 wxPython 程序至少需要一个 wx.App 对象和一个 wx.Frame 对象。

【实现步骤】

（1）安装 wxPython 模块。

（2）在程序中导入 wxPython 模块。

（3）使用 wxPython 模块。

【关键代码】

（源代码位置 Code\07\07-01.py）

```
import wx  # 导入 wxPython


class MyFrame(wx.Frame):  # 自定义窗口类 MyFrame
    def __init__(self, parent, id):
        super().__init__(parent, id, title="第一个 GUI 窗口", pos=(100, 100), size=(300, 300))
        self.Center()
        panel = wx.Panel(parent=self)
        statictext = wx.StaticText(parent=panel, label='Hello world!', pos=(10, 10))


    class App(wx.App):
        def OnInit(self):  # 初始化方法
            frame = MyFrame(parent=None, id=-1)  # 实例 MyFrame 类，并传递参数,创建窗口对象
            frame.Show()  # 显示窗口，默认隐藏
```

```
16.         return True  # 返回值
17.
18.
19.     if __name__ == '__main__':
20.         app = App()
21.         # 创建 App 类的实例
22.         app.MainLoop()  # 调用 App 类的 MainLoop()主循环方法，进入主事件循
环。
```

【输出结果】

运行以上代码，显示结果如图 7-3 所示。

图 7-3　第一个 wxPython 程序运行结果

【程序解析】

上述代码第 6 行设置声明 Frame 屏幕居中。代码第 8 行创建 Panel 面板对象，参数 parent 传递的是 self，即设置面板所在的父容器为 Frame 窗口对象。代码第 9 行创建静态文本对象，StaticText 是类，静态文本放到 panel 面板中，所以 parent 参数传递的是 panel，参数 label 是静态文本上显示的文字，参数 pos 用来设置静态文本的位置。

提示：控件可以直接放到 Frame 窗口中。Frame 窗口本身有默认的布局管理，但直接使用默认布局会有很多问题。本例中把面板放到 Frame 窗口中，然后再把控件（菜单栏除外）添加到面板上，这种面板成为“内容面板”，如图 7-4 所示，内容面板是 Frame 窗口中包含的一个内容面板和菜单栏。

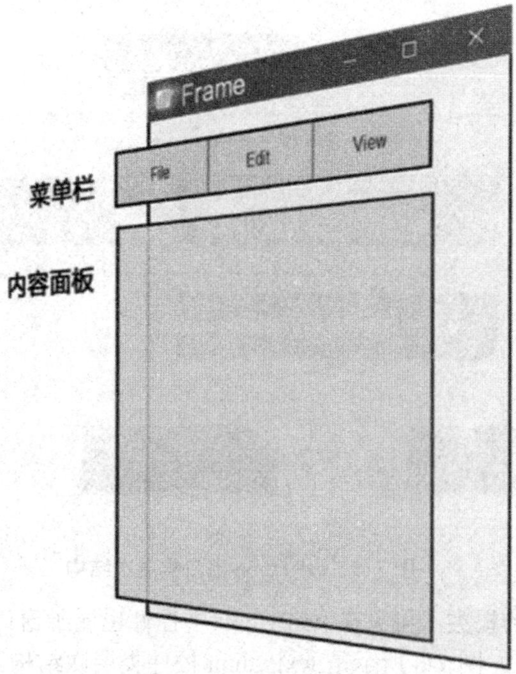

图7-4 Frame的内容面板

7.2 wxPython 基础

wxPython作为图形用户界面开发工具包，主要提供了如下GUI内容：

（1）窗口。

（2）控件。

（3）事件处理。

（4）布局管理。

7.2.1 wxPython类层次结构

在 wxPython 中所有类都直接或间接继承了 wx.Object 这个根类。窗口和控件是构成wxPython的主要内容，下面分别介绍wxPython中窗口类（wx.Window）和控件类（wx.Control）层次结构如图 7-5 所示，窗口类主要有 wx.Control、wx.NonOwendWindow、wx.Panel 和wx.MenuBar。wx.Control 是控件类的根类；wx.NonOwnedWindow 有一个直接子类wx.TopLevelWindow,它是顶级窗口，所谓“顶级窗口”作为其他窗口的容器，他有两个重要的子类wx.Dialog和wx.Frame，其中wx,Frame是构建图形用户界面的主要窗口类；wx.Panel成为面板，是一种容器窗口，它没有标题、图标和窗口按钮。

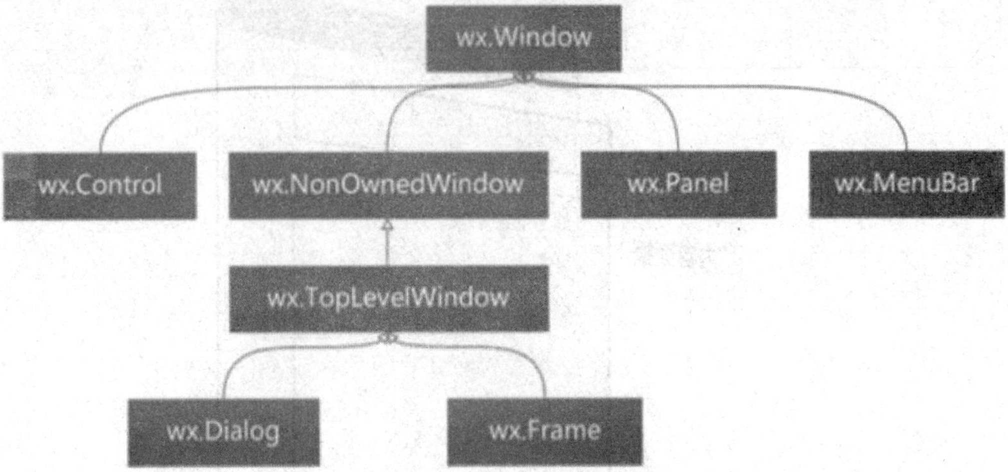

图 7-5 wxPython 窗口类层次结构

Control 作为控件类的根类，可见在 wxPython 中控件也属于窗口，因此也称为“窗口部件”（Window Widgets）。图 7-6 所示是 wxPython 控件类层次结构。

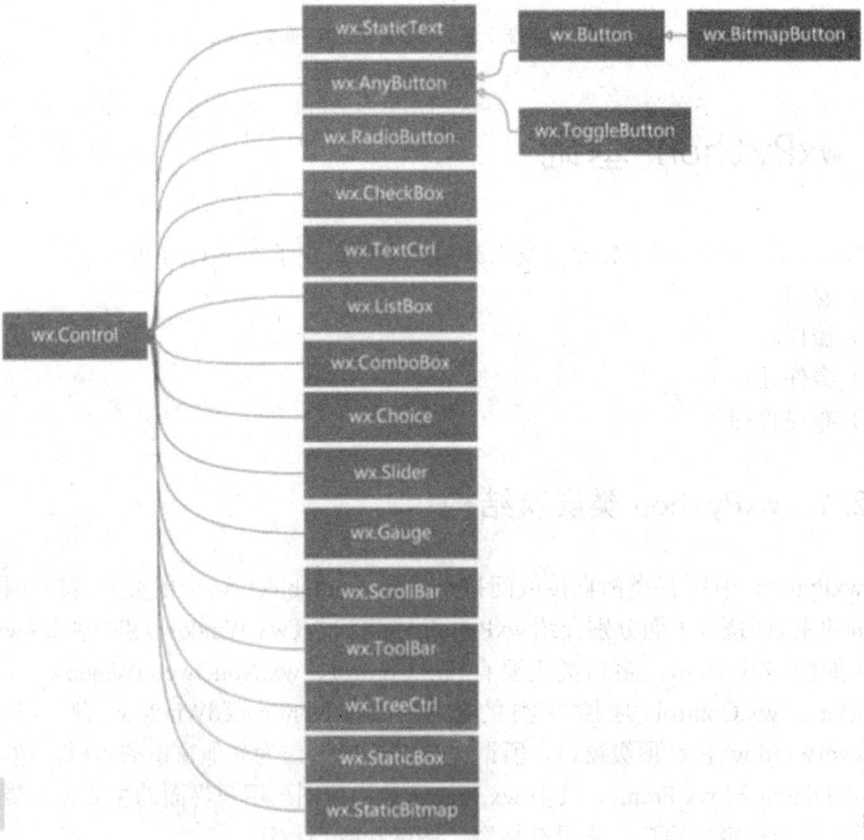

图 7-6 wxPython 控件类层次结构

7.2.2 wxPython 界面构建层次结构

几乎所有的图形用户界面技术，在构建界面时都采用层级结构（树形结构）。如图 7-7 所示，根是顶级窗口（只能包含其他窗口的容器），子控件有内容面板和菜单栏（本例中没有菜单），然后其他的控件添加到内容面板中，通过控件或窗口的 Parent 进行属性设置。

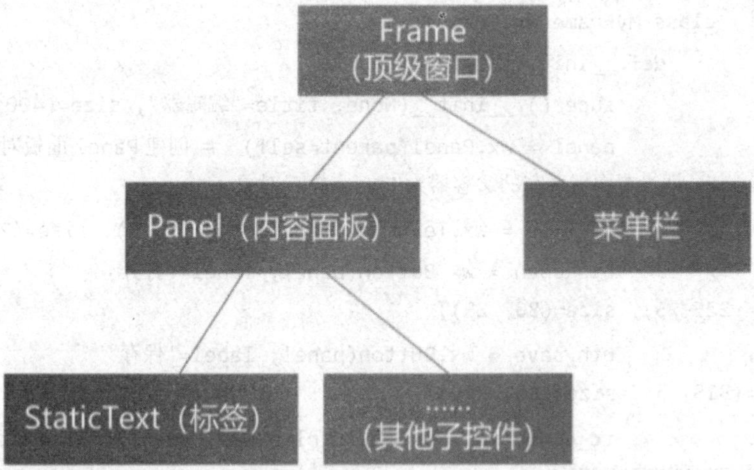

图 7-7 界面构建层次

任务 7-3 编写一个文本编辑器

【任务描述】

使用 wxPython 提供的常用控件编写一个文本编辑器的界面，具体需求如下：

（1）提供一个用于输入文件名称的文本输入框。

（2）提供文件的打开和保存按钮。

（3）提供文本显示和编辑的文本框。

（4）不需实现具体功能。

【任务分析】

文本编辑器是一个常见的工具，它需要提供编辑器信息提示、时间触发按钮、大小合适的文本编辑区域等。可以使用 wxPython 提供的一些常见控件来实现一个编辑器，比如按钮控件、文本输入控件、静态文本等。

【实现步骤】

（1）安装 wxPython 模块并导入 wxPython 模块。

（2）设计编辑器布局。

（3）使用常见控件编写界面。

【关键代码】

（源代码位置 Code\07\07-02.py）

```
import wx


class MyFrame(wx.Frame):
    def __init__(self):
        super().__init__(None, title="编辑器", size=(400, 300))
        panel = wx.Panel(parent=self)  # 创建 Panel 面板对象，参数 parent 传递的是 self，即设置面板所在的父容器为 Frame 窗口对象
        tc_file = wx.TextCtrl(panel, pos=(5, 5), size=(200, 25))
        btn_open = wx.Button(panel, label='打开', pos=(225, 5), size=(80, 25))
        btn_save = wx.Button(panel, label='保存', pos=(315, 5), size=(80, 25))
        tc_contents = wx.TextCtrl(panel, pos=(5, 35), size=(370, 225), style=wx.TE_MULTILINE)


class App(wx.App):
    def OnInit(self):  # 应用程序启动时调用，可以在此方法中进行应用程序的初始化，该方法的返回值是布尔类型，返回 True 继续运行应用，返回 False 则立刻退出应用于环
        frm = MyFrame()  # 新建窗口
        frm.Center()  # 设置窗口居中
        frm.Show()  # 让窗口显示
        return True


if __name__ == "__main__":
    app = App()  # 创建 App 类的实例
    app.MainLoop()  # 调用 App 类的 MainLoop()主循环方法，进入主事件循环
```

【输出结果】

输出结果如图 7-8 所示。

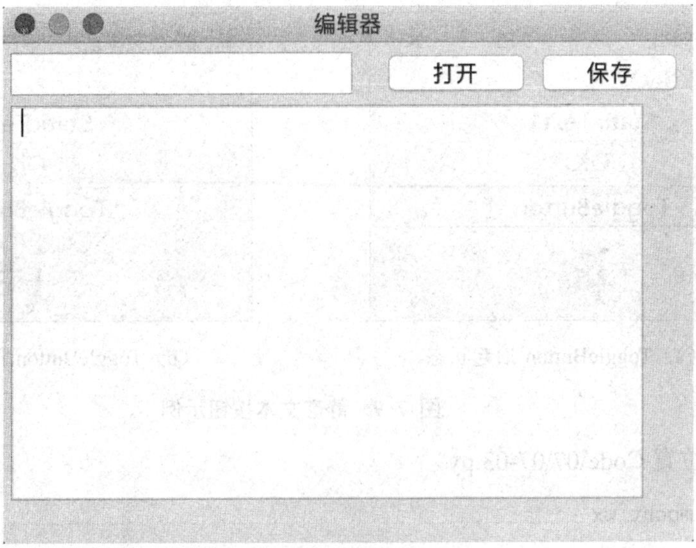

图 7-8　文本编辑器运行效果

【程序解析】

程序中第 7 行创建 Panel 面板对象，参数 parent 传递的是 self，即设置面板所在的父容器为 Frame 窗口对象，程序第 8-10 行分别使用了文本输入控件和按钮控件，第 11 行设置了文本编辑区域。

7.3　常用控件

wxPython 的所有空间都继承自 wx.Control 类。主要包含文本输入控件、按钮、静态文本、列表、单选按钮、滑块、滚动条复制选项框和树等控件。

7.3.1 静态文本和按钮

静态文本和按钮在前面的示例中已经用到了，本节再深入地介绍一下它们。

wxPython 中静态文本类是 wx.StaticText，可以显示文本。wxPython 中的按钮主要有 wx.Button、wx.BitmapButton 和 wx.ToggleButton 三个，wx.Button 是普通按钮，wx.BitmapButton 是带有图标的按钮，wx.ToggleButton 是能进行两种状态切换的按钮。

下面通过示例介绍静态文本和按钮。如图 7-9 所示的界面，其中有一个静态文本和三个按钮，ok 是普通俺妞妞，ToggleButton 是 wx.ToggleButton 按钮，图 7-9（a）所示是 ToggleButton 抬起状态，图 7-9（b）所示是 ToggleButton 按下时状态，最后一个是图标按钮。

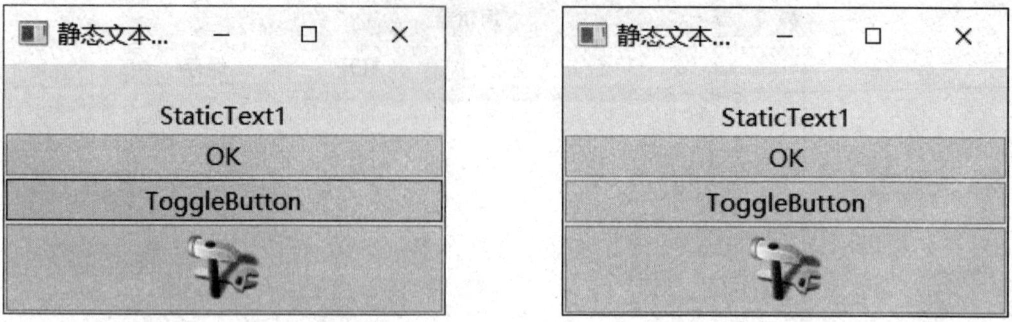

（a）ToggleButton 抬起状态　　（b）ToggleButton 按下时状态

图 7-9　静态文本按钮示例

（源代码位置 Code\07\07-03.py）

```
import wx


# 自定义窗口类 MyFrame
class MyFrame(wx.Frame):
    def __init__(self):
        super().__init__(parent=None, title='静态文本和按钮', size=(300, 200))
        self.Centre()  # 设置窗口居中
        panel = wx.Panel(parent=self)
        # 创建垂直方向的 Box 布局管理器
        vbox = wx.BoxSizer(wx.VERTICAL)

        self.statictext = wx.StaticText(parent=panel, label='StaticText1', style=wx.ALIGN_CENTRE_HORIZONTAL)
        b1 = wx.Button(parent=panel, label='OK')
        self.Bind(wx.EVT_BUTTON, self.on_click, b1)

        b2 = wx.ToggleButton(panel, -1, 'ToggleButton')
        self.Bind(wx.EVT_BUTTON, self.on_click, b2)

        bmp = wx.Bitmap('icon/1.png', wx.BITMAP_TYPE_PNG)
        b3 = wx.BitmapButton(panel, -1, bmp)
        self.Bind(wx.EVT_BUTTON, self.on_click, b3)

        # 添加静态文本和按钮到 Box 布局管理器
     vbox.Add(100, 10, proportion=1, flag=wx.CENTER | wx.FIXED_MINSIZE)
```

```
        vbox.Add(self.statictext, proportion=1, flag=wx.CENTER | wx.FIXED_MINSIZE)
        vbox.Add(b1, proportion=1, flag=wx.CENTER | wx.EXPAND)
        vbox.Add(b2, proportion=1, flag=wx.CENTER | wx.EXPAND)
        vbox.Add(b3, proportion=1, flag=wx.CENTER | wx.EXPAND)

        panel.SetSizer(vbox)

    def on_click(self, event):
        elf.statictext.SetLabelText('Hello, world.')


class App(wx.App):

    def OnInit(self):
        # 创建窗口对象
        frame = MyFrame()
        frame.Show()
        return True


if __name__ == '__main__':
    app = App()
    app.MainLoop()  # 进入主事件循环
```

【输出结果】

运行以上代码，显示结果如图 7-10 所示。

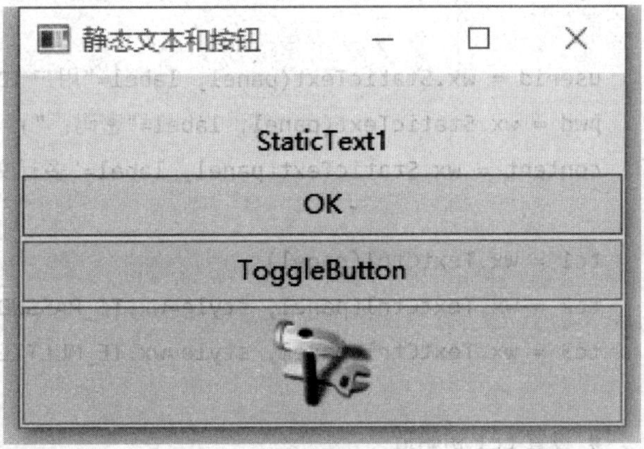

图 7-10　静态文本按钮

【程序解析】

上述代码第 13 行是创建 wx.StaticText 对象。代码第 14 行是创建 wx.Button 按钮。代码第 14 行是创建微信。ToggleButton 按钮。代码第 20 行是创建 wx.Bitmap 按钮，其中‘icon/1.png’是图标文件路径，wx.BITMAP_TYPE_PNG 是设置图标文件格式类型。

7.3.2 文本输入控件

文本输入控件类是 wx.TextCtrl，默认情况下文本输入控件中只能输入单行数据，如果想输入多行可以设置 style=wx.TE_MULTILINE。如果想把文本输入控件为密码框使用，可以设置 style=wx.TE_PASSWORD。

下面通过实例介绍文本输入控件。如图 7-11 所示的界面是对上节实例的重构，其中对用户 ID 对应的 wx.TextCtrl 是普通文本输入控件，密码对应的 wx.TextCtrl 是密码输入控件，多行文本的 wx.TextCtrl 是行文本输入控件。

（源代码位置 Code\07\07-04.py）

```
import wx
class MyFrame(wx.Frame):
    def __init__(self):
        super().__init__(parent=None, title='文本框', size=(400, 200))
        self.Centre()  # 设置窗口居中
        panel = wx.Panel(self)
        hbox = wx.BoxSizer(wx.HORIZONTAL)
        fgs = wx.FlexGridSizer(3, 2, 10, 10)
        userid = wx.StaticText(panel, label="用户 ID: ")
        pwd = wx.StaticText(panel, label="密码: ")
        content = wx.StaticText(panel, label="多行文本: ")
        tc1 = wx.TextCtrl(panel)
        tc2 = wx.TextCtrl(panel, style=wx.TE_PASSWORD)
        tc3 = wx.TextCtrl(panel, style=wx.TE_MULTILINE)
        # 设置 tc1 初始值
        tc1.SetValue('tony')
        # 获取 tc1 值
```

```
        print('读取用户 ID: {0}'.format(tc1.GetValue()))

        fgs.AddMany([userid, (tc1, 1, wx.EXPAND),
                     pwd, (tc2, 1, wx.EXPAND),
                     content, (tc3, 1, wx.EXPAND)])
        fgs.AddGrowableRow(0, 1)
        fgs.AddGrowableRow(1, 1)
        fgs.AddGrowableRow(2, 3)
        fgs.AddGrowableCol(0, 1)
        fgs.AddGrowableCol(1, 2)
        hbox.Add(fgs, proportion=1, flag=wx.ALL | wx.EXPAND, border=15)

        panel.SetSizer(hbox)


class App(wx.App):

    def OnInit(self):
        # 创建窗口对象
        frame = MyFrame()
        frame.Show()
        return True


if __name__ == '__main__':
    app = App()
    app.MainLoop()  # 进入主事件循环
```

【输出结果】

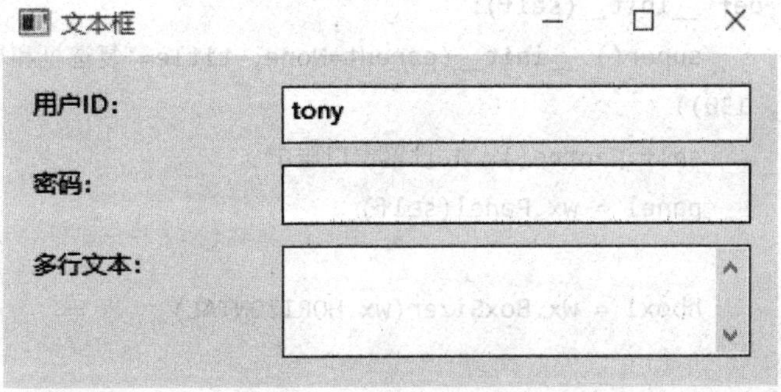

图 7.11　文本输入控件实例

【程序解析】

上述代码第 18 行创建了一个普通的文本输入控件对象。代码第 19 行创建了一个密码输入控件对象。代码第 20 行能输入多行文本控件对象。代码第 23 行 tcl.SetValue('tony')用来设置文本输入控件的文本内容，SetValue()方法可以为文本输入控件设置文本内容，GetValue()方法是从文本输入控件中读取文本内容，见代码第 25 行。

7.3.3 复选框和单选按钮

Wx.Python 中提供了用于多选和单选功能的控件。多选控件是复选框(wx.CheckBox),复选框有时也单独使用，能提供两种状态的开和关。单选控件是单选按钮（wx.RadioButton）,同一组的多个单选按钮应该具有互斥特性，这也是为什么单选按钮也称为收音机按钮（RedioButton），就是当一个按钮按下时，其他按钮一定释放。

下面通过实例介绍复选边框和单选按钮。如图 7-12 所示的界面，界面中有一组复选框和两组单选按钮。

图 7-12　复选框和单选按钮实例

（源代码位置 Code\07\07-05.py）

```
import wx


class MyFrame(wx.Frame):
    def __init__(self):
        super().__init__(parent=None, title='复选框和单选按钮', size=(400, 130))
        self.Centre()  # 设置窗口居中
        panel = wx.Panel(self)

        hbox1 = wx.BoxSizer(wx.HORIZONTAL)

        statictext = wx.StaticText(panel, label='选择你喜欢的编程语言:')
        cb1 = wx.CheckBox(panel, 1, 'Python')
```

```
        cb2 = wx.CheckBox(panel, 2, 'Java')
        cb2.SetValue(True)
        cb3 = wx.CheckBox(panel, 3, 'C++')
        self.Bind(wx.EVT_CHECKBOX, self.on_checkbox_click, id=1, id2=3)

        hbox1.Add(statictext, 1, flag=wx.LEFT | wx.RIGHT | wx.FIXED_MINSIZE, border=5)
        hbox1.Add(cb1, 1, flag=wx.ALL | wx.FIXED_MINSIZE)
        hbox1.Add(cb2, 1, flag=wx.ALL | wx.FIXED_MINSIZE)
        hbox1.Add(cb3, 1, flag=wx.ALL | wx.FIXED_MINSIZE)

        hbox2 = wx.BoxSizer(wx.HORIZONTAL)

        statictext = wx.StaticText(panel, label='选择性别：')
        radio1 = wx.RadioButton(panel, 4, '男', style=wx.RB_GROUP)
        radio2 = wx.RadioButton(panel, 5, '女')
        self.Bind(wx.EVT_RADIOBUTTON, self.on_radio1_click, id=4, id2=5)

        hbox2.Add(statictext, 1, flag=wx.LEFT | wx.RIGHT | wx.FIXED_MINSIZE, border=5)
        hbox2.Add(radio1, 1, flag=wx.ALL | wx.FIXED_MINSIZE)
        hbox2.Add(radio2, 1, flag=wx.ALL | wx.FIXED_MINSIZE)

        hbox3 = wx.BoxSizer(wx.HORIZONTAL)

        statictext = wx.StaticText(panel, label='选择你最喜欢吃的水果：')
        radio3 = wx.RadioButton(panel, 6, '苹果', style=wx.RB_GROUP)
        radio4 = wx.RadioButton(panel, 7, '橘子')
        radio5 = wx.RadioButton(panel, 8, '香蕉')
        self.Bind(wx.EVT_RADIOBUTTON, self.on_radio2_click, id=6, id2=8)


        hbox3.Add(statictext, 1, flag=wx.LEFT | wx.RIGHT | wx.FIXED_MINSIZE, border=5)
        hbox3.Add(radio3, 1, flag=wx.ALL | wx.FIXED_MINSIZE)
        hbox3.Add(radio4, 1, flag=wx.ALL | wx.FIXED_MINSIZE)
        hbox3.Add(radio5, 1, flag=wx.ALL | wx.FIXED_MINSIZE)

```

```
47.         vbox = wx.BoxSizer(wx.VERTICAL)
48.         vbox.Add(hbox1, 1, flag=wx.ALL | wx.EXPAND, border=5)
49.         vbox.Add(hbox2, 1, flag=wx.ALL | wx.EXPAND, border=5)
50.         vbox.Add(hbox3, 1, flag=wx.ALL | wx.EXPAND, border=5)
51.         panel.SetSizer(vbox)
52.
53.
54. def on_checkbox_click(self, event):
55.     cb = event.GetEventObject()
56.     print('选择 {0}, 状态{1}'.format(cb.GetLabel(), event.IsChecked()))
57.
58.
59. def on_radio1_click(self, event):
60.     rb = event.GetEventObject()
61.     print('第一组 {0} 被选中'.format(rb.GetLabel()))
62.
63.
64. def on_radio2_click(self, event):
65.     rb = event.GetEventObject()
66.     print('第二组 {0} 被选中'.format(rb.GetLabel()))
67.
68.
69. class App(wx.App):
70.
71.     def OnInit(self):
72.         # 创建窗口对象
73.         frame = MyFrame()
74.         frame.Show()
75.         return True
76.
77.
78. if __name__ == '__main__':
79.     app = App()
80.     app.MainLoop()  # 进入主事件循环
```

【程序解析】

上述代码第 13 行到第 17 行创建了三个复选框对象，代码第 18 行是绑定 id 从 1 到 3 所有控件到事件处理者 self.on_checkbox_click 上，类似的代码第 29 行和第 40 行。代码第 15 行是设置 cb2 的初始状态为选中。

代码第 27 行和第 28 行创建了两个单选按钮，由于这两个单选按钮是互斥的，所以需要把它们添加到一个组中。代码第 27 行中创建 wx.RadioButton 对象设置 style = wx.RB_GROUP，这说明是一个组的开始，直到遇到另外设置 style = wx.RB_GROUP 的，wx.RadioButton 对象为止都是同一个组。所以 radio1 和 radio2 是同一组 radio3、radio4 和 radio5 是同一组，见代码第 37 行和第 39 行。

在事件处理方法中，代码第 55 行和第 60 行从事件对象中取出事件源对象，代码第 56 行 event.LsChecked()可以获得状态控件的选中状态，代码第 66 行 rb.GetLable()可以获得状态控件标签。

7.3.4　下拉列表

下拉列表控件是一个文本框和一个列表选项构成的，如图 7-13 所示，选项列表是收起来的，默认每次只能选择其中的一项。wxPython 提供了两种下拉列表控件 wx.ComboBox 和 wx.Choice，wx.ComboBox 默认它的文本框是可以修改的，wx.Choice 是只读不可以修改的，除此之外它们没有区别。

下面通过实例介绍下拉列表控件，如图 7-13 所示的界面，界面中有两个下拉列表控件，上面的是 wx.ComboBox 下面的是 wx.Choice。

（源代码位置 Code\07\07-06.py）

```
import wx


# 自定义窗口类 MyFrame
class MyFrame(wx.Frame):
    def __init__(self):
        super().__init__(parent=None, title='下拉列表', size=(400, 130))
        self.Centre()  # 设置窗口居中
        panel = wx.Panel(self)

        hbox1 = wx.BoxSizer(wx.HORIZONTAL)

        statictext = wx.StaticText(panel, label='选择你喜欢的编程语言：')

        list1 = ['Python', 'C++', 'Java']
        ch1 = wx.ComboBox(panel, -1, value='C', choices=list1, style=wx.CB_SORT)
        self.Bind(wx.EVT_COMBOBOX, self.on_combobox, ch1)

```

```
        hbox1.Add(statictext, 1, flag=wx.LEFT | wx.RIGHT | wx.FIXED_MINSIZE, border=5)
        hbox1.Add(ch1, 1, flag=wx.ALL | wx.FIXED_MINSIZE)

        hbox2 = wx.BoxSizer(wx.HORIZONTAL)

        statictext = wx.StaticText(panel, label='选择性别：')
        list2 = ['男', '女']
        ch2 = wx.Choice(panel, -1, choices=list2)
        self.Bind(wx.EVT_CHOICE, self.on_choice, ch2)

        hbox2.Add(statictext, 1, flag=wx.LEFT | wx.RIGHT | wx.FIXED_MINSIZE, border=5)
        hbox2.Add(ch2, 1, flag=wx.ALL | wx.FIXED_MINSIZE)

        vbox = wx.BoxSizer(wx.VERTICAL)
        vbox.Add(hbox1, 1, flag=wx.ALL | wx.EXPAND, border=5)
        vbox.Add(hbox2, 1, flag=wx.ALL | wx.EXPAND, border=5)
        panel.SetSizer(vbox)

    def on_combobox(self, event):
        print('选择 {0}'.format(event.GetString()))

    def on_choice(self, event):
        print('选择 {0}'.format(event.GetString()))


class App(wx.App):

    def OnInit(self):
        # 创建窗口对象
        frame = MyFrame()
        frame.Show()
        return True


if __name__ == '__main__':
    app = App()
    app.MainLoop()  # 进入主事件循环
```

【输出结果】

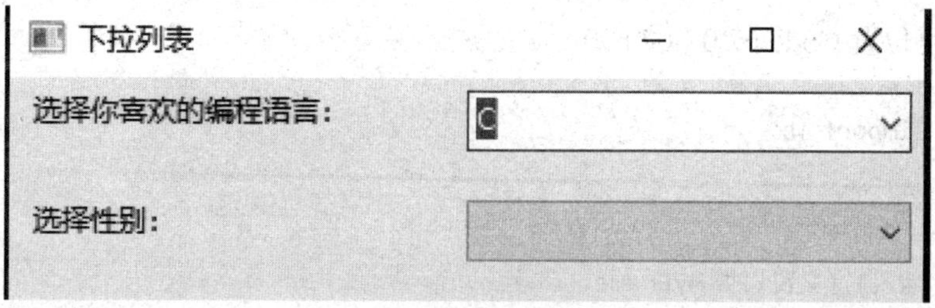

（a）下拉列表实例 1

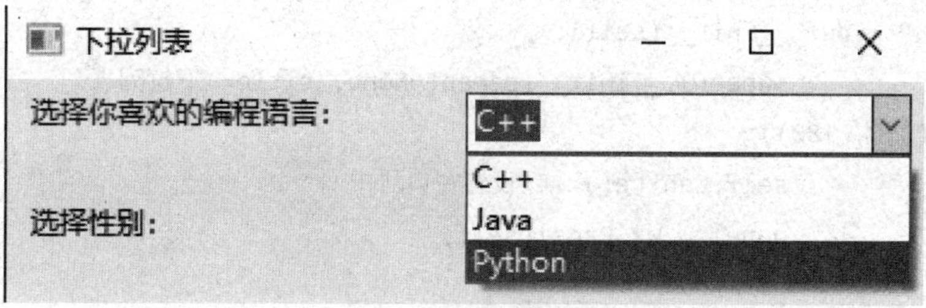

（b）下拉列表实例 2

图 7-13 下拉列表实例输出结果

【程序解析】

上述代码第 16 行是创建 wx.ComboBox 下拉列表对象，其中参数 value 用来设置默认值，即下拉列表的文本框中的初始显示内容；choices 参数用来设置列表选择项，它是列表类型；style 参数用来设置 wx.ComboBox 风格样式，主要有以下 4 种风格：

- wx.CB_SIMPLE：列表部分一直显示不收起来。
- wx.CB_DROPDOWN：默认风格，单击向下按钮列表部分展开，如图 7-13（b）所示，选择完成收起来，如图 7-13（a）所示。
- wx.CB_READONLY：文本框不可修改。
- wx.CB_SORT：对列表选项进行排序，本列中设置该风格，显示的顺序如图 7-13（b）所示。

代码第 17 行是绑定 wx.ComboBOX 下拉选择事件 wx.EVT_COMBOBOX 到 self.on_combobox 方法，当选择项时触发该事件，调用 self.on_combobox 方法进行处理；代码第 26 行是创建 wx.Choice 下拉列表对象，其中 choices 参数设置列表选择；代码第 27 行是绑定 wx.Chioce 下拉选择事件 wx.Choice 下拉选择事件 wx.EVT_CHOICE 到 self.on_choice 方法，当选择选项时触发该事件，调用 self.on_choice 方法进行事件处理。

7.3.5 列表

列表控件类似于下拉列表控件，只是没有文本框，只有一个列表选项，列表控件可以单选或多选。列表控件类是 wx.ListBox。

下面通过示例介绍列表控件。如图 7-14 所示的界面，界面中有两个列表控件，上面的列表控件是单选。而下面的列表控件是可以多选。

（源代码位置 Code\07\07-07.py）

```
import wx


# 自定义窗口类 MyFrame
class MyFrame(wx.Frame):
    def __init__(self):
        super().__init__(parent=None, title='下拉列表', size=(350, 180))
        self.Centre()  # 设置窗口居中
        panel = wx.Panel(self)

        hbox1 = wx.BoxSizer(wx.HORIZONTAL)

        statictext = wx.StaticText(panel, label='选择你喜欢的编程语言:')

        list1 = ['Python', 'C++', 'Java']
        lb1 = wx.ListBox(panel, -1, choices=list1, style=wx.LB_SINGLE)
        self.Bind(wx.EVT_LISTBOX, self.on_listbox1, lb1)

        hbox1.Add(statictext, 1, flag=wx.LEFT | wx.RIGHT | wx.FIXED_MINSIZE, border=5)
        hbox1.Add(lb1, 1, flag=wx.ALL | wx.FIXED_MINSIZE)

        hbox2 = wx.BoxSizer(wx.HORIZONTAL)

        statictext = wx.StaticText(panel, label='选择你喜欢吃的水果：')
        list2 = ['苹果', '橘子', '香蕉']
        lb2 = wx.ListBox(panel, -1, choices=list2, style=wx.LB_EXTENDED)

        self.Bind(wx.EVT_LISTBOX, self.on_listbox2, lb2)

        hbox2.Add(statictext, 1, flag=wx.LEFT | wx.RIGHT | wx.FIXED_MINSIZE, border=5)
        hbox2.Add(lb2, 1, flag=wx.ALL | wx.FIXED_MINSIZE)

        vbox = wx.BoxSizer(wx.VERTICAL)
```

```
        vbox.Add(hbox1, 1, flag=wx.ALL | wx.EXPAND, border=5)
        vbox.Add(hbox2, 1, flag=wx.ALL | wx.EXPAND, border=5)
        panel.SetSizer(vbox)

    def on_listbox1(self, event):
        listbox = event.GetEventObject()
        print('选择 {0}'.format(listbox.GetSelection()))

    def on_listbox2(self, event):
        listbox = event.GetEventObject()
        print('选择 {0}'.format(listbox.GetSelections()))


class App(wx.App):

    def OnInit(self):
        # 创建窗口对象
        frame = MyFrame()
        frame.Show()
        return True


if __name__ == '__main__':
    app = App()
    app.MainLoop()  # 进入主事件循环
```

【输出结果】

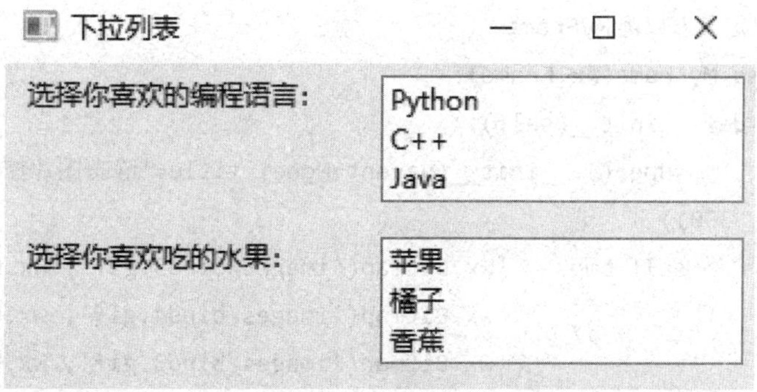

图 7-14　下拉列表示例图

【程序解析】

上述代码第 16 行是创建 wx.ListBox 列表对象，其中参数 style 用来设置列表格式，常用的 4 种风格如下：

- wx.LB_SINGLE：单选。
- wx.LB_MULTIPLE：多选。
- wx.LB_EXTENDED:也是多选，但是需要按住 Ctrl 或者 Shift 键时选择项目。
- wx.LB_SORT:对列表选项进行排序。

代码第 17 行是绑定 wx.ListBox 选择事件 wx.EVT_LISTBOX 到 self.on_listbox1 方法，当选择选项触发该事件，调用 self.on_listbox1 方法进行事件处理；代码第 26 行是创建 wx.ListBox 列表对象，其中参数设置为 wx.LB_EXTENDED，表明该列表对象可以多选。代码第 27 行是绑定 wx.ListBox 选择事件 wx.EVT_LISTBOX 到 self.on_listbox2 方法；

在事件处理方法中，要获得事件源可以通过 event.GetEventObject()方法来实现，见代码第 38 行、第 39 行的 listbox.GetSelectin()方法返回选中项目的索引，对于多项可以通过 listbox.GetSelections()方法返回多个选中项目索引的列表。

7.3.6 静态图片控件

静态图片控件类是 wx.StaticBitmap，静态图片控件用来显示一张图片，图片是可以 wx.Python 所支持的任何图片格式。

下面通过示例介绍静态图片控件。如图 7-15 所示的界面，界面刚显示时加在默认图片，如图 7-15（a）所示：当用户单击 Btttonl 时显示如图 7-15（c）所示：当用户单击 Button2 时显示如图 7-15（b）所示：

（源代码位置 Code\07\07-08.py）

```
import wx


# 自定义窗口类 MyFrame
class MyFrame(wx.Frame):
    def __init__(self):
        super().__init__(parent=None, title='静态图片控件', size=(300, 300))
        self.bmps = [wx.Bitmap('images/bird5.gif', wx.BITMAP_TYPE_GIF),
                     wx.Bitmap('images/bird4.gif', wx.BITMAP_TYPE_GIF),
                     wx.Bitmap('images/bird3.gif', wx.BITMAP_TYPE_GIF)]

        self.Centre()  # 设置窗口居中
        self.panel = wx.Panel(parent=self)
```

```python
        # 创建垂直方向的 Box 布局管理器
        vbox = wx.BoxSizer(wx.VERTICAL)

        b1 = wx.Button(parent=self.panel, id=1, label='Button1')
        b2 = wx.Button(self.panel, id=2, label='Button2')
        self.Bind(wx.EVT_BUTTON, self.on_click, id=1, id2=2)

        self.image = wx.StaticBitmap(self.panel, -1, self.bmps[0])

        # 添加标控件到 Box 布局管理器
        vbox.Add(b1, proportion=1, flag=wx.CENTER | wx.EXPAND)
        vbox.Add(b2, proportion=1, flag=wx.CENTER | wx.EXPAND)
        vbox.Add(self.image, proportion=3, flag=wx.CENTER)

        self.panel.SetSizer(vbox)

    def on_click(self, event):
        event_id = event.GetId()
        if event_id == 1:
            self.image.SetBitmap(self.bmps[1])
        else:
            self.image.SetBitmap(self.bmps[2])
        self.panel.Layout()


class App(wx.App):

    def OnInit(self):
        # 创建窗口对象
        frame = MyFrame()
        frame.Show()
        return True


if __name__ == '__main__':
    app = App()
    app.MainLoop()  # 进入主事件循环
```

【输出结果】

（a）

（b）

（c）

图 7-15　静态图片控件实例

【程序解析】

上述代码第 10 行创建了 wx.Bitmap 图片对象的列表；代码第 13 行创建了一个面板，它是类成员实例变量；代码第 21 行 wx.StaticBitmap 是静态图片对控件对象，self.bmps[0]是静态图片控件要显示的图片对象。

单击 Btttonl 和 Bttton2 时都会调用 on_click 方法，代码第 35 行和第 36 行是使用 SetBitmap()方法重新设置图片，实现图片切换。静态图片控件在切换图片时需要重新设置布局。

提示：图片替换后，需要重新绘制窗口，否则布局会发生混乱。代码第 38 行是使用 self, panel.Layout()是重新设置 panel 面板布局，因为静态图片控件是添加在 panel 面板上的。

任务 7-4　使用布局管理器实现文本编辑器

【任务描述】

在任务 7-3 中，已经编写了一个文本编辑器的界面。接下来使用布局管理器来优化界面并实现文本编辑器的功能。

（1）使用布局管理器优化界面。

（2）实现文本编辑的功能。

【任务分析】

在前一个任务中，实现的界面还比较简单，不具备基本的自适应性。比如拖拽窗口，文本编辑区域并不会随着窗口的变化而变化。可以使用布局管理器来实现这些功能，使得界面更加的人性化。同时，需要为界面中的按钮绑定事件，并实现相应的功能。

【实现步骤】

（1）安装 wxPython 模块并导入 wxPython 模块。

（2）优化文本编辑器布局。

（3） 实现编辑器功能。

【关键代码】

（源代码位置 Code\07\07-09.py）

```
'''''
运行这段代码，窗口会和上面的相同，但是使用了相对坐标而不是绝对坐标
wx.BoxSizer 的构造函数带有一个决定它是水平还是垂直的参数，默认为水平
add 方法有几个参数，proportion 参数根据在窗口改变大小时所分配的空间设置比例。flag 参数类似于构造函数中的 style 参数，可以使用按位或运算符连接构造符号常量
'''
# 代码文件：chapter7/edit_file/02edit_boxsizer(1).py
import wx, os

path = os.getcwd()


class MyFrame(wx.Frame):
    def __init__(self):
        super().__init__(None, title="编辑器", size=(400, 300))
        panel = wx.Panel(parent=self)  # 创建 Panel 面板对象，参数 parent 传递的是 self，即设置面板所在的父容器为 Frame 窗口对象
        # 1、创建控件及水平布局
        # 1、1 创建控件
```

```
        self.tc_file = wx.TextCtrl(panel)
        btn_open = wx.Button(panel, label='打开')
        # btn_open.Bind(wx.EVT_BUTTON,self.open)
        btn_open.Bind(wx.EVT_BUTTON, self.open, btn_open)  # 指明事件源
        btn_save = wx.Button(panel, label='保存')
        # btn_save.Bind(wx.EVT_BUTTON,self.save)
        btn_save.Bind(wx.EVT_BUTTON, self.save, btn_save)  # 指明事件源
        # 1、2 创建水平布局
        hsizer = wx.BoxSizer()  # 默认水平并排排列
        hsizer.Add(self.tc_file, proportion=1, flag=wx.EXPAND)
        hsizer.Add(btn_open, proportion=0, flag=wx.LEFT, border=5)
        hsizer.Add(btn_save, proportion=0, flag=wx.LEFT, border=5)

        # 2、创建多行文本框
        self.tc_contents = wx.TextCtrl(panel, style=wx.TE_MULTILINE)

        # 3、创建垂直布局
        vsizer = wx.BoxSizer(wx.VERTICAL)  # 纵向排列
        vsizer.Add(hsizer, proportion=0, flag=wx.EXPAND | wx.ALL, border=5)
        vsizer.Add(self.tc_contents, proportion=1, flag=wx.EXPAND | wx.LEFT | wx.BOTTOM | wx.RIGHT, border=5)

        # 设置面板的布局管理
        panel.SetSizer(vsizer)

    def open(self, Event):
        try:
            filename = self.tc_file.GetValue()  # 获取文件
            file_path = os.path.join(path, 'chapter7/edit_file/', filename)
            with open(file_path, "r", encoding="utf8") as file:
                self.tc_contents.SetValue(file.read())
        except Exception as e:
            print(e)

    def save(self, Event):
        try:
            filename = self.tc_file.GetValue()  # 获取文件
```

```
            with open(filename, "w", encoding="utf8") as file:
                file.write(self.tc_contents.GetValue())
        except Exception as e:
            print(e)
        else:
            wx.MessageBox("保存成功！")


class App(wx.App):
    def OnInit(self):  # 应用程序启动时调用，可以在此方法中进行应用程序的初始
化，该方法的返回值是布尔类型，返回 True 继续运行应用，返回 False 则立刻退出应用于
        frm = MyFrame()  # 新建窗口
        frm.Center()  # 设置窗口居中
        frm.Show()  # 让窗口显示
        return True


if __name__ == "__main__":
    app = App()  # 创建 App 类的实例
    app.MainLoop()  # 调用 App 类的 MainLoop()主循环方法，进入主事件循环
```

【输出结果】

运行以上代码，显示结果如图 7-16 所示。

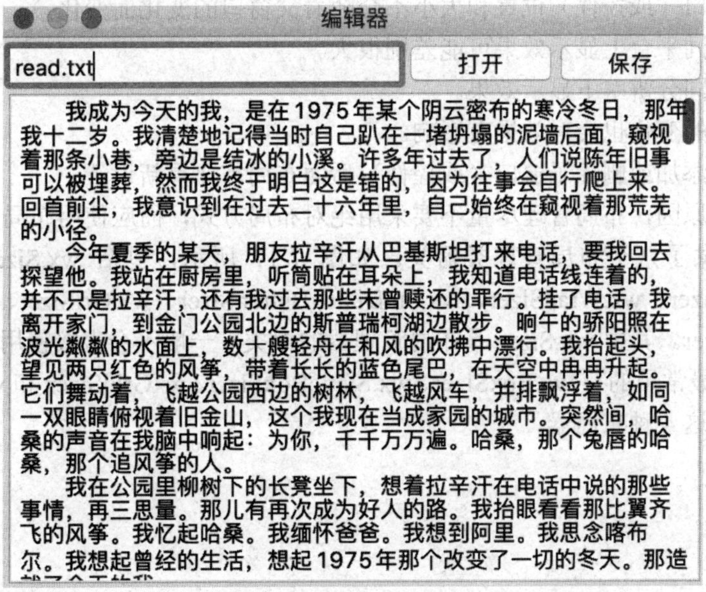

图 7-16　显示结果

【程序解析】

程序第 21 行和 24 行分别为“打开”“保存”按钮绑定了事件，用户在文本框中输入想要打开的文件点击“打开”按钮后，程序执行地 42 行的函数，用户点击“保存”按钮后，程序执行第 51 行的函数。

7.4 布局管理

图形用户界面的窗口中可能会有很多子窗口或者控件，他们如何布局（排列顺序、大小、位置等），当父窗口移动或调整大小后他们如何变化等，这些问题都有属于布局问题。本节介绍 wxPython 布局管理。

图形用户界面中的布局管理是一个比较麻烦的问题，在 wxPython 中可以通过两种方式实现布局管理，即绝对布局和 Sizer 管理布局。绝对布局就是使用具体数值设置子窗口或者控件的位置和大小，他不会随着父窗口的移动汇总调整大小后而变化，例如下面的代码片段：

```
1. super（）._init_(parent=None，title='一对一处理'，size=（300,180））
2. Panel = wx.Panel（panel=self)
3. self.statictext = wx.StaticText（panel=panel，pos=（110,15））
4. b1=wx.Button（parent=panel，id=10，label='button1'，pos=（100,45））
5. b1=wx.Button（parent=panel，id=11，label='button'，pos=（100,45））
```

其中，size=（300,180）和 pos=（110,15）等都属于绝对布局。使用绝对布局有如下问题：

➢ 子窗口（或控件）位置和大小不会随着父窗口的变化而变化。

➢ 在不同平台上显示效果可能差别很大。

➢ 在不同分辨率下显示效果。

➢ 字体的变化也会对效果有影响。

➢ 动态添加或删除子窗口（或控件）后面布局需要重新设计。

基于以上原因，布局管理尽量不要采用绝对布局方式，而应使用布局管理器管理布局。wxPython 提供了八个布局管理类器类。如图 7-17 所示，包括 wx.Sizer、wx.BoxSizer、wx.StaticBoxSizer、wx.WrapSizer、wx.StdDialogButtonSizer、wx.GriSizer、wx.FlexGridSizer、wx.GridBagSizer。其中 wx.Sizer 是布局管理器的根类，一般不会直接使用 wx.Sizer，而是使用它的子类，最常用的有 wx.BoxSizer、wx.StaticBoxSizer、wxGridSizer 和 wx.FlexGridSizer。下面重点介绍这 4 种布局器。

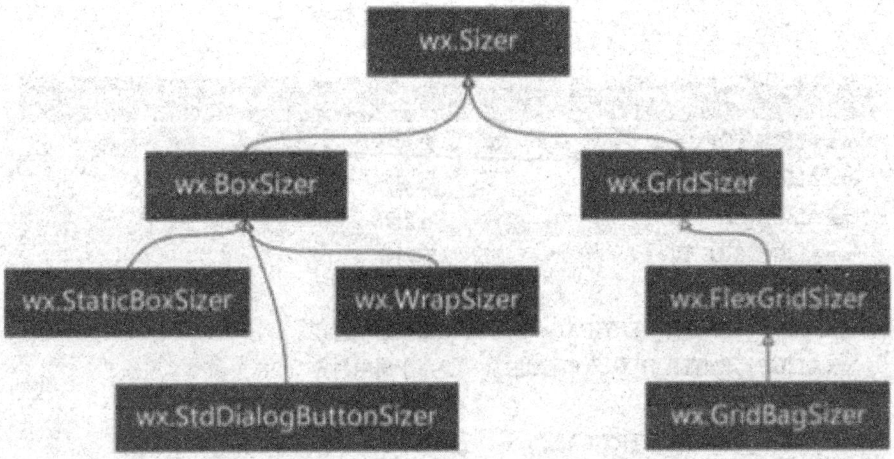

图 7-17 Wx.Sizer 类层次结构

7.4.1 BoxSizer 布局管理

Box 布局器类是 wx.BoxSizer，Box 布局器是所有布局中最常用的，他可以让其他子窗口（或控件）沿垂直或水平方向布局，创建 wx.BoxSizer 对象时可以指定布局方向。

```
1.    hbox = wx.BoxSizer(wx.HORIZONTAL)    # 设置为水平方向布局
2.    hbox = wx.BoxSizer()      #也是设置为水平方向布局，wx.HORIZONTAL 是默认值可以省略
3.    vhbox = wx.BoxSizer(wx.VERTICAL)     # 设置为垂直方向布局
```

当需要添加子窗口（或控件）到父窗口是，需要调用 wx.BoxSizer 对象 Add（）方法，add（）方法是父类 wx.Sizer 继承而来的，Add（）方法的语法说明如下：

```
1.    Add(window, proportion=0, flag=0, border=0, userData=None)    #添加到父窗口
2.    Add(sizer, proportion=0, flag=0, border=0, userData=None)    # 添加到另一个 Sizer 中，用于嵌套
3.    Add(width, height, proportion=0, flag=0, border=0, userData=None)  # 添加一个空白空间
```

其中 proportion 参数仅被 wx.BoxSizer 使用，用来设置当前子窗口（或控件）在父窗口中所占控件比例；flag 是参数标志，用来控制对齐、边框和调整尺寸；border 参数用来设置边框的宽度；userData 参数可被用来传递额外的数据。

下面重点介绍 flag 标志。flag 标志可以分为对齐、边框和调整尺寸等不同方面，对齐 flag 标志如表 7.2 所示，边框 flag 标志如表 7.3.所示，调整尺寸 flag 标志如表 7.4 所示。

表 7.2　对齐 flag 标志

标志	说明
wx.ALIGN_TOP	顶对齐
wx.ALIGN_BOTTOM	底对齐
wx.ALIGN_LEFT	左对齐
wx.ALIGN_RIGHT	右对齐
wx.ALIGN_CENTER	居中对齐
wx.ALIGN_CENTER_VERTICAL	垂直居中对齐
wx.ALIGN_CENTER_HORIZONTAL	水平居中对齐
wx.ALIGN_CENTRE	同 wx.ALIGN_CENTER
wx.ALIGN_CENTRE_VERTICAL	同 wx.ALIGN_CENTER_VERTICAL
wx.ALIGN_CENTRE_HORIZONTAL	同 wx.ALIGN_CENTER_HORIZONTAL

表 7.3　边框 flag 标志

标志	说明
wx.TOP	设置有顶部边框，边框的宽度需要通过 Add()方法的 border 参数设置
wx.BOTTOM	设置有底部边框
wx.LEFT	设置有左边框
wx.RIGHT	设置有右边框
wx.ALL	设置 4 面全有边框

表 7.4　调整尺寸 flag 标志

标志	说明
wx.EXPAND	调整子窗口（或控件）完全填满有效空间
wx.SHAPED	调整子窗口（或控件）填充有效空间，但保存高宽比
wx.FIXED_MINSIZE	调整子窗口（或控件）为最小尺寸
wx.RESERVE_SPACE_EVEN_IF_HIDDEN	设置此标志后，子窗口（或控件）如果被隐藏，所占空间保留

下面通过一个示例熟悉 Box 布局，该示例窗口如图 7-18 所示，其中包括两个按钮和一个静态文本文。

【输出结果】

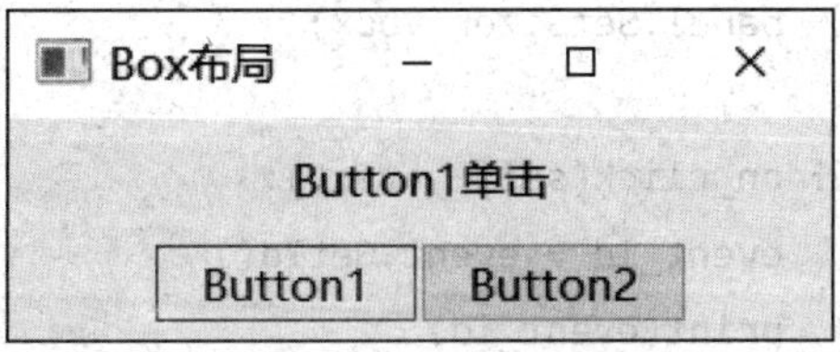

图 7-18 Box 布局示例

（源代码位置 Code\07\07-10.py）

```
import wx


# 自定义窗口类 MyFrame
class MyFrame(wx.Frame):
    def __init__(self):
        super().__init__(parent=None, title='Box 布局', size=(300, 120))
        self.Centre()  # 设置窗口居中
        panel = wx.Panel(parent=self)
        # 创建垂直方向 Box 布局管理器对象
        vbox = wx.BoxSizer(wx.VERTICAL)
        self.statictext = wx.StaticText(parent=panel, label='Button1 单击')
        # 添加静态文本到 Box 布局管理器
        vbox.Add(self.statictext, proportion=2, flag=wx.FIXED_MINSIZE | wx.TOP | wx.CENTER, border=10)

        b1 = wx.Button(parent=panel, id=10, label='Button1')
        b2 = wx.Button(parent=panel, id=11, label='Button2')
        self.Bind(wx.EVT_BUTTON, self.on_click, id=10, id2=20)
        # 创建水平方向的 Box 布局管理器对象
        hbox = wx.BoxSizer(wx.HORIZONTAL)
        # 添加 b1 到水平 Box 布局管理
        hbox.Add(b1, 0, wx.EXPAND | wx.BOTTOM, 5)
        # 添加 b2 到水平 Box 布局管理
        hbox.Add(b2, 0, wx.EXPAND | wx.BOTTOM, 5)

        # 将水平 Box 布局管理器到垂直 Box 布局管理器
        vbox.Add(hbox, proportion=1, flag=wx.CENTER)

```

```
29.             panel.SetSizer(vbox)
30.
31.         def on_click(self, event):
32.             event_id = event.GetId()
33.             print(event_id)
34.             if event_id == 10:
35.                 self.statictext.SetLabelText('Button1 单击')
36.             else:
37.                 self.statictext.SetLabelText('Button2 单击')
38.
39.
40.     class App(wx.App):
41.
42.         def OnInit(self):
43.             # 创建窗口对象
44.             frame = MyFrame()
45.             frame.Show()
46.             return True
47.
48.
49.     if __name__ == '__main__':
50.         app = App()
51.         app.MainLoop()  # 进入主事件循环
```

【程序解析】

上述代码中使用了 wx.BoxSizer 嵌套。整个窗口都在放在了一个垂直方向布局的 wx.BOXSizer 对象 vbox 上面是一个静态文本，下面是水平方向布局的 wx.BoxSizer 对象 hbox。hbox 中有左右两按钮（Button1 和 Button2）。

代码第 11 行是创建垂直方向 Box 布局管理器对象；代码第 14 行是添加静态文件对象 statictext 到 Box 布局管理器，其中参数 flag 标志设置 wx.FIX_MINSIZE|wx.TOP|wx.CENTER, wx.FIXED_MINSIZE|wx.TOP|wx.CENTER 是位或运算，即几个标志效果的叠加，参数 proportion 为 2；注意代码第 27 行使用了 Add（）方法添加 hbox 到 vbox，其中参数 proportion 为 1，这说明静态文本 statictext 占用 vbox 三分之一的空间，hbox 占用 vbox 三分之二的空间；代码第 20 行创建水平方向的 Box 布局管理器对象；代码第 22 行添加 b1 到水平 Box 布局管理；代码第 24 行添加到 b2 到水平 Box 布局管理。

7.4.2 StaticBox

StaticBox 布局类是 wx.StaticBoxSizer，继承与 wx.BoxSizer。StaticBox 布局等同于 Box，

只是在 Box 周围多了一个附加的带静态文本的边框。wx.StaticBoxSizer 构造方法如下：

- wx.StaticBoxSizer（box，orient=HORIZONTAL）：box 参数是 wx.StaticBox（静态框）对象，orient 参数是布局方向。
- wx.StaticBoxSizer（orient，parent，label=“”）：orient 参数是布局方向，parent 参数是设置所在的父窗口，label 参数设置边框的静态文本。

下面通过一个示例熟悉 StaticBox 布局，该示例窗口如图 7-19 所示，其中包括两个按钮和一个静态文本，两个按钮放到一个 StaticBox 布局中。

（源代码位置 Code\07\07-11.py）

```
import wx


# 自定义窗口类 MyFrame
class MyFrame(wx.Frame):
    def __init__(self):
        super().__init__(parent=None, title='StaticBox 布局', size=(300, 120))
        self.Centre()  # 设置窗口居中
        panel = wx.Panel(parent=self)
        # 创建垂直方向的 Box 布局管理器对象
        vbox = wx.BoxSizer(wx.VERTICAL)
        self.statictext = wx.StaticText(parent=panel, label='Button1 单击')
        # 添加静态文本到 Box 布局管理器
        vbox.Add(self.statictext, proportion=2, flag=wx.FIXED_MINSIZE | wx.TOP | wx.CENTER, border=10)

        b1 = wx.Button(parent=panel, id=10, label='Button1')
        b2 = wx.Button(parent=panel, id=11, label='Button2')
        self.Bind(wx.EVT_BUTTON, self.on_click, id=10, id2=20)

        # 创建静态框对象
        sb = wx.StaticBox(panel, label="按钮框")
        # 创建水平方向的 StaticBox 布局管理器
        hsbox = wx.StaticBoxSizer(sb, wx.HORIZONTAL)
        # 添加 b1 到水平 StaticBox 布局管理
        hsbox.Add(b1, 0, wx.EXPAND | wx.BOTTOM, 5)
        # 添加 b2 到水平 StaticBox 布局管理
        hsbox.Add(b2, 0, wx.EXPAND | wx.BOTTOM, 5)
```

```
28.
29.         # 添加 hbox 到 vbox
30.         vbox.Add(hsbox, proportion=1, flag=wx.CENTER)
31.
32.         panel.SetSizer(vbox)
33.
34.     def on_click(self, event):
35.         event_id = event.GetId()
36.         print(event_id)
37.         if event_id == 10:
38.             self.statictext.SetLabelText('Button1 单击')
39.         else:
40.             self.statictext.SetLabelText('Button2 单击')
41.
42.
43. class App(wx.App):
44.
45.     def OnInit(self):
46.         # 创建窗口对象
47.         frame = MyFrame()
48.         frame.Show()
49.         return True
50.
51.
52. if __name__ == '__main__':
53.     app = App()
54.     app.MainLoop()  # 进入主事件循环
```

【输出结果】

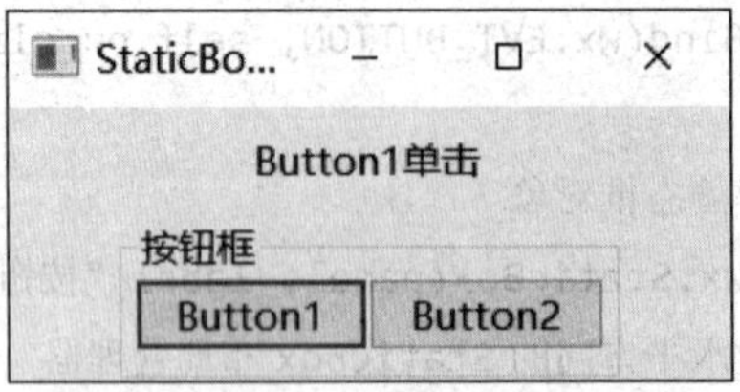

图 7-19 SaticBox 布局示例输出结果

【程序解析】

上述代码第 21 行是创建静态框对象；代码第 23 行是创建水平方向的 wx.StaticBoxSizer 对象。wx.StaticBoxSizer,与 wx.BoxSizer 其他使用方法类似，这里不再赘述。

7.4.3 Grid 布局

Grid 布局类是 wx.GridSizer，Grid 布局以网格形式对子窗口（或控件）进行摆放，容器被分成大小相等的矩形，一个矩形放置一个子窗口（或控件）。

wx.GridSizer 构造方法有如下几种：

- wx.GridSizer（rows，cols，vgap，hgap）：创建指定行数和列数的 wx.GridSizer 对象，并指定水平和垂直间隙，参数 hgap 是水平间隙，参数 vgap 是垂直间隙。添加的子窗口（或控件）个数超过 rows 与 cols 之积，则引发异常。
- wx.GridSizer（rows，cols，gap）：同 GridSizer（rows，cols，vgap，hgap），gap 参数指定垂直间隙和水平间隙，gap 参数是 wx.Size 类型，例如 wx.Sizer（2,3）是设置水平间隙为 2 像素，垂直间隙为 3 像素。
- wx.GridSizer（cols，vagp，hgap）：创建指定数的 wx.GridSizer 对象，并指定水平和垂直间隙。由于没有限定行数，所以添加的子窗口（或控件）个数没有限制。
- wx.GridSizer（cols，gap，wx.Size（0,0））：同 GridSizer（cols，vagp，hgap），gap 参数是垂直间隙和水平间隙，没有 wx.Size 类型。

下面通过一个示例熟悉 Grid 布局，该示例窗口如图所 7-20 所示，其中窗口包含 3 行 3 列共 9 个按钮。

（源代码位置 Code\07\07-12.py）

```python
import wx


# 自定义窗口类 MyFrame
class MyFrame(wx.Frame):
    def __init__(self):
        super().__init__(parent=None, title='Grid 布局', size=(300, 300))
        self.Centre()  # 设置窗口居中
        panel = wx.Panel(self)
        btn1 = wx.Button(panel, label='1')
        btn2 = wx.Button(panel, label='2')
        btn3 = wx.Button(panel, label='3')
        btn4 = wx.Button(panel, label='4')
        btn5 = wx.Button(panel, label='5')
        btn6 = wx.Button(panel, label='6')
        btn7 = wx.Button(panel, label='7')
        btn8 = wx.Button(panel, label='8')
        btn9 = wx.Button(panel, label='9')

```

```
        grid = wx.GridSizer(cols=3, rows=3, vgap=0, hgap=0)

        # grid.AddMany([
        #     (btn1, 0, wx.EXPAND),
        #     (btn2, 0, wx.EXPAND),
        #     (btn3, 0, wx.EXPAND),
        #     (btn4, 0, wx.EXPAND),
        #     (btn5, 0, wx.EXPAND),
        #     (btn6, 0, wx.EXPAND),
        #     (btn7, 0, wx.EXPAND),
        #     (btn8, 0, wx.EXPAND),
        #     (btn9, 0, wx.EXPAND)
        # ])

        grid.Add(btn1, 0, wx.EXPAND)
        grid.Add(btn2, 0, wx.EXPAND)
        grid.Add(btn3, 0, wx.EXPAND)
        grid.Add(btn4, 0, wx.EXPAND)
        grid.Add(btn5, 0, wx.EXPAND)
        grid.Add(btn6, 0, wx.EXPAND)
        grid.Add(btn7, 0, wx.EXPAND)
        grid.Add(btn8, 0, wx.EXPAND)
        grid.Add(btn9, 0, wx.EXPAND)

        panel.SetSizer(grid)


class App(wx.App):

    def OnInit(self):
        # 创建窗口对象
        frame = MyFrame()
        frame.Show()
        return True


if __name__ == '__main__':
    app = App()
    app.MainLoop()  # 进入主事件循环
```

【输出结果】

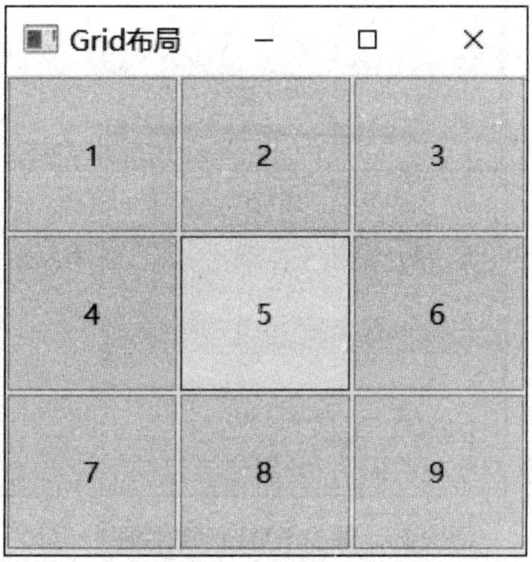

图 7-20　Grid 布局示例

【程序解释】

上述代码第 20 行是创建一个 3 行 3 列 wxGridSizer 对象，其水平间隙为 0 像素，垂直间隙为 0 像素；代码第 34 行到第 42 行添加了 9 个按钮到 wx.GridSizer 对象中，Add（）方法一次只能添加 1 个子窗口（或控件），如果想一次添加多个可以使用的 AddMany（）方法，AddMany（）方法参数是一个窗口（或控件）的列表，因此代码第二行和第三行可以使用以下代码代替：

```
grid.AddMany([
            (btn1, 0, wx.EXPAND),
            (btn2, 0, wx.EXPAND),
            (btn3, 0, wx.EXPAND),
            (btn4, 0, wx.EXPAND),
            (btn5, 0, wx.EXPAND),
            (btn6, 0, wx.EXPAND),
            (btn7, 0, wx.EXPAND),
            (btn8, 0, wx.EXPAND),
            (btn9, 0, wx.EXPAND)
        ])
```

Grid 布局将窗口分为几个区域，也会出现某个区域缺少子窗口（或控件）情况，如图 7-21 所示只有七个主窗口（或控件）。

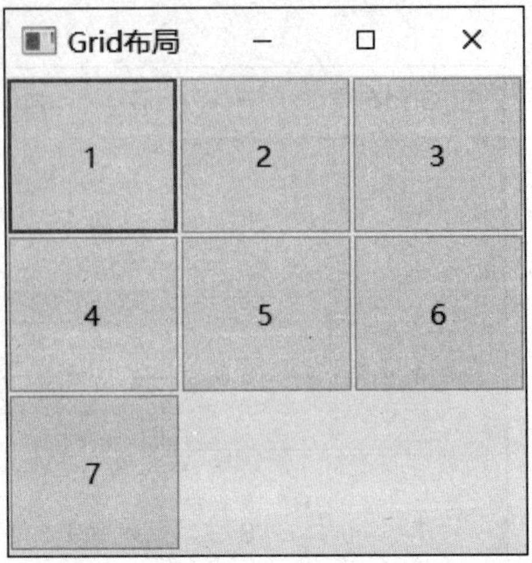

图 7-21　缺少子窗口（或控件）

7.4.4　FlexGrid 布局

Grid 布局时网格大小是固定的，如果想网格大小不同可以使用 FlexGrid 布局。FlexGrid 是更加灵活的 Grid 布局。FlexGrid 布局类是 wx.FlexGridSizer，他的父类是 wx.GridSizer。

wx.FlexGridSizer 的与 wx.GridSizer 相同，这里不再赘述。wx.FlexGridSizer 有两个特殊方法如下。

- AddGrowAble（idx，ProPortion=0）：指定行是可拓展的，参数是 idx 是索引，从零开始；参数 proprtion 设置改行所占空间比例。
- AddGrowableCol（idx，proportion=0）：指定列是可拓展的，参数 idx 是列索引，从零开始；参数 proportion 设置该列所占空间比例。

上述方法中的 proportion 参数默认是 0，表上各个行列占用空间是均等的。

下面通过一个示例熟悉 FlexGrid 布局，该示例窗口如图 7-22 所示，其中窗口中包含 3 行 2 列共 6 个网格，第一列放置的是静态文本，第二列放置的都是文本输入控件。

【输出结果】

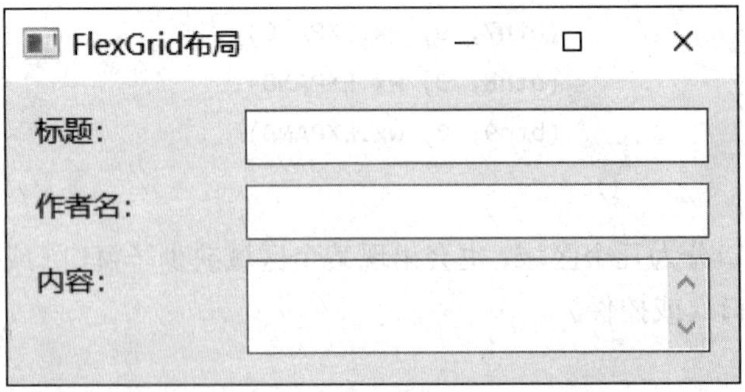

图 7-22　FlexGrid 布局

（源代码位置 Code\07\07-13.py）

```
import wx


# 自定义窗口类 MyFrame
class MyFrame(wx.Frame):
    def __init__(self):
        super().__init__(parent=None, title='FlexGrid 布局', size=(400, 200))
        self.Centre()  # 设置窗口居中
        panel = wx.Panel(parent=self)

        fgs = wx.FlexGridSizer(3, 2, 10, 10)

        title = wx.StaticText(panel, label="标题：")
        author = wx.StaticText(panel, label="作者名：")
        review = wx.StaticText(panel, label="内容：")

        tc1 = wx.TextCtrl(panel)
        tc2 = wx.TextCtrl(panel)
        tc3 = wx.TextCtrl(panel, style=wx.TE_MULTILINE)

        fgs.AddMany([title, (tc1, 1, wx.EXPAND),
                     author, (tc2, 1, wx.EXPAND),
                     review, (tc3, 1, wx.EXPAND)])

        fgs.AddGrowableRow(0, 1)
        fgs.AddGrowableRow(1, 1)
        fgs.AddGrowableRow(2, 3)
        fgs.AddGrowableCol(0, 1)
        fgs.AddGrowableCol(1, 2)

        hbox = wx.BoxSizer(wx.HORIZONTAL)
        hbox.Add(fgs, proportion=1, flag=wx.ALL | wx.EXPAND, border=15)

        panel.SetSizer(hbox)

```

```
37.  class App(wx.App):
38.
39.      def OnInit(self):
40.          # 创建窗口对象
41.          frame = MyFrame()
42.          frame.Show()
43.          return True
44.
45.
46.  if __name__ == '__main__':
47.      app = App()
48.      app.MainLoop()  # 进入主事件循环
```

【程序解析】

上述代码第 11 行是创建一个 3 行 2 列的 wx.FlexGridSizer 对象，其中水平间隙为 10 像素，垂直间隙为 10 像素；代码第 23 行是添加控件到 wx.FlexGridSizer 对象中；代码第 25 行是设置第一行可以拓展，所占空间比例是 1/5；代码第 26 行是设置第二行可以拓展，所占空间比例是 1/5；代码第 27 行是设置第三行可以拓展，所占空间比例是 3/5；代码第 28 行是设置第一列可以拓展，所占空间比例是 1/3；代码第 29 行是设置第二列可以拓展，所占空间比例是 2/3。

7.5 高级窗口

除了基础控件外，还有一些重要的高级控件和窗口需要熟悉。本节主要介绍分隔窗口、树和网络。

7.5.1 分隔窗口

分隔窗口（wx.SplitterWindow）就是将窗口分成两个部分，即左右或者上下两个部分。如图 7-23 所示窗口，右窗口又分为上下两窗口，两窗口之间的分隔线是可以拖拽的，称为“窗框”。wx.SpliterWindow 中一些常用的方法有以下几种：

- SplitVertically(window1, window2, sashPosition=0)：设置左右布局窗口，window1 为左窗口，window2 为右窗口，sashPosition 是窗框位置。
- SplitHorizontally(window1, window2, sashPosition=0)：设置上下布局的分隔窗口，window1 为上窗口，window2 下窗口，sashPosition 是窗框的位置。
- SetMinimumPaneSize(paneSize)：设置最小窗口尺寸，如果是左右布局是指左边窗口最小的尺寸，如果是上下布局是指上窗口的最小尺寸，如果没有设置值则默认为 0。

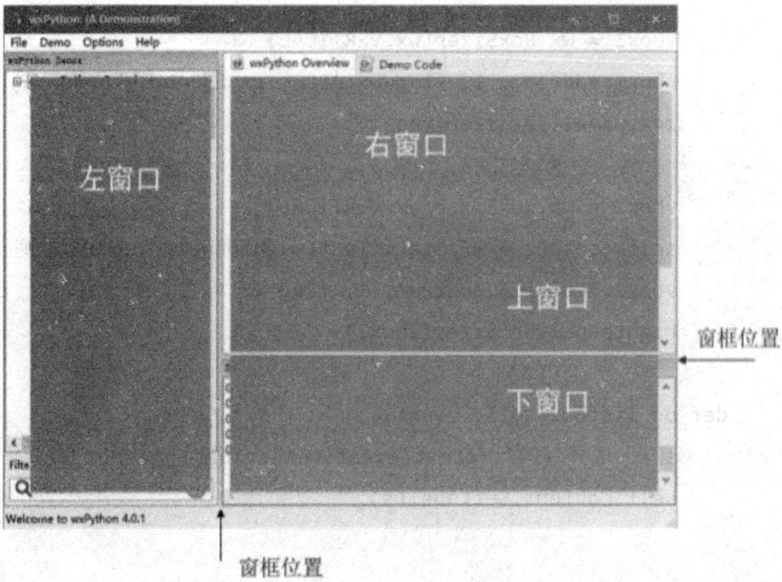

图 7-23　分隔窗口

下面通过示例来介绍分隔窗口控件。如图 7-24 所示的界面，界面分左右两部分，左边有列表控件，选中列表时右边会显示相应的文字。

（源代码位置 Code\07\07-14.py）

```
import wx


# 自定义窗口类 MyFrame
class MyFrame(wx.Frame):
    def __init__(self):
        super().__init__(parent=None, title='分隔窗口', size=(350, 180))
        self.Centre()  # 设置窗口居中

            splitter = wx.SplitterWindow(self, -1)
            leftpanel = wx.Panel(splitter)
            rightpanel = wx.Panel(splitter)
            splitter.SplitVertically(leftpanel, rightpanel, 100)
            splitter.SetMinimumPaneSize(80)

            list2 = ['苹果', '橘子', '香蕉']
            lb2 = wx.ListBox(leftpanel, -1, choices=list2, style=wx.LB_SINGLE)
            self.Bind(wx.EVT_LISTBOX, self.on_listbox, lb2)
```

```

        vbox1 = wx.BoxSizer(wx.VERTICAL)
        vbox1.Add(lb2, 1, flag=wx.ALL | wx.EXPAND, border=5)
        leftpanel.SetSizer(vbox1)

        vbox2 = wx.BoxSizer(wx.VERTICAL)
        self.content = wx.StaticText(rightpanel, label='右侧面板')
        vbox2.Add(self.content, 1, flag=wx.ALL | wx.EXPAND, border=5)
        rightpanel.SetSizer(vbox2)

    def on_listbox(self, event):
        s = '选择 {0}'.format(event.GetString())
        self.content.SetLabel(s)


class App(wx.App):

    def OnInit(self):
        # 创建窗口对象
        frame = MyFrame()
        frame.Show()
        return True


if __name__ == '__main__':
    app = App()
    app.MainLoop()  # 进入主事件循环
```

【输出结果】

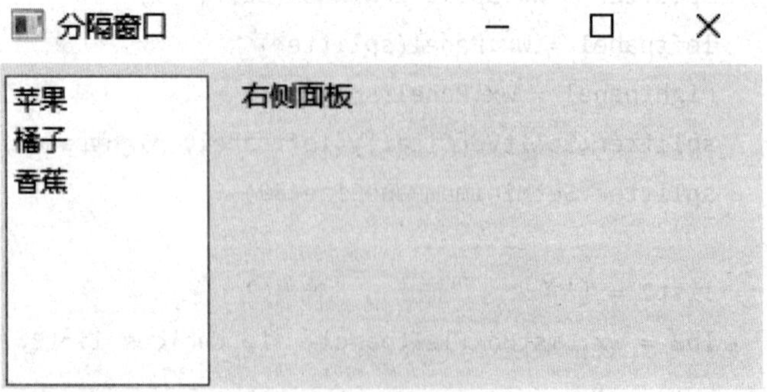

图 7-24　示例分隔窗口

【程序解析】

上述代码第 10 行是创建分隔窗口，代码第 12 行是创建左面板，代码第 12 行是创建右面板。代码第 13 行是 spliter.SplitVertically(leftpanel,rightpanel,100)设置左右布局的分隔窗口，并设置窗框的位置为 100。代码第 14 行设置的最小面板为 80，所以当向左拖拽窗框时，左面板的宽度等于 80 像素时不能再拖拽了后面代码是分别向左右面板中添加控件处理。

7.5.2 使用树

树是一种通过层次结构展示信息的控件，如图 7-25 所示是树控件示例，左窗口中是熟的控件，在 wxPython 中树控件类是 wx.TreeCtrl。

wx .TreeCtrl 中一些常用的方法类有以下几种：

- AddRoot（text,image=-1,sellmage=-1,data=None）：添加根节点，text 参数是节点显示的文本：image 参数是该节点未被选中时的图片索引，wx.TreeCtrl 中使用的图片被放到 wx.ImageList 图像的列表中：sellmage 参数是该节点选中时图片索引：data 参数是给节点传递的数据；方法返回节点，节点类型是 wx.Treeltemld.
- AppendItem（parent,text,image=-1,sellmage=-1,data=None）：添加子节点，parent 参数是父节点，其他参数相同 AddRoot()方法，方法返回值 wx. Treeltemld。
- SelectItem(item,select=True)：选中 item 节点，如图 7-25 所示的 TreeRoot 节点为被选中。
- Expand(item)：展开节点，如图 7-25 所示，Item1 和 Item4 节点处于展开状态。
- ExapadAll()：展开节点下的所有子节点。
- ExapandAllChildern(itme)：展开 item 节点下所有子节点。
- AssignImageList(imageList):保存使用 wx.IamageList 图像列表中，这样就可以在 AddRoot()和 AppendItem()方法中使用图像列表索引。

下面通过示例介绍树控件，如图所示 7-25 所示的界面，左窗口中有一个树控件，当单击树中节点时，右窗口显示单击的内容节点文本内容。

（源代码位置 Code\07\07-15.py）

```
import wx


# 自定义窗口类 MyFrame
class MyFrame(wx.Frame):
    def __init__(self):
        super().__init__(parent=None, title='树控件', size=(500, 400))
        self.Centre()  # 设置窗口居中

```

```
        splitter = wx.SplitterWindow(self)
        leftpanel = wx.Panel(splitter)
        rightpanel = wx.Panel(splitter)
        splitter.SplitVertically(leftpanel, rightpanel, 200)
        splitter.SetMinimumPaneSize(80)

        self.tree = self.CreateTreeCtrl(leftpanel)
        self.Bind(wx.EVT_TREE_SEL_CHANGING, self.on_click, self.tree)
        vbox1 = wx.BoxSizer(wx.VERTICAL)
        vbox1.Add(self.tree, 1, flag=wx.ALL | wx.EXPAND, border=5)
        leftpanel.SetSizer(vbox1)

        vbox2 = wx.BoxSizer(wx.VERTICAL)
        self.content = wx.StaticText(rightpanel, label='右侧面板')
        vbox2.Add(self.content, 1, flag=wx.ALL | wx.EXPAND, border=5)
        rightpanel.SetSizer(vbox2)

    def on_click(self, event):
        item = event.GetItem()
        self.content.SetLabel(self.tree.GetItemText(item))

    def CreateTreeCtrl(self, parent):
        tree = wx.TreeCtrl(parent)

        items = []

        imglist = wx.ImageList(16, 16, True, 2)
        imglist.Add(wx.ArtProvider.GetBitmap(wx.ART_FOLDER, size=wx.Size
(16, 16)))
        imglist.Add(wx.ArtProvider.GetBitmap(wx.ART_NORMAL_FILE, size=wx
.Size(16, 16)))
        tree.AssignImageList(imglist)

        root = tree.AddRoot("TreeRoot", image=0)

```

```
        items.append(tree.AppendItem(root, "Item 1", 0))
        items.append(tree.AppendItem(root, "Item 2", 0))
        items.append(tree.AppendItem(root, "Item 3", 0))
        items.append(tree.AppendItem(root, "Item 4", 0))
        items.append(tree.AppendItem(root, "Item 5", 0))

        for ii in range(len(items)):
            id = items[ii]
            tree.AppendItem(id, "Subitem 1", 1)
            tree.AppendItem(id, "Subitem 2", 1)
            tree.AppendItem(id, "Subitem 3", 1)
            tree.AppendItem(id, "Subitem 4", 1)
            tree.AppendItem(id, "Subitem 5", 1)

        tree.Expand(root)  # 展开根下子节点
        tree.Expand(items[0])  # 展开 Item 1 下子节点
        tree.Expand(items[3])  # 展开 Item 4 下子节点
        tree.SelectItem(root)  # 选中根节点

        return tree


class App(wx.App):

    def OnInit(self):
        # 创建窗口对象
        frame = MyFrame()
        frame.Show()
        return True


if __name__ == '__main__':
    app = App()
    app.MainLoop()  # 进入主事件循环
```

【输出结果】

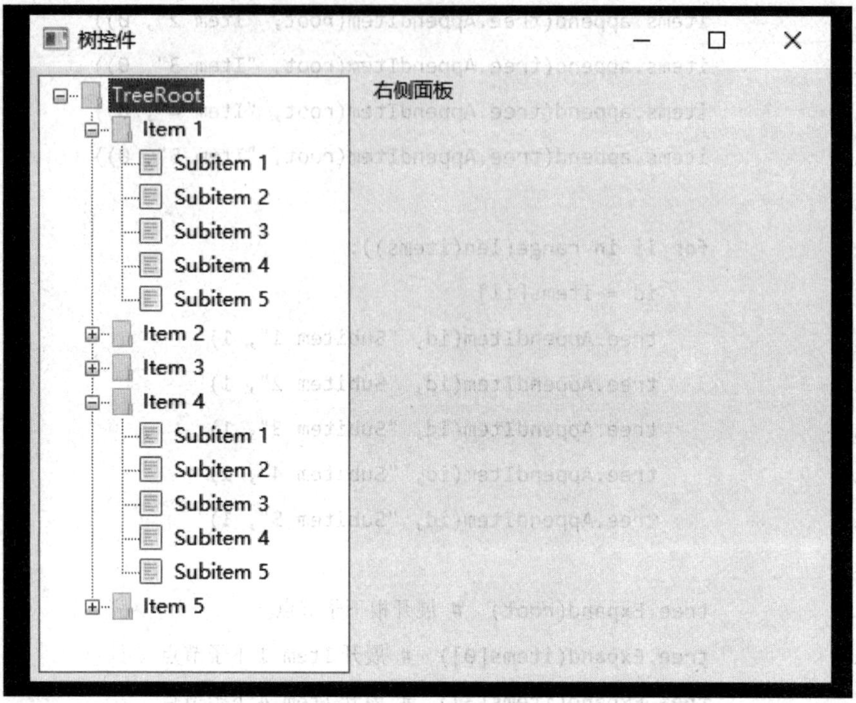

图 7-25　使用树示例图

【程序解析】

上述代码第 16 行调用了 self.CreateTreeCtrl(leftpanel)方法创建树对象；代码第 31 行定义了 CreateTreeCtrl()方法创建对象，返回值是树对象；代码第 32 行是创建树对象；代码第 37 行是创建 wx.ImageList 图像列表，构造方法定义如下：

```
wx.ImageList(width, height, mask=True, initialCount=1)
```

其中，width 是图像宽度，height 是图像高度，mask 是设置图像掩膜，initialCount 是设置列表容量。

代码第 37 行和第 38 行是添加图像对元素到图像列表中，使用了 wx.ArtProvider.Get_Bitmap()方法创建图像对象。Wx,ART_FOLDER 和 wx.ART_NORMAL_FILE 是 wxPython 内置的图片 id, Wx,ART_FOLDER 表示文件夹图标，wx.ART_NORMAL_FILE 表示文件图标(见图 7-24)。创建的图像列表 imglist 要通过 tree.AssignImageList(imglist)方法添加到树对象中，见代码第 39 行。

代码第 41 行添加了根节点，image 是图像在图像列表 imglist 中的索引；代码第 43 行和第 10 行创建了 5 个子节点，并且将节点添加到 items 列表中；代码第 51 行和第 55 行是循环创建孙节点。

代码第 17 行是绑定树节点改变事件 wx.EVT_TREE_SEL_CHANGING 到 self.on_click 方法上，在 self.on_click 方法中，代码第 27 行是获得选择的节点对象，代码第 29 行 self.tree.GetItemText(item)取出节点的文本。掩膜是一种图像滤镜的模板，在掩膜计算时，原始图像矩阵与掩膜矩阵进行运算，获得一个新的图像。

7.5.3　使用网格

当有大量数据需要展示时，可以使用网格。wxPythonn 的网格类似于 Excel 电子表格，如图 7-26 所示，由行和列构成，行和列都有标题，也可以自定义行和列的标题，而且不仅可以读取单元格数据，还可以修改单元格数据。wxPython 网格类是 wx.grid.Grid。

下面通过示例介绍网格的使用。网格的行和列都被选中的这个过程可以触发事件，示例如图 7-27 所示，网格行被选中。

（源代码位置 Code\07\07-16.py）：

```
import wx
import wx.grid

data = [['0036', '高等数学', '李放', '人民邮电出版社', '20000812', '1'],
        ['0004', 'FLASH 精选', '刘扬', '中国纺织出版社', '19990312', '2'],
        ['0026', '软件工程', '牛田', '经济科学出版社', '20000328', '4'],
        ['0015', '人工智能', '周未', '机械工业出版社', '19991223', '3'],
        ['0037', '南方周末', '邓光明', '南方出版社', '20000923', '3'],
        ['0008', '新概念 3', '余智', '外语出版社', '19990723', '2'],
        ['0019', '通讯与网络', '欧阳杰', '机械工业出版社', '20000517', '1'],
        ['0014', '期货分析', '孙宝', '飞鸟出版社', '19991122', '3'],
        ['0023', '经济概论', '思佳', '北京大学出版社', '20000819', '3'],
        ['0017', '计算机理论基础', '戴家', '机械工业出版社', '20000218', '4'],
        ['0002', '汇编语言', '李利光', '北京大学出版社', '19980318', '2'],
        ['0033', '模拟电路', '邓英才', '电子工业出版社', '20000527', '2'],
        ['0011', '南方旅游', '王爱国', '南方出版社', '19990930', '2'],
        ['0039', '黑幕', '李仪', '华光出版社', '20000508', '14'],
        ['0001', '软件工程', '戴国强', '机械工业出版社', '19980528', '2'],
        ['0034', '集邮爱好者', '李云', '人民邮电出版社', '20000630', '1'],
        ['0031', '软件工程', '戴志名', '电子工业出版社', '20000324', '3'],
        ['0030', '数据库及应用', '孙家萧', '清华大学出版社', '20000619', '1'],
```

```
              ['0024', '经济与科学', '毛波', '经济科学出版社', '20000923', '2'],
              ['0009', '军事要闻', '张强', '解放军出版社', '19990722', '3'],
              ['0003', '计算机基础', '王飞', '经济科学出版社', '19980218', '1'],
              ['0020', '现代操作系统', '王小国', '机械工业出版社', '20010128', '1'],
              ['0025', '计算机体系结构', '方丹', '机械工业出版社', '20000328', '4'],
              ['0010', '大众生活', '许阳', '电子出版社', '19990819', '3'],
              ['0021', '网络基础', '王大尉', '北京大学出版社', '20000617', '1'],
              ['0006', '世界杯', '柳飞', '世界出版社', '19990412', '2'],
              ['0028', '高级语言程序设计', '寇国华', '清华大学出版社', '20000117', '3'],
              ['0038', '十大旅游胜地', '潭晓明', '南方出版社', '20000403', '2'],
              ['0018', '编译原理', '郑键', '机械工业出版社', '20000415', '2'],
              ['0007', 'JAVA 程序设计', '张余', '人民邮电出版社', '19990613', '1'],
              ['0013', '幽灵', '钱力华', '华光出版社', '19991008', '1'],
              ['0022', '万紫千红', '丛丽', '北京大学出版社', '20000702', '3'],
              ['0027', '世界语言大观', '候丙辉', '经济科学出版社', '20000814', '2'],
              ['0029', '操作系统概论', '聂元名', '清华大学出版社', '20001028', '1'],
              ['0016', '数据库系统概念', '吴红', '机械工业出版社', '20000328', '3'],
              ['0005', 'java 基础', '王一', '电子工业出版社', '19990528', '3'],
              ['0032', 'SQL 使用手册', '贺民', '电子工业出版社', '19990425', '2']]

column_names = ['书籍编号', '书籍名称', '作者', '出版社', '出版日期', '库存数量']


# 自定义窗口类 MyFrame
class MyFrame(wx.Frame):
```

```python
    def __init__(self):
        super().__init__(parent=None, title='网格控件', size=(550, 500))
        self.Centre()  # 设置窗口居中
        self.grid = self.CreateGrid(self)
        self.Bind(wx.grid.EVT_GRID_LABEL_LEFT_CLICK, self.OnLabelLeftClick)

    def OnLabelLeftClick(self, event):
        print("RowIdx：{0}".format(event.GetRow()))
        print("ColIdx：{0}".format(event.GetCol()))
        print(data[event.GetRow()])
        event.Skip()

    def CreateGrid(self, parent):
        grid = wx.grid.Grid(parent)
        grid.CreateGrid(len(data), len(data[0]))

        for row in range(len(data)):
            for col in range(len(data[row])):
                grid.SetColLabelValue(col, column_names[col])
                grid.SetCellValue(row, col, data[row][col])
        # 设置行和列自定调整
        grid.AutoSize()

        return grid


class App(wx.App):

    def OnInit(self):
        # 创建窗口对象
        frame = MyFrame()
        frame.Show()
        return True


if __name__ == '__main__':
    app = App()
```

```
84.        app.MainLoop()  # 进入主事件循环
```

【输出结果】

图 7-26　网格示例

图 7-27　选中网格行示例

【程序解析】

上述代码第 50 行调用了 self.CreateGrid(self)方法创建网格对象；代码第 59 行定义了 CreateGrid()方法；代码第 60 行创建了网格对象；代码第 61 行 CreateGrid()方法使设置网格行数和列数，此时的网格是没有内容的；代码第 63 行~第 66 行通过双层嵌套循环设置每一个单元格的内容，其中 SetCellValue()方法可以设置单元格内容；代码第 65 行 SetColLabelValue()方法是设置列标题。

代码第 51 行是绑定网格的鼠标左键单击行或列标题事件。在事件处理方法 self.OnLabelLeftClick 中，代码第 56 行 data[event,GetRow()]是获取行数据，事件源的 GetRow()方法获得选中行索引，事件源的 GetCol()方法获得选中列索引。另外，在事件处理方法最后一行是 event.Skip()语句，该语句可以确保继续处理其他事件。

本例中添加单元格数据比较麻烦，而且对于网络的控制也很少，为此可以使用 wx.grid.GridTableBase 类，该类是一个抽象类，开发人员需要实现该类一些方法。

重构上面的示例代码如下：

（源代码位置 Code\07\07-17.py）

```
import wx
import wx.grid

data = [['0036', '高等数学', '李放', '人民邮电出版社', '20000812', '1'],
        ['0004', 'FLASH 精选', '刘扬', '中国纺织出版社', '19990312', '2'],
        ['0026', '软件工程', '牛田', '经济科学出版社', '20000328', '4'],
        ['0015', '人工智能', '周未', '机械工业出版社', '19991223', '3'],
```

```
            ['0037', '南方周末', '邓光明', '南方出版社', '20000923', '3'],
            ['0008', '新概念 3', '余智', '外语出版社', '19990723', '2'],
            ['0019', '通讯与网络', '欧阳杰', '机械工业出版社', '20000517', '1'],
            ['0014', '期货分析', '孙宝', '飞鸟出版社', '19991122', '3'],
            ['0023', '经济概论', '思佳', '北京大学出版社', '20000819', '3'],
            ['0017', '计算机理论基础', '戴家', '机械工业出版社', '20000218', '4'],
            ['0002', '汇编语言', '李利光', '北京大学出版社', '19980318', '2'],
            ['0033', '模拟电路', '邓英才', '电子工业出版社', '20000527', '2'],
            ['0011', '南方旅游', '王爱国', '南方出版社', '19990930', '2'],
            ['0039', '黑幕', '李仪', '华光出版社', '20000508', '14'],
            ['0001', '软件工程', '戴国强', '机械工业出版社', '19980528', '2'],
            ['0034', '集邮爱好者', '李云', '人民邮电出版社', '20000630', '1'],
            ['0031', '软件工程', '戴志名', '电子工业出版社', '20000324', '3'],
            ['0030', '数据库及应用', '孙家萧', '清华大学出版社', '20000619', '1'],
            ['0024', '经济与科学', '毛波', '经济科学出版社', '20000923', '2'],
            ['0009', '军事要闻', '张强', '解放军出版社', '19990722', '3'],
            ['0003', '计算机基础', '王飞', '经济科学出版社', '19980218', '1'],
            ['0020', '现代操作系统', '王小国', '机械工业出版社', '20010128', '1'],
            ['0025', '计算机体系结构', '方丹', '机械工业出版社', '20000328', '4'],
            ['0010', '大众生活', '许阳', '电子出版社', '19990819', '3'],
            ['0021', '网络基础', '王大尉', '北京大学出版社', '20000617', '1'],
            ['0006', '世界杯', '柳飞', '世界出版社', '19990412', '2'],
            ['0028', '高级语言程序设计', '寇国华', '清华大学出版社', '20000117', '3'],
            ['0038', '十大旅游胜地', '潭晓明', '南方出版社', '20000403', '2'],
```

```
        ['0018', '编译原理', '郑键', '机械工业出版社', '20000415', '2'],
        ['0007', 'JAVA 程序设计', '张余', '人民邮电出版社', '19990613', '1'],
        ['0013', '幽灵', '钱力华', '华光出版社', '19991008', '1'],
        ['0022', '万紫千红', '丛丽', '北京大学出版社', '20000702', '3'],
        ['0027', '世界语言大观', '候丙辉', '经济科学出版社', '20000814', '2'],
        ['0029', '操作系统概论', '聂元名', '清华大学出版社', '20001028', '1'],
        ['0016', '数据库系统概念', '吴红', '机械工业出版社', '20000328', '3'],
        ['0005', 'java 基础', '王一', '电子工业出版社', '19990528', '3'],
        ['0032', 'SQL 使用手册', '贺民', '电子工业出版社', '19990425', '2']]

column_names = ['书籍编号', '书籍名称书籍名称', '作者', '出版社', '出版日期', '库存数量']


class MyGridTable(wx.grid.GridTableBase):
    def __init__(self):
        super().__init__()
        self.colLabels = column_names

    def GetNumberRows(self):
        return len(data)

    def GetNumberCols(self):
        return len(data[0])

    def GetValue(self, row, col):
        return data[row][col]

    def GetColLabelValue(self, col):
        return self.colLabels[col]


# 自定义窗口类 MyFrame
```

```
class MyFrame(wx.Frame):
    def __init__(self):
        super().__init__(parent=None, title='网格控件
', size=(550, 500))
        self.Centre()  # 设置窗口居中
        self.grid = self.CreateGrid(self)
        self.Bind(wx.grid.EVT_GRID_LABEL_LEFT_CLICK, self.OnLabelLeftCli
ck)

    def OnLabelLeftClick(self, event):
        print("RowIdx: {0}".format(event.GetRow()))
        print("ColIdx: {0}".format(event.GetCol()))
        print(data[event.GetRow()])
        event.Skip()

    def CreateGrid(self, parent):
        grid = wx.grid.Grid(parent)
        tablebase = MyGridTable()
        grid.SetTable(tablebase, True)
        # 设置行和列自定调整
        grid.AutoSize()

        return grid


class App(wx.App):

    def OnInit(self):
        # 创建窗口对象
        frame = MyFrame()
        frame.Show()
        return True


if __name__ == '__main__':
    app = App()
    app.MainLoop()  # 进入主事件循环
```

【程序解析】

上述代码 45 行是自定义 wx.GridTableBase 类；代码第 46 行是定义构造方法，在此方法中可以进行表格初始化设置；代码第 50 行使用 GetNumberRows()方法，返回网格行数；代码第 53 行使用 GetNumberCols()方法，返回网格数列；代码第 56 行使用 GetValue()方法，返回单元格内容；代码第 59 行使用 GetColLabelValue()方法，返回列标题，该方法可以设置列标题。如果想设置行标题可以使用 GetRowLabelValue(self，row)方法。

代码第 78 行是创建网格对象；代码第 79 行是创建自定义的 MyGridTable 对象；代码第 80 行 grid。SetTable(table，True)是将 MyGridTable 对象添加到网格对象中，第二个参数 True 表示当网格对象内容被回收是，MyGridTable 对象也会被清除。

7.6　使用菜单

在图形用户界面中菜单是不可或缺的元素之一，餐单的构成如图 7-28 所示，包括餐单栏（wx.MenuBar）、菜单（wx.Menu）和菜单选项（wx.MenuItem）。菜单栏一般位于顶级窗口的标题下方，以显示菜单，此处还有弹出代码等形式。菜单中包含若干菜单选项，如“新建”，以及“编辑”菜单下的“复制”“剪切”“粘贴”，菜单项没有下一级内容，单击菜单事项触发事件处理。

菜单栏不添加到父窗口中，需要在顶级菜单中通过 SetMenuBar（menuBar）方法添加菜单栏。菜单栏（wx.MenuBar）通过 Append（menu，title）方法将菜单添加到菜单栏中，其中 menu 是餐单对象，title 是菜单上文本，菜单对象（wx.Menu）通过 Append（menuItem）方法将菜单选项添加到菜单中。

（源代码位置 Code\07\07-18.py）

```
import wx
import wx.grid


# 自定义窗口类 MyFrame
class MyFrame(wx.Frame):
    def __init__(self):
        super().__init__(parent=None, title='使用菜单', size=(550, 500))
        self.Centre()  # 设置窗口居中

        self.text = wx.TextCtrl(self, -1, style=wx.EXPAND | wx.TE_MULTILINE)
        vbox = wx.BoxSizer(wx.VERTICAL)
```

```
        vbox.Add(self.text, proportion=1, flag=wx.EXPAND | wx.ALL, border=1)
        self.SetSizer(vbox)

        menubar = wx.MenuBar()

        file_menu = wx.Menu()
        new_item = wx.MenuItem(file_menu, wx.ID_NEW, text="新建", kind=wx.ITEM_NORMAL)
        self.Bind(wx.EVT_MENU, self.on_newitem_click, id=wx.ID_NEW)
        file_menu.Append(new_item)
        file_menu.AppendSeparator()

        edit_menu = wx.Menu()
        copy_item = wx.MenuItem(edit_menu, 100, text="复制", kind=wx.ITEM_NORMAL)
        edit_menu.Append(copy_item)

        cut_item = wx.MenuItem(edit_menu, 101, text="剪切", kind=wx.ITEM_NORMAL)
        edit_menu.Append(cut_item)

        paste_item = wx.MenuItem(edit_menu, 102, text="粘贴", kind=wx.ITEM_NORMAL)
        edit_menu.Append(paste_item)

        self.Bind(wx.EVT_MENU, self.on_editmenu_click, id=100, id2=102)

        file_menu.Append(wx.ID_ANY, "编辑", edit_menu)

        menubar.Append(file_menu, '文件')
        self.SetMenuBar(menubar)

    def on_newitem_click(self, event):
        self.text.SetLabel('单击【新建】菜单')

    def on_editmenu_click(self, event):
        event_id = event.GetId()
```

```
        if event_id == 100:
            self.text.SetLabel('单击【复制】菜单')
        elif event_id == 101:
            self.text.SetLabel('单击【剪切】菜单')
        else:
            self.text.SetLabel('单击【粘贴】菜单')


class App(wx.App):

    def OnInit(self):
        # 创建窗口对象
        frame = MyFrame()
        frame.Show()
        return True


if __name__ == '__main__':
    app = App()
    app.MainLoop()  # 进入主事件循环
```

【输出结果】

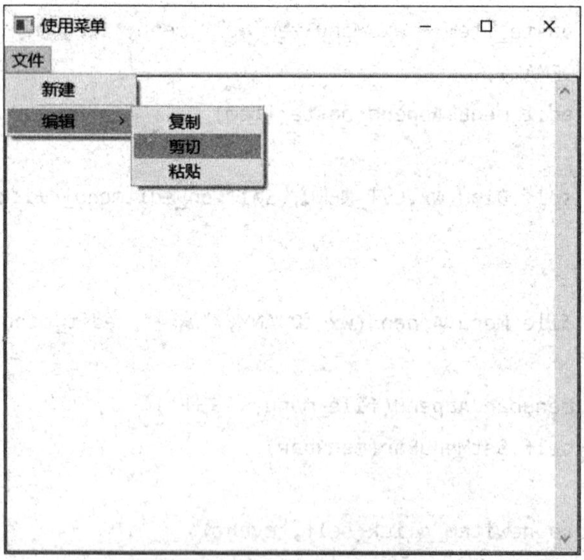

图 7-28　示例使用菜单

【程序解析】

上述代码第 16 行创建了菜单栏对象；代码第 18 行创建了“文件”菜单对象；代码第 19 行创建了“新建”菜单项对象。其中，wx.ID_NEW 是设置菜单选项 id，wx.ID_NEW 是 wxPython 内设置 id，表示这是一个新建菜单项目；kind 是菜单项类型，菜单项类型主要有如下 5 种：

- Wx.ITEM_SEPARATOR：分割线菜单选项。
- wx.ITEM_NORMAL：普通菜单项。
- wx.ITEM_CHECK：复选框形式的菜单项。
- wx.ITEM_RADIO：单选按钮形式的菜单项。
- wx.ITEM_DROPDWN：下拉列表形式的菜单项。

代码第 20 行是绑定新建菜单项的事件处理。

代码第 21 行添加新建菜单文件菜单。

代码第 22 行驶添加分割线菜单项，相当于 wx.ITEM_SEPARATOR 类型的菜单项。

代码第 24 行是创建编辑菜单。

代码第 25 行驶复制菜单项。

代码第 26 行是将复制菜单项添加到编辑菜单。代码第 26 行是将复制、剪切和粘贴三个菜单项的事件处理绑定到一个方法。

代码第 34 行驶将编辑菜单添加到文件菜单中。

代码第 38 行是将文件菜单添加到菜单栏中。

代码第 39 行是将菜单栏添加到当前顶级窗口。

7.7　事件处理

图形界面的控件要响应用户操作，就必须添加事件处理机制。在事件处理的过程中涉及以下 4 个要素。

- 要件：它是要用户对界面的操作，在 wxPython 中事件被封装成为事件类 wx.Event 及其子类，例如按钮事件类是 wx.CommandEvent，鼠标事件类是 wx.MoveEvent。
- 事件类型：事件类型给出了事件的更多信息，它是一个整数，例如鼠标事件 wx.MoveEvent 还可以有鼠标的右键按下（wx.EVT_LEFT_DOWN）和释放（wx.EVT_LEFT_UP）等。
- 事件源：它是事件发生的场所，就是各个控件，例如按钮事件的事件源是按钮。
- 事件处理者：它是在 wx.EvtHandler 子类（事件处理类）中定义的一个方法。

在事件处理中最重要的是事件处理着，wxPython 中所有窗口和控件都是 wx.EvtHandler 的子类。在编程时需要绑定事件源和事件处理着，这样当事件发生时系统就会调用事件处理者。绑定是通过事件处理类的 Bind()方法实现的，Bind()方法语法如下：

```
Bind(self, event, handler, source=None, id=wx.ID_ANY, id2=wx.ID_ANY)
```

其中，参数 event 是事件类型，注意不是事件；handler 是事件处理者，它对事件处理类中的特定方法；source 是事件源；id 是事件源的标识，可以省略 source 参数通过 id 绑定事件源；id2 设置要绑定事件源的 id 范围，当有多个事件源绑定到同一个事件处理者时可以使用此参数。另外，如果不再需要事件处理时，最好调用事件处理类 Unbind()方法解除绑定。

7.7.1 一对一事件处理

实际开发时多数情况下是一个事件处理者对应一个事件源。本节通过示例介绍这种一对一事件处理。如图 7-29 所示的示例，窗口中有一个按钮和一个静态文本，单击“OK”按钮后会改变静态文本显示的内容。

（源代码位置 Code\07\07-19.py）

```python
import wx


# 自定义窗口类 MyFrame
class MyFrame(wx.Frame):
    def __init__(self):
        super().__init__(parent=None, title='一对一事件处理', size=(300, 180))
        self.Centre()  # 设置窗口居中
        panel = wx.Panel(parent=self)
        self.statictext = wx.StaticText(parent=panel, pos=(110, 20))
        b = wx.Button(parent=panel, label='OK', pos=(100, 50))
        self.Bind(wx.EVT_BUTTON, self.on_click, b)

    def on_click(self, event):
        print(type(event))  # <class 'wx._core.CommandEvent'>
        self.statictext.SetLabelText('Hello, world.')


class App(wx.App):

    def OnInit(self):
        # 创建窗口对象
        frame = MyFrame()
        frame.Show()
        return True


if __name__ == '__main__':
    app = App()
```

```
30.        app.MainLoop()  # 进入主事件循环
```

【输出结果】

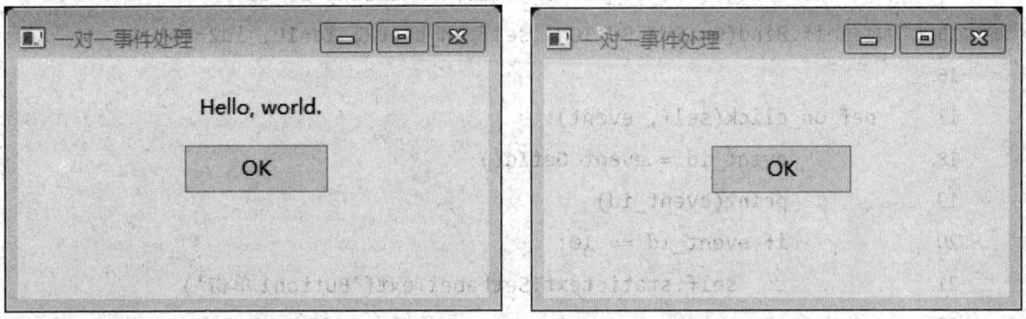

图 7.29　一对一事件示例图

【程序解析】

上述代码第 10 行创建静态文件对象 statictext，它被定义为成员变量，目的是要在事件处理方法中访问；代码第 11 行是创建按钮对象；代码第 12 行是绑定事件，self 是当前窗口对象，是事件处理类，wx.EVT_BUTTON 是事件类型，on_click 是事件处理者，b 是事件源；代码第 14 行是事件处理者，在该方法中处理按钮单击事件。

7.7.2　一对多事件处理

实际开发时也会遇到一个事件处理者对应多个事件源的情况。本节通过示例介绍这种一对多事件处理。如图 7-30 所示的示例，窗口中有两个按钮和一个静态文件，单击 Button1 或 Button2 按钮后会改变静态文本显示的内容。

（源代码位置 Code\07\07-20.py）

```
import wx


# 自定义窗口类 MyFrame
class MyFrame(wx.Frame):
    def __init__(self):
        super().__init__(parent=None, title='一对多事件处理', size=(300, 180))
        self.Centre()  # 设置窗口居中
        panel = wx.Panel(parent=self)
        self.statictext = wx.StaticText(parent=panel, pos=(110, 15))
        b1 = wx.Button(parent=panel, id=10, label='Button1', pos=(100, 45))
```

```
12.         b2 = wx.Button(parent=panel, id=11, label='Button2', pos=(100, 85))
13.         # self.Bind(wx.EVT_BUTTON, self.on_click, b1)
14.         # self.Bind(wx.EVT_BUTTON, self.on_click, id=11)
15.         self.Bind(wx.EVT_BUTTON, self.on_click, id=10, id2=20)
16.
17.     def on_click(self, event):
18.         event_id = event.GetId()
19.         print(event_id)
20.         if event_id == 10:
21.             self.statictext.SetLabelText('Button1 单击')
22.         else:
23.             self.statictext.SetLabelText('Button2 单击')
24.
25.
26. class App(wx.App):
27.
28.     def OnInit(self):
29.         # 创建窗口对象
30.         frame = MyFrame()
31.         frame.Show()
32.         return True
33.
34.
35. if __name__ == '__main__':
36.     app = App()
37.     app.MainLoop()  # 进入主事件循环
```

【输出结果】

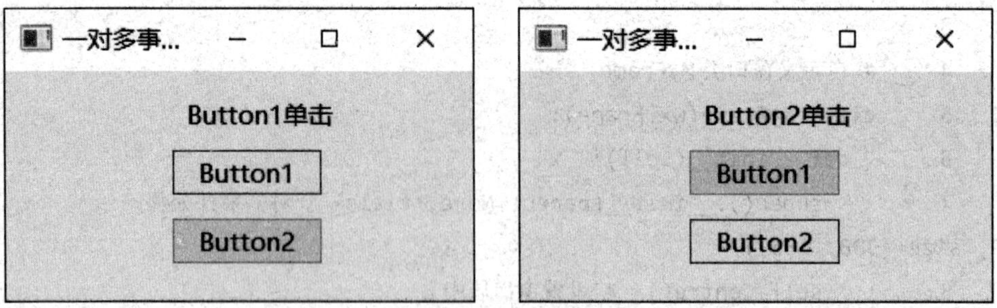

图 7-30　一对多事件处理

【程序解析】

上述代码第 11 行和第 12 分别创建了两个按钮对象，并且都设置了 id 参数；代码第 13

行通过事件源对象 b1 绑定事件；代码第 14 行通过事件源对象 id 绑定事件。这样 Button1 和 Button2 都绑定到了 on_click 事件处理者，那么如何区分是单击了 Button1 还是 Button2 呢？可以通过事件标识判断，event.GetId()可以获得事件标识，见代码第 18 行，事件标识就是事件源的 id 属性。代码第 20 行判断事件标识，进而可知是哪一个按钮单击的事件。

如果使用 id2 参数代码，第 13 行和第 14 行两条事件绑定语句可以合并为一条。替代语句如下：

```
self.Bind(wx.EVT_BUTTON, self.on_click, id=10, id2=20)
```

7.7.3 鼠标事件处理

实际开发是还会遇到更加复杂的情况，例如事件源与事件处理对象是同一个。下面通过鼠标处理示例介绍事件源与事件处理对象是同一个情况。

（源代码位置 Code\07\07-21.py）

```
import wx


# 自定义窗口类 MyFrame
class MyFrame(wx.Frame):
    def __init__(self):
        super().__init__(parent=None, title="鼠标事件处理
", size=(400, 300))
        self.Centre()  # 设置窗口居中
        self.Bind(wx.EVT_LEFT_DOWN, self.on_left_down)
        self.Bind(wx.EVT_LEFT_UP, self.on_left_up)
        self.Bind(wx.EVT_MOTION, self.on_mouse_move)

    def on_left_down(self, evt):
        print('鼠标按下')

    def on_left_up(self, evt):
        print('鼠标释放')

    def on_mouse_move(self, event):
        if event.Dragging() and event.LeftIsDown():
            pos = event.GetPosition()
            print(pos)


```

```
25. class App(wx.App):
26.
27.     def OnInit(self):
28.         # 创建窗口对象
29.         frame = MyFrame()
30.         frame.Show()
31.         return True
32.
33.
34. if __name__ == '__main__':
35.     app = App()
36.     app.MainLoop()  # 进入主事件循环
```

【程序解析】

上述代码第 9 行绑定鼠标按下事件，事件源和事件处理对象都是当前 Frame 对象，其中 wx.EVT_LEFT_DOWM 是鼠标按下事件类型，类似的代码还有代码第 10 行和第 11 行；代码第 10 行绑定的鼠标按下事件，wx.EVT_LEFT_DOWM 是鼠标释放事件类型；代码第 11 行判定鼠标移动事件，wx.EVT_MOTION 是鼠标移动事件类型。

在处理鼠标移动事件 on_mouse_move()方法中，代码第 20 行判断是否是按着鼠标右键拖拽，代码第 21 行用 event.GetPosition()方法获得鼠标位置。

项目小结

本项目主要介绍了 Python 图形用户界面编程技术 wxPython，其中包括 wxPython 安装、wxPython 基础、wxPython 控件、布局管理、高级窗口、菜单、工具栏和事件处理。通过本项目的学习，希望大家能掌握建立 GUI 的整个流程，能够熟练使用 wxPython 完成一些简单 GUI 程序的实现。

项目 8 Web 编程之 Django

教学导航

本章概览

Django 是基于 Python 的重量级开源 Web 框架。Django 拥有高度定制的 ORM 和大量的 API，简单灵活的视图编写，优雅的 URL，适于快速开发的模板和强大的管理后台，这使得它在 Python Web 开发领域拥有着不可动摇的地位。Instagram、FireFox、国家地理杂志等著名网站都使用了 Django 进行开发。

知识框架

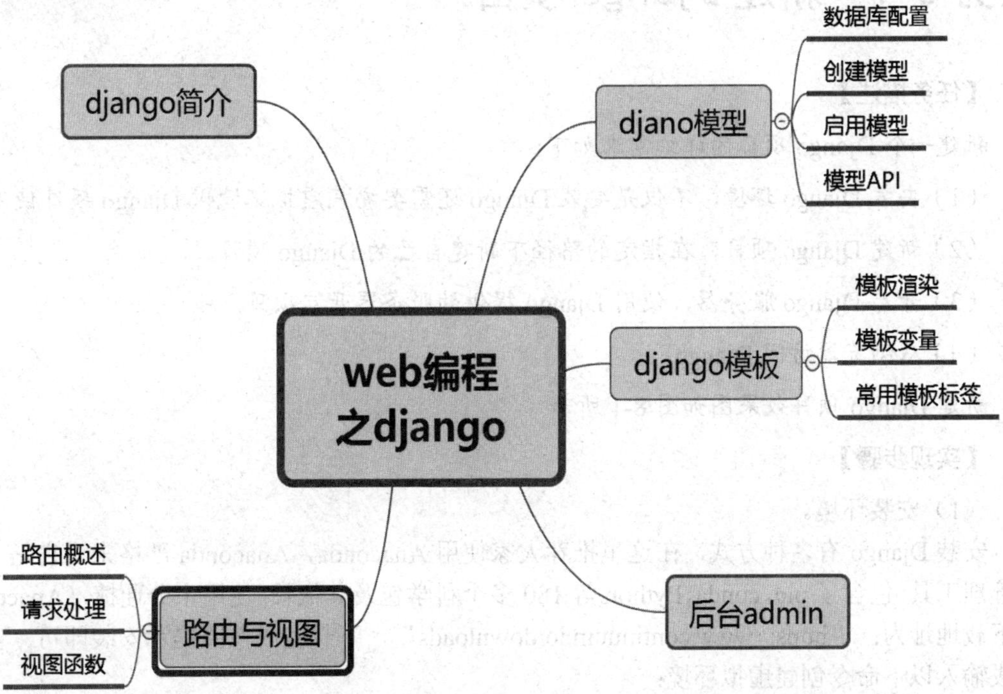

导 学

知识重点	（1）Django 中的模型； （2）Django 中的视图； （3）Django 中的模板； （4）Django 的后台 admin
知识难点	（1）Django 中的模型； （2）Django 中的视图； （3）Django 中的模板
推荐教学方式	从任务入手，带领学生解决任务，针对任务中使用到的知识点进行重点讲解
建议学时	16 学时
推荐学习方法	（1）上机编写代码，勤于实践； （2）分小组解决老师布置的任务
必须掌握的理论知识	Python 语法规则，模型语法，模板语法
必须掌握的技能	会独立创建模型，连接数据库，创建模板，设计路由

任务 8-1 新建 Django 项目

【任务描述】

新建一个 Django 项目的详细需求如下：

（1）安装 Django 环境，不仅是安装 Django 还需要安装虚拟环境供 Django 项目使用。

（2）新建 Django 项目，在指定的路径下新建自己的 Django 项目。

（3）开启 Django 服务器，使用 Django 提供的服务器开启项目。

（4）从浏览器访问 Django。

新建 Django 项目效果图如图 8-1 所示。

【实现步骤】

（1）安装环境。

安装 Django 有多种方式，在这里推荐大家使用 Anaconda，Anaconda 严格来讲它是一种包管理工具，包含了 pip、conda、Python 等 180 多个科学包及其依赖。使用十分便捷，Anaconda 的下载地址为：“https://www.continuum.io/downloads”，下载完成按照提示安装即可。安装完成输入以下命令创建虚拟环境：

```
conda create -n Django Python=3.7
```

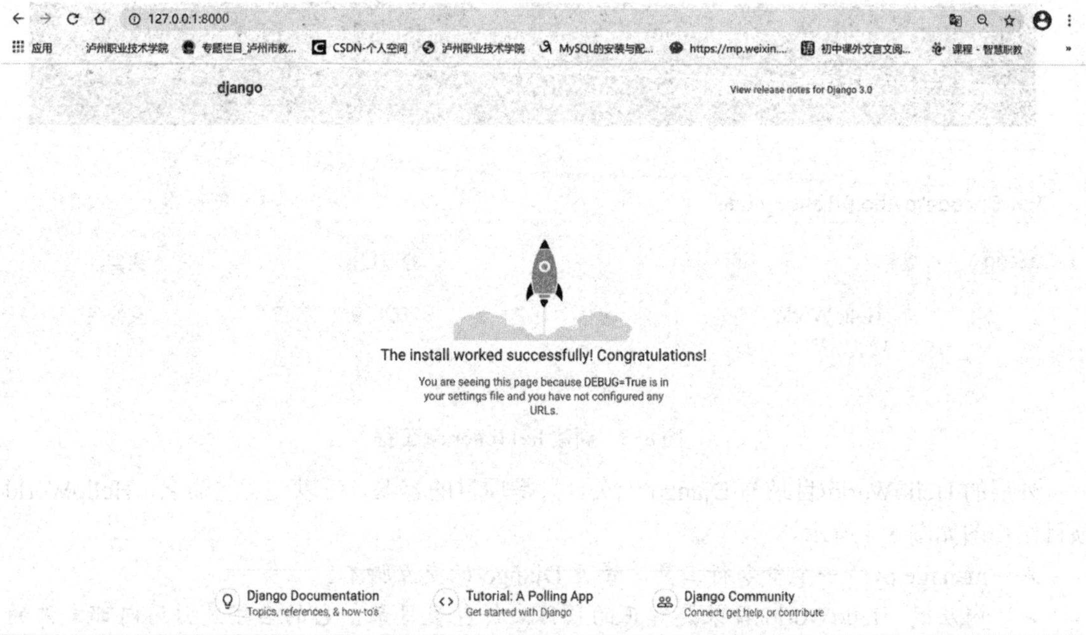

图 8-1　新建 Django 项目效果图

执行上面的命令后，系统会创建一个基于 Python 的虚拟环境。执行 activate Django 激活环境，然后执行“conda install Django”命令安装 Django，如果安装不成功可以使用清华镜像：“pip install Django -i https://pypi.tuna.tsinghua.edu.cn/simple”。

（2）启动虚拟环境。

命令行进入自己工程代码目录，本节项目的目录由图 8-2 可看出

```
D:\code\Python\Django_code
```

激活虚拟环境“activate Django”（命令行最前端出现虚拟环境名称证明环境已激活）。

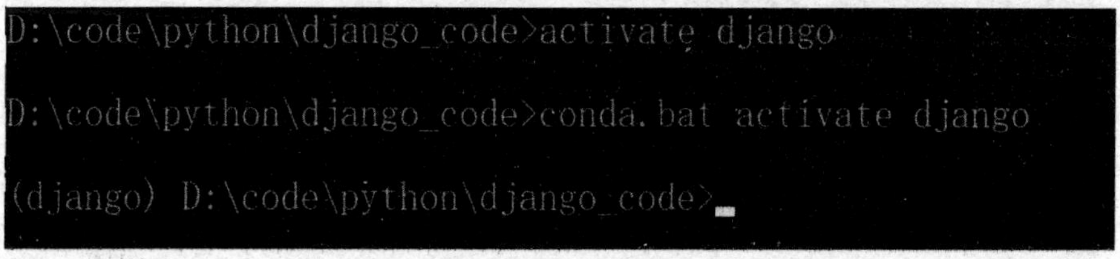

图 8-2　激活 Django 环境

新建项目 HelloWorld。执行 Python -m Django startproject HelloWorld，如图 8-3 所示。这样就在指定的目录下生成了 HelloWorld 工程。

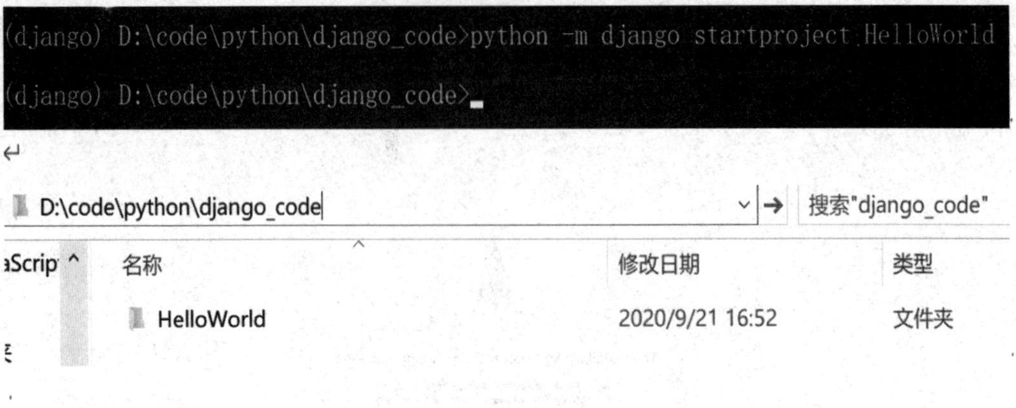

图 8-3　新建 HelloWorld 工程

外层的 HelloWorld/目录与 Django 无关，只是项目的容器，可以任意重命名。HelloWorld 项目结构图如图 8-4 所示。

- manage.py：一个命令行工具，管理 Django 的交互脚本。
- 内层的 HelloWorld/目录是真正的项目文件包裹目录，它的名字是引用内部文件的 Python 包名，例如：mysite.urls。
- HelloWorld/__init__.py：一个定义包的空文件。
- HelloWorld/settings.py：项目的配置文件。
- HelloWorld/urls.py：路由文件，所有的任务都是从这里开始分配，相当于 Django 驱动站点的目录。
- HelloWorld/wsgi.py：一个基于 WSGI 的 web 服务器进入点，提供底层的网络通信功能，通常不用关心。

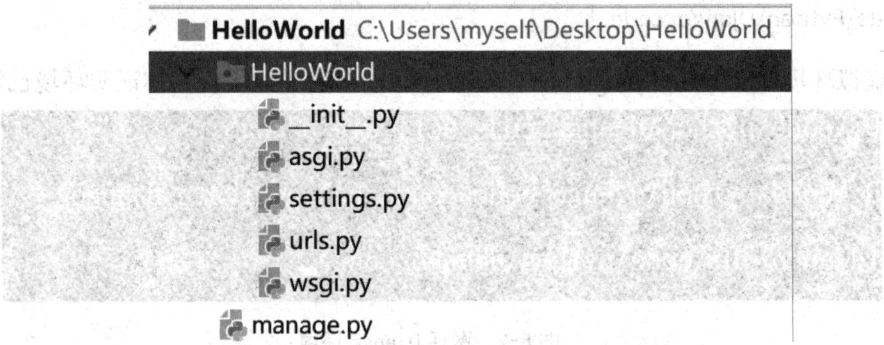

图 8-4　HelloWorld 项目结构图

（3）开启 Django 服务器。

进入 HelloWord 目录，输入“Python manage.py runserver 127.0.0.1:8000”（可省略端口号和主机号），得到：

（4）浏览器访问项目主页。

打开浏览器，访问 http://127.0.0.1:8000/，将看到如图 9-1 的 Django 火箭欢迎界面。

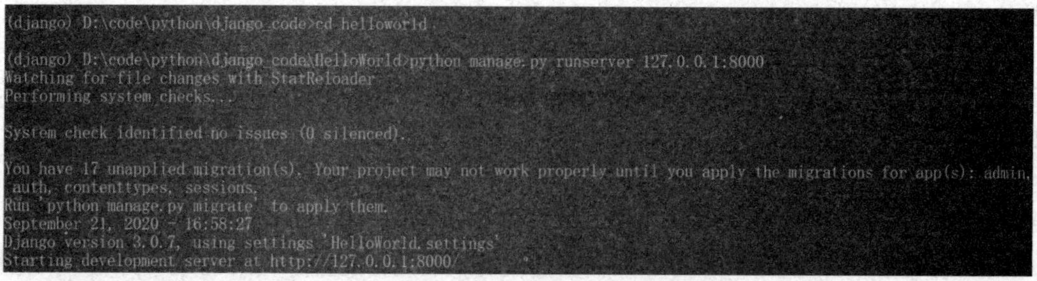

图 8-5　开启 Django 本地服务器

【程序解析】

激活虚拟环境，新建项目，开启服务器，访问服务器这四个步骤是 Django 学习过程中会反复操作的步骤，并无太多变化，也十分简单，熟悉即可。

8.1　Django 介绍

Django 是一个由 Python 编写的具有完整架站能力的开源 Web 框架。使用 Django，只要很少的代码，开发人员就可以轻松地完成一个正式网站所需要的大部分内容，并进一步开发出全功能的 Web 服务。

Django 本身基于 MVC 架构，即 Model（模型）+View（视图）+ Controller（控制器）设计模式，因此天然具有 MVC 的出色基因：开发快捷、部署方便、可重用性高、维护成本低等优点。

Django，发音为[`dʒæŋgəʊ]，Django 诞生于 2003 年秋天，2005 年发布正式版本，由 Simon 和 Andrian 开发。当时两位作者的老板和记者要他们几天甚至几个小时之内增加新的功能。两人不得已开发了 Django 这套框架以实现快速开发目的，因此 Django 生来就是为了节省开发者时间的。Django 发展至今，被许许多多国内外的开发者使用，已经成为 web 开发者的首选框架。因此，如果是用 Python 来做网站，没有理由不学好 Django。

Django 具有以下几个特点：

（1）Django 是一个全栈 Web 框架。所谓全栈框架，是指除了封装网络和线程操作，还提供 HTTP 请求和响应、数据库读写管理、HTML 模板渲染等一系列功能的框架。可以不太准确地理解为全栈工程师包办了前后端和数据库访问的所有开发工作，整个网站都是一个人搭建的。

（2）功能完善、要素齐全。该有的、可以没有的都有，常用的、不常用的工具都提供。Django 提供了大量的特性和工具，无需自己定义、组合、增删及修改。但是，在有些人眼里这被认为是臃肿不够灵活，发挥不了程序员的能动性。

（3）完善的文档。经过长期的发展和完善，Django 有广泛的实践经验和完善的在线文档。开发者遇到问题时可以搜索在线文档寻求解决方案。

（4）强大的数据库访问 API。Django 的 Model 层自带数据库 ORM 组件，开发者无需学习其他数据库访问技术（例如 SQLALchemy）。当然也可以使用 SQLALchemy，甚至不适用 ORM 组件。

（5）灵活的路由系统。Django 具备路由转发、正则表达式、命名空间、URL 反向解析等功能。

（6)丰富的 Template 模板功能。Django 自带类似 jinjia 的模板语言，不但原生功能丰富，还可以自定义模板标签和过滤器。并且以类似 Python 的调用机制和视图默契配合。

（7）自带后台管理应用 admin。只需要通过简单的几行配置和代码就可以实现一个完整的后台数据管理控制平台。这是 Django 最受欢迎的功能。

（8）完整的错误信息提示。在开发调试过程中如果出现运行错误或者异常，Django 可以提供非常完整的错误信息帮助定位问题。

8.2 模　型

本节将讲述如何配置数据库，编写第一个模型以及简要的介绍下 Django 自动生成的后台管理 admin 站点。在 Django 项目中，推荐使用 App 来完成不同模块的任务，通过执行如下命令可以启用一个应用程序：

```
Python manage.py startapp myapp
```

此时，在项目的根目录下可以看到一个名称为 myapp 的目录，如图 8-6 所示。

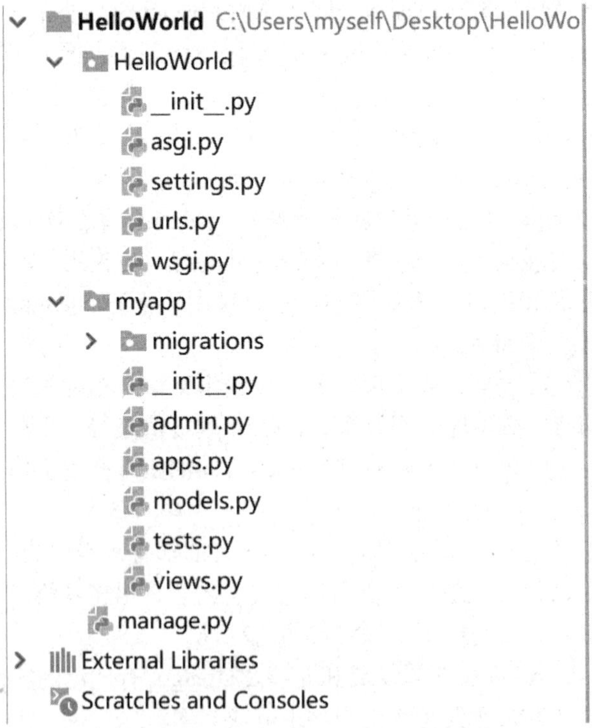

图 8-6　工程目录结构

8.2.1 数据库配置

打开 myapp/settings.py 配置文件，这是整个 Django 项目的设置中心。Django 默认使用 SQLite3 数据库，因为 Python 原生支持 SQLite3 数据库，所以无须安装任何程序，就可以直接使用它。当然，如果是在创建一个实际的项目，可以使用类似 MySQL 的数据库，避免以后数据库迁移的相关问题。

下面是默认的数据库配置：

（源代码位置：Code\08\08-01.py）

```
# Database
# https://docs.Djangoproject.com/en/3.0/ref/settings/#databases

DATABASES = {
    'default': {
        'ENGINE': 'Django.db.backends.sqlite3',
        'NAME': os.path.join(BASE_DIR, 'db.sqlite3'),
    }
}
```

如果想使用其他的数据库，先安装相应的数据库操作模块，并将 settings 文件中 DATABASES 位置的'default'字典进行相应的修改，用于连接数据库。其中：

- ENGINE（引擎）：可以是 Django.db.backends.sqlite3、Django.db.backends.postgresql、Django.db.backends.mysql、Django.db.backends.oracle，当然其他的也行。
- NAME（数据库名称）：类似 Mysql 数据库管理系统中用于保存项目内容的数据库的名字。如果使用的是默认的 SQLite3，那么数据库将作为一个文件将存放在本地机器内，此时的 NAME 应该是这个文件的完整绝对路径包括文件名，默认情况下该文件储存在项目根目录下。

如果配置 mysql 数据库，则配置为：

（源代码位置：Code\08\08-02.py）

```
#database
# https://docs.Djangoproject.com/en/3.0/ref/settings/#databases

DATABASES = {
    'default': {
        'ENGINE': 'Django.db.backends.mysql',
        'NAME': 'myDjangodatabase',
        'USER': 'root',
```

```
        'PASSWORD': '123456',
        'HOST': '127.0.0.1',
        'PORT': 3306,
    }
}
```

其中：

- NAME：自己 mysql 数据库中的库名，如果没有自己创建，名字自己起。
- USER：自己电脑 mysql 的用户名。
- PASSWORD：自己的 mysql 数据库密码。
- HOST：主机名（通常不用改）。
- PORT：端口号（通常不用改）。

以上步骤完成之后注册 app，同样是在 settings.py 文件夹内如图 8-7 所示。

```
INSTALLED_APPS = [
    'django.contrib.admin',
    'django.contrib.auth',
    'django.contrib.contenttypes',
    'django.contrib.sessions',
    'django.contrib.messages',
    'django.contrib.staticfiles',
    'myapp',
]
```

图 8-7　settings 中注册 app

只需要将 myapp 添加到 INSTSLLED_APPS，列表后面即可（打上逗号是一个好习惯），无论生成多少 app 都需要配置此项。

8.2.2　创建模型

Django 通过自定义 Python 类的形式来定义具体的模型，每个模型的物理存在方式就是一个 Python 的类 Class，每个模型代表数据库中的一张表，每个类的实例代表数据表中的一行数据，类中的每个变量代表数据表中的一列字段。Django 通过模型，将 Python 代码和数据库操作结合起来，实现对 SQL 查询语言的封装。也就是说，可以不会管理数据库，可以不会 SQL 语言，同样能通过 Python 的代码进行数据库的操作，这就是所谓的 ORM。Django 通过 ORM 对数据库进行操作，奉行代码优先的理念，将 Python 程序员和数据库管理员进行分工解耦。

在 myapp 应用中，将创建两个模型：Question 和 Choice。Question 包含一个问题和一个发布日期。Choice 包含两个字段：该选项的文本描述和该选项的投票数。每一条 Choice 都关联到一个 Question。这些都是由 Python 的类来体现，编写的全是 Python 代码，不接触任何 SQL 语句。现在，编辑 myapp/models.py 文件，具体代码如下：

（源代码位置：Code\08\08-03.py）

```
# polls/models.py
from Django.db import models


class Question(models.Model):
    question_text = models.CharField(max_length=200)
    pub_date = models.DateTimeField('date_published')


class Choice(models.Model):
    question = models.ForeignKey(Question, on_delete=models.CASCADE)
    choice_text = models.CharField(max_length=200)
    votes = models.IntegerField(default=0)
```

上面的代码非常简单明了。每一个类都是 Django.db.models.Model 的子类。每一个字段都是 Field 类的一个实例，例如用于保存文本数据的 CharField 和用于保存时间类型的 DateTimeField，它们告诉 Django 每一个字段保存的数据类型。

每一个 Field 实例的名字就是字段的名字（如：question_text 或者 pub_date）。在 Python 代码中会使用这个值，数据库也会将这个值作为表的列名。

也可以在每个 Field 中使用一个可选的第一位置参数用于提供一个人类可读的字段名，让模型更友好、更易读，并且将被作为文档的一部分来增强代码的可读性。比如例子中的 date_published 定义了对人类友好的名字。

一些 Field 类必须提供某些特定的参数。例如，CharField 需要指定 max_length。这不仅是数据库结构的需要，同样也用于数据验证功能。

有必填参数，当然就会有可选参数，比如在 votes 里将其默认值设为 0。

最后请注意，使用 ForeignKey 定义了一个外键关系。它告诉 Django 每一个 Choice 关联到一个对应的 Question（注意要将外键写在‘多数’的一方）。Django 支持通用的数据关系：一对一，多对一和多对多。

Django 数据模型中常见字段类型及说明如表 8-1 所示，Django 数据模型中常见字段参数如表 8-2 所示。

表 8-1　Django 数据模型中常见字段类型及说明

字段类型	说明
AutoField	一个 id 自增的字段，但创建表过程 Django 会自动添加一个自增的主键字段
BinaryField	一个保存二进制源数据的字段
BooleanField	一个布尔值的字段，应该指明默认值，管理后台中默认呈现为 CheckBox 形式
NullBooleanField	可以为 None 值的布尔值字段
CharField	字符串值字段，必须指明参数 max_length 值，管理后台中默认呈现为 TextInput 形式
TextField	文本域字段，对于大量文本应该使用 TextField。管理后台中默认呈现为 Textarea 形式
DateField	日期字段，代表 Python 中 datetime.date 的实例。管理后台默认呈现 TextInput 形式
DateTimeField	时间字段，代表 Python 中 datetime.datetime 实例。管理后台默认呈现 TextInput
EmailField	邮件字段，是 CharField 的实现，用于检查该字段值是否符合邮件地址格式
FileField	上传文件字段，管理后台默认呈现 ClearableFileInput 形式
ImageField	图片上传字段，是 FileField 的实现。管理后台默认呈现 ClearableFileInput 形式
IntegerField	整数值字段，在管理后台默认呈现 NumberInput 或者 TextInput 形式
FloatField	浮点数值字段，在管理后台默认呈现 NumberInput 或者 TextInput 形式
SlugField	只保存字母数字和下划线和连接符，用于生成 url 的短标签
UUIDField	保存一般统一标识符的字段，代表 Python 中 UUID 的实例，建议提供默认值 default
ForeignKey	外键关系字段，需提供外检的模型参数，和 on_delete 参数（指定当该模型实例删除的时候，是否删除关联模型），如果要外键的模型出现在当前模型的后面，需要在第一个参数中使用单引号
ManyToManyField	多对多关系字段，与 ForeignKey 类似
OneToOneField	一对一关系字段，常用于扩展其他模型

表 8-2　Django 数据模型中常见字段参数

字段类型	说　明
Null	如果设置为 True，Django 将会在映射表的时候指定是否为空。默认是为 False。在使用字符串相关的 Field（CharField/TextField）的时候，官方推荐尽量不要使用这个参数，也就是保持默认值 False
blank	标识这个字段在表单验证的时候是否可以为空。默认是 False
default	默认值。可以为一个值，或者是一个函数，但是不支持 lambda 表达式。并且不支持列表/字典/集合等可变的数据结构

（续表）

字段类型	说　明
primary_key	是否为主键。默认是 False
db_column	这个字段在数据库中的名字。如果没有设置这个参数，那么将会使用模型中属性的名字
unique	在表中这个字段的值是否唯一。一般是设置手机号码/邮箱等
primary_ke	是否为主键。默认是 False

更多 Field 参数请参考官方文档：

https://docs.Djangoproject.com/zh-hans/2.0/ref/models/fields/

8.2.3　启用模型

上面的代码看着有点少，其实包含了大量的信息。据此，Django 会做下面两件事：

（1）创建该 app 对应的数据库表结构

（2）为 Question 和 Choice 对象创建基于 Python 的数据库访问 API

需要运行下一个命令：

```
Python manage.py makemigrations
```

会看到类似下面的提示，如图 8-8 所示。

```
(django) D:\code\python\django_code\HelloWorld>python manage.py makemigrations
Migrations for 'myapp':
  myapp\migrations\0001_initial.py
    - Create model Question
    - Create model Choice

(django) D:\code\python\django_code\HelloWorld>
```

图 8-8　数据库迁移记录

通过运行 makemigrations 命令，Django 会检测对模型文件的修改，也就是告诉 Django 对模型有改动，并且想把这些改动保存为一个“迁移(migration)”。

migrations 是 Django 保存模型修改记录的文件，这些文件保存在磁盘上。在例子中，它就是 myapp/migrations/0001_initial.py，可以打开它看看，里面保存的都是人类可读并且可编辑的内容，方便随时手动修改。此时，migrations 文件夹下面多了一个 0001_initial.py 文件，如图 8-9 所示。

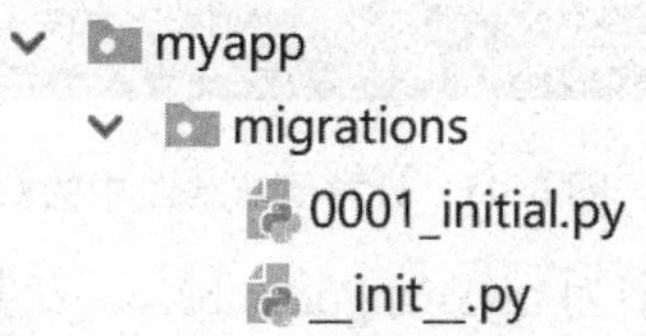

图 8-9　migrations 文件夹

以上命令没有将模型映射到数据库，如果把模型映射到数据库需要运行命令：

```
Python manage.py migrate
```

执行之后会看到如下信息，如图 8-10 所示。

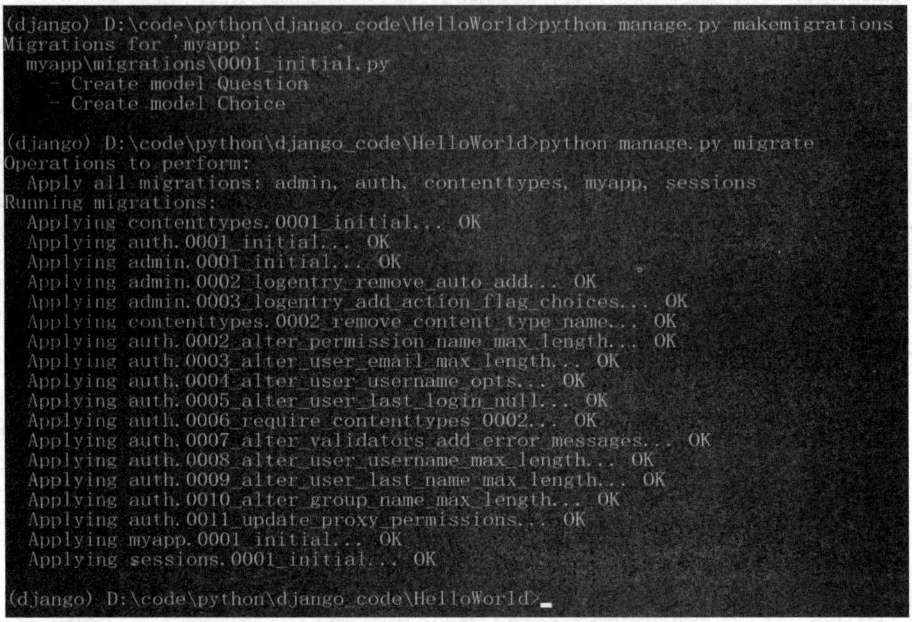

```
(django) D:\code\python\django_code\HelloWorld>python manage.py makemigrations
Migrations for 'myapp':
  myapp\migrations\0001_initial.py
    - Create model Question
    - Create model Choice

(django) D:\code\python\django_code\HelloWorld>python manage.py migrate
Operations to perform:
  Apply all migrations: admin, auth, contenttypes, myapp, sessions
Running migrations:
  Applying contenttypes.0001_initial... OK
  Applying auth.0001_initial... OK
  Applying admin.0001_initial... OK
  Applying admin.0002_logentry_remove_auto_add... OK
  Applying admin.0003_logentry_add_action_flag_choices... OK
  Applying contenttypes.0002_remove_content_type_name... OK
  Applying auth.0002_alter_permission_name_max_length... OK
  Applying auth.0003_alter_user_email_max_length... OK
  Applying auth.0004_alter_user_username_opts... OK
  Applying auth.0005_alter_user_last_login_null... OK
  Applying auth.0006_require_contenttypes_0002... OK
  Applying auth.0007_alter_validators_add_error_messages... OK
  Applying auth.0008_alter_user_username_max_length... OK
  Applying auth.0009_alter_user_last_name_max_length... OK
  Applying auth.0010_alter_group_name_max_length... OK
  Applying auth.0011_update_proxy_permissions... OK
  Applying myapp.0001_initial... OK
  Applying sessions.0001_initial... OK

(django) D:\code\python\django_code\HelloWorld>
```

图 8-10　数据集迁移

先创建对象查看电脑的 mysql 数据库，会发现多了很多数据表，如图 8-11 所示。

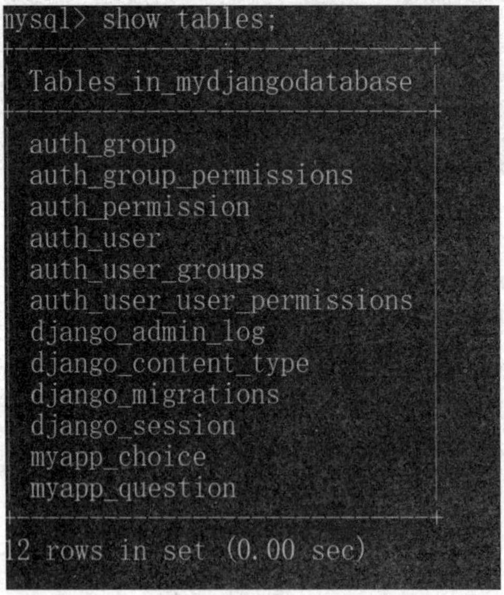

```
mysql> show tables;
+----------------------------+
| Tables_in_mydjangodatabase |
+----------------------------+
| auth_group                 |
| auth_group_permissions     |
| auth_permission            |
| auth_user                  |
| auth_user_groups           |
| auth_user_user_permissions |
| django_admin_log           |
| django_content_type        |
| django_migrations          |
| django_session             |
| myapp_choice               |
| myapp_question             |
+----------------------------+
12 rows in set (0.00 sec)
```

图 8-11　迁移到 mysql 中的数据表

本例子中 mysql 数据库名字为 myDjangodatabase，此数据库中的表除了 mapp_choice 和 myapp_question 两张表是由模型迁移过来的，其他表都是 Django 自动生成的。此时就相当于在 mysql 数据库中新建了两张空表。

migrate 命令对所有还未实施的迁移记录进行操作，本质上就是对模型的修改体现到数据库中具体的表中。Django 通过一张叫做 Django_migrations 的表，记录并跟踪已经实施的 migrate 动作，通过对比获得哪些迁移尚未提交。（请务必牢记这张表的作用和名称）。

迁移的功能非常强大，允许随时修改模型，而不需要删除或者新建数据库或数据表，实时动态更新数据库。修改模型时的操作分为以下三步：

（1）在 models.py 中修改模型。

（2）运行 Python manage.py makemigrations 为改动创建迁移记录文件。

（3）运行 Python manage.py migrate，将操作同步到数据库。

之所以要将创建和实施迁移的动作分成两个命令两步走，是因为要通过版本控制系统（例如 github，svn）提交项目代码。如果没有一个中间过程的保存文件（migrations），那么 github 就不知道记录、同步、实施所进行过的模型修改动作。

8.2.4　模型 API

Django 模型层自带 ORM 系统，会自动为每个模型创建数据库访问的 API，直接拿来用就可以，非常简单、方便、易学。通俗的讲，mysql 数据库中的增删改查都可以通过 Django 中的 API 实现。

为了方便演示，在 models.py 中新建一个模型：

（源代码位置：Code\0\08-04.py）

```
class Book(models.Model):
    name = models.CharField(max_length=20,null=False)
    author = models.CharField(max_length=20,null=False)
    pub_time = models.DateTimeField(default=timezone.now)
    price = models.FloatField(default=0)
```

（1）运行 Python manage.py makemigrations 为改动创建迁移记录文件；

（2）运行 Python manage.py migrate，将操作同步到数据库。

此时数据库中出现一张空表，如图 8-12 所示。

```
mysql> desc myapp_book;
+----------+-------------+------+-----+---------+----------------+
| Field    | Type        | Null | Key | Default | Extra          |
+----------+-------------+------+-----+---------+----------------+
| id       | int         | NO   | PRI | NULL    | auto_increment |
| name     | varchar(20) | NO   |     | NULL    |                |
| author   | varchar(20) | NO   |     | NULL    |                |
| pub_time | datetime(6) | NO   |     | NULL    |                |
| price    | double      | NO   |     | NULL    |                |
+----------+-------------+------+-----+---------+----------------+
```

图 8-12　模型迁移到数据库中的数据表

下面进入 Python 交互环境尝试使用 Django 提供的数据库访问 API。要进入 Python 的 shell，需要输入命令：

```
Python manage.py shell
```

如此可进入 Python 交互环境，如图 8-13 所示。

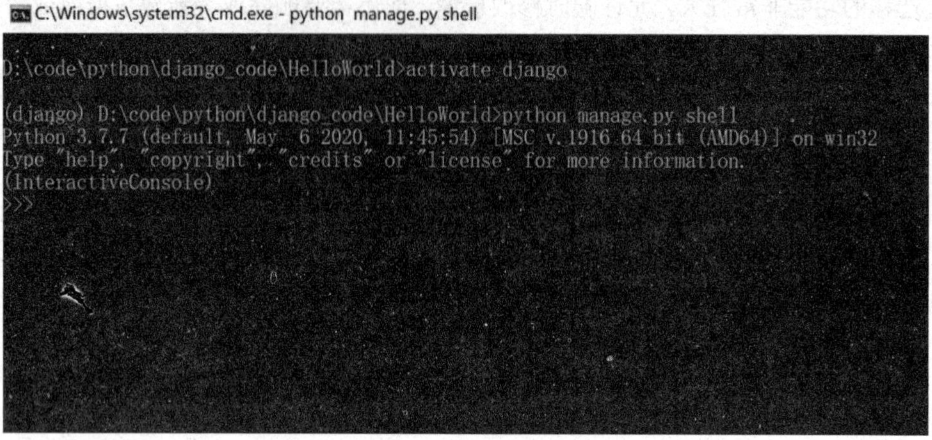

图 8-13 进入 shell 交互环境

Shell 环境类似于 Python 环境，只是里面添加了 Django 需要的一些依赖包，可直接执行 Django 命令。

1. 增删改查

（1）增加数据。引入模型，给模型添加一条记录：

```
from myapp.models import Book
book1 = Book(name='三国演义', author='罗贯中', price=10)
book.save()
```

（2）查找数据。查找数据都是通过模型下的 objects 对象来实现的。

（3）查找所有数据。要查找 Book 这个模型对应的表下的所有数据。那么示例代码如下：

```
books = Book.objects.all()
```

以上将返回 Book 模型下的所有数据。

（4）数据过滤。在查找数据的时候，有时候需要对一些数据进行过滤。那么这时候需要调用 objects 的 filter 方法。示例代码如下：

```
books = Book.objects.filter(name='三国演义')
```

> [<Book:三国演义>]

多个条件。books = Book.objects.filter(name='三国演义',price=10)

调用 filter，会将所有满足条件的模型对象都返回。

获取单个对象。使用 filter 返回的是所有满足条件的结果集。有时候如果只需要返回第一个满足条件的对象。那么可以使用 get 方法。示例代码如下：

```
book = Book.objects.get(name='三国演义')
```

当然，如果没有找到满足条件的对象，那么就会抛出一个异常。而filter在没有找到满足条件的数据的时候，是返回一个空的列表。

（5）数据排序。在之前的例子中，数据都是无序的。如果在查找数据的时候使用某个字段来进行排序，那么可以使用order_by方法来实现。示例代码如下：

```
books = Book.objects.order_by("pub_date")
```

以上代码在提取所有书籍的数据的时候，将会使用pub_date从小到大进行排序。如果想要进行倒序排序，那么可以在pub_date前面加一个负号。实例代码如下：

```
books = Book.objects.order_by("-pub_date")
```

（6）修改数据。在查找到数据后，便可以进行修改了。修改的方式非常简单，只需要将查找出来的对象的某个属性进行修改，然后再调用这个对象的save方法便可以进行修改。示例代码如下：

```
from datetime import datetime
book = Book.objects.get(name='三国演义')
book.pub_date = datetime.now()
book.save()
```

（7）删除数据。在查找到数据后，便可以进行删除了。删除数据非常简单，只需要调用这个对象的delete方法即可。实例代码如下：

```
book = Book.objects.get(name='三国演义')
book.delete()
```

2. 更多查询操作

查找是数据库操作中一个非常重要的技术。查询一般就是使用 filter、exclude 以及 get 三个方法来实现。可以在调用这些方法的时候传递不同的参数来实现查询需求。在 ORM 层面，这些查询条件都是使用 field=condition 的方式来使用的。以下将那些常用的查询条件来一一解释。

（1）exact：使用精确的=进行查找。如果提供的是一个None，那么在SQL层面就是被解释为NULL。示例代码如下：

```
article = Article.objects.get(id__exact=14)
article = Article.objects.get(id__exact=None)
```

以上的两个查找在翻译为SQL语句为如下：

```
select ... from article where id=14;
select ... from article where id IS NULL;
```

（2）iexact：使用like进行查找。示例代码如下：

```
article = Article.objects.filter(title__iexact='hello world')
```

那么以上的查询就等价于以下的SQL语句：

```
select ... from article where title like 'hello world';
```

注意：上面这个sql语句，因为在MySQL中，没有一个叫做ilike的。所以exact和iexact

的区别实际上就是 LIKE 和=的区别，在大部分 collation=utf8_general_ci 情况下都是一样的（collation 是用来对字符串比较的）。

（3）contains：大小写敏感，判断某个字段是否包含了某个数据。示例代码如下：

```
articles = Article.objects.filter(title__contains='hello')
```

在翻译成 SQL 语句为如下：

```
select ... where title like binary '%hello%';
```

注意：在使用 contains 的时候，翻译成的 sql 语句左右两边是有百分号的，意味着使用的是模糊查询。而 exact 翻译成 sql 语句左右两边是没有百分号的，意味着使用的是精确的查询。

（4）icontains：大小写不敏感的匹配查询。示例代码如下：

```
articles = Article.objects.filter(title__icontains='hello')
```

在翻译成 SQL 语句为如下：

```
select ... where title like '%hello%';
```

（5）in：提取那些给定的 field 的值是否在给定的容器中。容器可以为 list、tuple 或者任何一个可以迭代的对象，包括 QuerySet 对象。示例代码如下：

```
articles = Article.objects.filter(id__in=[1,2,3])
```

以上代码在翻译成 SQL 语句为如下：

```
select ... where id in (1,3,4)
```

当然，也可以传递一个 QuerySet 对象进去。示例代码如下：

```
inner_qs = Article.objects.filter(title__contains='hello')
categories = Category.objects.filter(article__in=inner_qs)
```

以上代码的意思是获取那些文章标题包含 hello 的所有分类，将翻译成以下 SQL 语句，示例代码如下：

```
select ...from category where article.id in (select id from article where title like '%hello%');
```

（6）gt：某个 field 的值要大于给定的值。示例代码如下：

```
articles = Article.objects.filter(id__gt=4)
```

以上代码的意思是将所有 id 大于 4 的文章全部都找出来。将翻译成以下 SQL 语句：

```
select ... where id > 4;
```

（7）gte：类似于 gt，是大于等于。

（8）lt：类似于 gt 是小于。

（9）lte：类似于 lt，是小于等于。

（10）startswith：判断某个字段值是否是以某个值开始的，大小写敏感。示例代码如下：

```
articles = Article.objects.filter(title__startswith='hello')
```

以上代码的意思是提取所有标题以 hello 字符串开头的文章，将翻译成以下 SQL 语句：

```
select ... where title like 'hello%'
```

（11）istartswith：类似于 startswith，但是大小写是不敏感的。

（12）endswith：判断某个字段的值是否以某个值结束。大小写敏感。示例代码如下：

```
articles = Article.objects.filter(title__endswith='world')
```

以上代码的意思是提取所有标题以 world 结尾的文章，将翻译成以下 SQL 语句：

```
select ... where title like '%world';
```

（13）iendswith：类似于 endswith，只不过大小写不敏感。

（14）range：判断某个 field 的值是否在给定的区间中。示例代码如下：

（源代码位置：Code\08\08-05.py）

```
from Django.utils.timezone import make_aware
from datetime import datetime
start_date = make_aware(datetime(year=2018,month=1,day=1))
end_date = make_aware(datetime(year=2018,month=12,day=12,hour=16))
articles = Article.objects.filter(pub_date__range=(start_date,end_date))
```

以上代码的意思是提取所有发布时间在 2018/1/1 到 2018/12/12 之间的文章，将翻译成以下的 SQL 语句：

```
select ... from article where pub_time between '2018-01-01' and '2018-12-12'。
```

（15）date：针对某些 date 或者 datetime 类型的字段，可以指定 date 的范围，并且这个时间过滤，还可以使用链式调用。示例代码如下：

```
articles = Article.objects.filter(pub_date__date=date(2018,3,29))
```

以上代码的意思是查找时间为 2018/3/29 这一天发表的所有文章，将翻译成以下 sql 语句：

```
select ... WHERE DATE(CONVERT_TZ(`front_article`.`pub_date`, 'UTC', 'Asia/Shanghai')) =
2018-03-29
```

（16）year：根据年份进行查找。示例代码如下：

```
articles = Article.objects.filter(pub_date__year=2018)
articles = Article.objects.filter(pub_date__year__gte=2017)
```

以上的代码在翻译成 SQL 语句为如下：

```
select ... where pub_date between '2018-01-01' and '2018-12-31';
select ... where pub_date >= '2017-01-01';
```

（17）month：同 year，根据月份进行查找。

（18）day：同 year，根据日期进行查找。

（19）week_day：Django 1.11 新增的查找方式。同 year，根据星期几进行查找。1 表示星期天，7 表示星期六，2-6 代表的是星期一到星期五。

（20）time：根据时间进行查找。示例代码如下：

```
articles = Article.objects.filter(pub_date__time=datetime.time(12,12,12));
```

以上的代码是获取每一天中 12 点 12 分 12 秒发表的所有文章。更多的关于时间的过滤，请参考 Django 官方文档：https://docs.Djangoproject.com/en/2.0/ref/models/querysets/#range。

（21）isnull：根据值是否为空进行查找。示例代码如下：

```
articles = Article.objects.filter(pub_date__isnull=False)
```

以上的代码的意思是获取所有发布日期不为空的文章，将翻译成 SQL 语句如下：

```
select ... where pub_date is not null;
```

（22）regex 和 iregex：大小写敏感和大小写不敏感的正则表达式。示例代码如下：

```
articles = Article.objects.filter(title__regex=r'^hello')
```

以上代码的意思是提取所有标题以 hello 字符串开头的文章，将翻译成以下的 SQL 语句：

```
select ... where title regexp binary '^hello';
```

iregex 是大小写不敏感的。

任务 8-2　连接 Django 视图

【任务描述】

浏览器访问 127.0.0.1：8000/demo 得到页面：开启 Django 服务器指定主机号和端口号可以得到自己指定的数据。

运行效果如图 8-14 所示。

图 8-14　运行效果

【实现步骤】

（1）在 views.py 中添加视图函数如图 8-15 所示。

```
from django.shortcuts import render


def demo(request):
    string = "我喜欢django"
    return render(request, "demo.html", {"string":string})
```

图 8-15　添加视图函数

（2）在 templates 文件夹中添加需要显示的 html 文件。

（3）在创建的 app 下新建 templates 文件夹，在 templates 文件夹中新建 demo.html 文件，文件内容为：

```
{{string}}
```

（4）配置路由。

（5）在 urls.py 中添加代码：

```
path('demo', views.demo, name='demo'),
```

（6）开启服务器，如图 8-16 所示，访问设置的路由“127.0.0.1：8000/demo”。

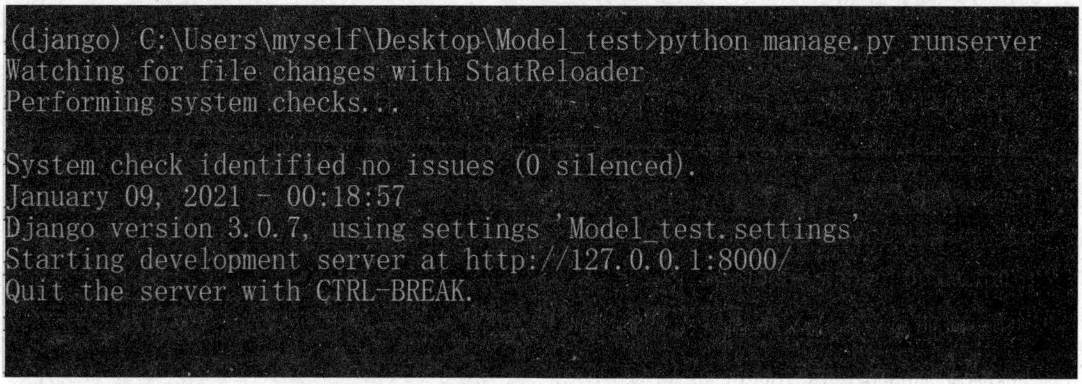

图 8-16　开启服务器

【程序解析】

demo 函数中的 render 方法是将数据渲染到前端页面的一种方式，第一个参数是 request 对象，包含一系列的 request 相关信息；第二个参数是要渲染的网页名称；第三个参数是个字典，负责将变量或者其他对象传到前端页面上去。

8.3　路由与视图

URL 是 Web 服务的入口，用户通过浏览器发送过来的任何请求，都是发送到一个指定的 URL 地址，然后被响应。

Django 奉行 DRY 主义，提倡使用简洁、优雅的 URL，没有.php 或.cgi 这种后缀，更不会单独使用 0、2097、1-1-1928、00 这样无意义的东西。

8.3.1　路由概述

URL 路由在 Django 项目中的体现就是 urls.py 文件，这个文件可以有很多个，但绝对不会在同一目录下。实际上 Django 提倡项目有个根 urls.py，各 app 下分别有自己的一个 urls.py，既集中又分治，是一种解耦的模式。

只要新建一个 Django 项目，默认会自动创建一个/project_name/urls.py 文件，并且自动包含下面的内容，这就是项目的根 URL，如图 8-17 所示。

```
"""HelloWorld URL Configuration

The `urlpatterns` list routes URLs to views. For more information please see:
    https://docs.djangoproject.com/en/3.0/topics/http/urls/
Examples:
Function views
    1. Add an import:  from my_app import views
    2. Add a URL to urlpatterns:  path('', views.home, name='home')
Class-based views
    1. Add an import:  from other_app.views import Home
    2. Add a URL to urlpatterns:  path('', Home.as_view(), name='home')
Including another URLconf
    1. Import the include() function: from django.urls import include, path
    2. Add a URL to urlpatterns:  path('blog/', include('blog.urls'))
"""
from django.contrib import admin
from django.urls import path

urlpatterns = [
    path('admin/', admin.site.urls),
]
```

图 8-17　urls.py 文件

不用管前面一堆帮助性的文字，关键是默认导入了 path 方法和 admin 模块，然后有一条指向 admin 后台的 url 路径。要编写的 url 路由，基本也是这个套路。

8.3.2　请求处理

当用户请求一个页面时，Django 根据下面的逻辑执行操作：

（1）决定要使用的根 URLconf 模块。通常，这是 ROOT_URLCONF 设置的值，但是如果传入的 HttpRequest 对象具有 urlconf 属性（由中间件设置），则其值将被用于代替 ROOT_URLCONF 设置。

（2）加载该模块并寻找可用的 urlpatterns。它是 Django.urls.path()或者 Django.urls.re_path()实例的一个列表。

（3）依次匹配每个 URL 模式，在与请求的 URL 相匹配的第一个模式停下来。也就是说，url 匹配是从上往下的短路操作，所以 url 在列表中的位置非常关键。

（4）导入并调用匹配行中给定的视图，该视图是一个简单的 Python 函数（被称为视图函数），或基于类的视图。视图将获得如下参数：

一个 HttpRequest 实例。

如果匹配的表达式返回了未命名的组，那么匹配的内容将作为位置参数提供给视图。关键字参数由表达式匹配的命名组组成，但是可以被 Django.urls.path()的可选参数 kwargs 覆盖。

如果有匹配到任何表达式，或者过程中抛出异常，将调用一个适当的错误处理视图。（比如 403，比如无任何反应）

先看一个例子：

（源代码位置：Code\08\08-06.py）

```
from Django.urls import path
from . import views

urlpatterns = [
    path('articles/2003/', views.special_case_2003),
    path('articles/<int:year>/', views.year_archive),
    path('articles/<int:year>/<int:month>/', views.month_archive),
    path('articles/<int:year>/<int:month>/<slug:slug>/', views.article_detail),
]
```

注意：

（1）urlpatterns 是个列表，每个元素都是 path() 或 re_path() 的实例。

（2）要捕获一段 url 中的值，需要使用尖括号，而不是之前的圆括号。

（3）可以转换捕获到的值为指定类型，比如例子中的 int。默认情况下，捕获到的结果保存为字符串类型，不包含/这个特殊字符。

（4）匹配模式的最开头不需要添加/，因为默认情况下，每个 url 都带一个最前面的/，既然大家都有的部分，就不用浪费时间特别写一个了。

（5）每个匹配模式都建议以斜杠结尾。

匹配例子：

/articles/2005/03/ 将匹配第三条，并调用 views.month_archive(request,year=2005, month=3)；

/articles/2003/匹配第一条，并调用 views.special_case_2003(request)；

/articles/2003 将一条都匹配不上，因为它最后少了一个斜杠，而列表中的所有模式中都以斜杠结尾；

/articles/2003/03/building-a-Django-site/将匹配最后一个，并调用 views.article_detail(request, year=2003, month=3, slug="building-a-Django-site"

8.3.3 视图函数

视图函数简称视图，本质上是一个简单的 Python 函数，它接受 Web 请求并且返回 Web

响应。响应的内容可以是 HTML 网页、重定向、404 错误，XML 文档或图像等任何东西。但是，无论视图本身是个什么处理逻辑，最好都返回某种响应。

视图函数的代码写在哪里也无所谓，只要它在 Python 目录下面。但是通常约定将视图放置在项目或应用程序目录中的名为 views.py 的文件中。

1. 简单的视图

下面是一个返回当前日期和时间作为 HTML 文档的视图：

（源代码位置：Code\08\08-07.py）

```
from Django.http import HttpResponse
import datetime

def current_datetime(request):
    now = datetime.datetime.now()
    html = "<html><body>It is now %s.</body></html>" % now
    return HttpResponse(html)
```

分析上面的代码如下：

（1）从 Django.http 模块导入了 HttpResponse 类，以及 Python 的 datetime 库。

（2）定义了 current_datetime 视图函数。

（3）每个视图函数都接收一个 HttpRequest 对象作为第一位置参数，一般取名为 request，也可以取别的名字，但这不符合潜规则，最好不要那么做。

（4）视图函数的名称没有强制规则，但尽量不要和 Python 及 Django 内置的各种名称重名，并且尽量精确地反映出它的功能，比如这里的 current_datetime。

（5）该视图返回一个 HttpResponse 对象，其中包含生成的 HTML 页面。

2. 返回错误

在 Django 中返回 HTTP 错误代码是非常简单的。HttpResponse 的许多子类对应着除了 200（代表“OK”）以外的一些常用的 HTTP 状态码。为了标示一个错误，可以直接返回那些子类中的一个实例，而不是普通的 HttpResponse。像下面这样：

（源代码位置：Code\08\08-08.py）

```
from Django.http import HttpResponse, HttpResponseNotFound

def my_view(request):
    # ...
    if foo:
        return HttpResponseNotFound('<h1>Page not found</h1>')
    else:
        return HttpResponse('<h1>Page was found</h1>')
```

Django 为 404 错误提供了一个特化的子类 HttpResponseNotFound。由于一些状态码不太常用，所以不是每个状态码都有一个特化的子类。

Django 在 Django.shortcuts 模块中，提供了很多快捷方便的类和方法，它们都很重要，使用频率很高。

```
render()
render(request, template_name, context=None, content_type=None, status=None, using=None)
```

结合一个给定的模板和一个给定的上下文字典，返回一个渲染后的 HttpResponse 对象。

（1）必需参数

- request：视图函数处理的当前请求，封装了请求头的所有数据，其实就是视图参数 request。
- template_name：要使用的模板的完整名称或者模板名称的列表。如果是一个列表，将使用其中能够查找到的第一个模板。

（2）可选参数

- context：添加到模板上下文的一个数据字典。默认是一个空字典。可以将认可需要提供给模板的数据以字典的格式添加进去。这里有个小技巧，使用 Python 内置的 locals()方法，可以方便地将函数作用域内的所有变量一次性添加进去。
- content_type: 用于生成的文档的 MIME 类型。默认为 DEFAULT_CONTENT_TYPE 设置的值，也就是'text/html'。
- status：响应的状态代码。默认为 200。
- using：用于加载模板使用的模板引擎的 NAME。

8.4 模 板

在之前的章节中，视图函数只是直接返回文本，而在实际生产环境中其实很少这样用，因为实际的页面大多是带有样式的 HTML 代码，这可以让浏览器渲染出非常漂亮的页面。目前市面上有非常多的模板系统，其中最知名最好用的就是 DTL 和 Jinja2。DTL 是 Django Template Language 三个单词的缩写，也就是 Django 自带的模板语言。当然也可以配置 Django 支持 Jinja2 等其他模板引擎，但是作为 Django 内置的模板语言，和 Django 可以达到无缝衔接而不会产生一些不兼容的情况。因此建议大家学习好 DTL。

DTL 与普通的 HTML 文件的区别：DTL 模板是一种带有特殊语法的 HTML 文件，这个 HTML 文件可以被 Django 编译，可以传递参数进去，实现数据动态化。在编译完成后，生成一个普通的 HTML 文件，然后发送给客户端。

8.4.1 模板渲染

渲染模板有多种方式，这里主要讲述两种常用的方式。

render_to_string：找到模板，然后将模板编译后渲染成 Python 的字符串格式。最后再通过 HttpResponse 类包装成一个 HttpResponse 对象返回回去。示例代码如下：

（源代码位置：Code\08\08-09.py）

```
from Django.template.loader import render_to_string
from Django.http import HttpResponse
def book_detail(request,book_id):
    html = render_to_string("detail.html")
    return HttpResponse(html)
```

以上方式虽然已经很方便了。但是 Django 还提供了一个更加简便的方式，直接将模板渲染成字符串和包装成 HttpResponse 对象一步到位完成。示例代码如下：

（源代码位置：Code\08\08-10.py）

```
from Django.shortcuts import render
 def book_list(request):
     return render(request,'list.html')
```

8.4.2 模板变量

模板中可以包含变量，Django 在渲染模板的时候，可以传递变量对应的值进行替换。变量的命名规范和 Python 非常类似，只能是阿拉伯数字和英文字符以及下划线的组合，不能出现标点符号等特殊字符。变量需要通过视图函数渲染，视图函数在使用 render 或者 render_to_string 的时候可以传递一个 context 的参数，这个参数是一个字典类型。以后在模板中的变量就从这个字典中通过键读取值。示例代码如下：

profile.html 模板代码：

```
<p>{{ username }}</p>
```

views.py 代码：

```
 def profile(request):
     return render(request,'profile.html',context={'username':'huangyong'})
```

模板中的变量同样也支持点(.)的形式。在出现了点的情况，比如 person.username，模板是按照以下方式进行解析的：

（1）如果 person 是一个字典，那么就会查找这个字典的 username 这个 key 对应的值。

（2）如果 person 是一个对象，那么就会查找这个对象的 username 属性，或者是 username 这个方法。

（3）如果出现的是 person.1，会判断 persons 是否是一个列表或者元组或者任意的可以通过下标访问的对象，如果是的话就取这个列表的第 1 个值。如果不是就获取到的是一个空的字符串。

注意：不能通过中括号的形式访问字典和列表中的值，如 dict['key']和 list[1]是不支持的。

8.4.3 常用模板标签

（1）if 标签：if 标签相当于 Python 中的 if 语句，有 elif 和 else 相对应，但是所有的标签都需要用标签符号（{%%}）进行包裹。if 标签中可以使用==、!=、<、<=、>、>=、in、not in、is、is not 等判断运算符。示例代码如下：

（源代码位置：Code\08\08-11.html）

```
{% if "张三" in persons %}
    <p>张三</p>
 {% else %}
    <p>李四</p>
{% endif %}
```

（2）for...in...标签：for...in...类似于 Python 中的 for...in...。可以遍历列表、元组、字符串、字典等一切可以遍历的对象。示例代码如下：

如果想要反向遍历，那么在遍历的时候就加上一个 reversed。示例代码如下：

（源代码位置：Code\08\08-12.html）

```
{% for person in persons %}
    <p>{{ person.name }}</p>
{% endfor %}
```

遍历字典的时候，需要使用 items、keys 和 values 等方法。在 DTL 中，执行一个方法不能使用圆括号的形式。遍历字典示例代码如下：

（源代码位置：Code\08\08-13.html）

```
{% for key,value in person.items %}
    <p>key：{{ key }}</p>
     <p>value：{{ value }}</p>
{% endfor %}
```

在 for 循环中，DTL 提供了一些变量可供使用。这些变量如下：

- forloop.counter：当前循环的下标。以 1 作为起始值。
- forloop.counter0：当前循环的下标。以 0 作为起始值。

- forloop.revcounter：当前循环的反向下标值。比如列表有 5 个元素，那么第一次遍历这个属性是等于 5，第二次是 4，以此类推。并且是以 1 作为最后一个元素的下标。
- forloop.revcounter0：类似于 forloop.revcounter。不同的是最后一个元素的下标是从 0 开始。
- forloop.first：是否是第一次遍历。
- forloop.last：是否是最后一次遍历。
- forloop.parentloop：如果有多个循环嵌套，那么这个属性代表的是上一级的 for 循环。
- for...in...empty 标签：这个标签使用跟 for...in...是一样的，只不过是在遍历的对象如果没有元素的情况下，会执行 empty 中的内容。示例代码如下：

（源代码位置：Code\08\08-14.html）

```
{% for person in persons %}
 <li>{{ person }}</li>
{% empty %}
     暂时还没有任何人
{% endfor %}
```

（3）with 标签：在模版中定义变量。有时候一个变量访问的时候比较复杂，那么可以先把这个复杂的变量缓存到一个变量上，以后就可以直接使用这个变量就可以了。示例代码如下：

（源代码位置：Code\08\08-15.html）

```
context = {
   "persons": ["张三","李四"]
}

{% with lisi=persons.1 %}
    <p>{{ lisi }}</p>
{% endwith %}
```

需要注意的是：在 with 语句中定义的变量，只能在{%with%}{%endwith%}中使用，不能在这个标签外面使用；定义变量的时候，不能在等号左右两边留有空格。比如{% with lisi = persons.1%}是错误的。

（4）url 标签：在模版中，经常要写一些 url，比如某个 a 标签中需要定义 href 属性。当然如果通过硬编码的方式直接将这个 url 写死在里面也是可以的。但是这样对于以后项目维护可能不是一件好事。因此建议使用这种反转的方式来实现，类似于 Django 中的 reverse 一样。示例代码如下：

```
<a href="{% url 'book:list' %}">图书列表页面</a>
```

8.5 后台 admin

Django 奉行 Python 的内置电池哲学。它自带了一系列在 Web 开发中用于解决常见问题或需求的额外的、可选工具。这些工具和插件，例如 Django.contrib.auth 都必须在 settings 中的 INSTALLED_APPS 处进行注册，有的还需要执行 manage.py migrate 命令，在数据库中创建一些数据表。

Admin 站点是 Django 有别于其他 Web 框架最重要的一点，并且非常受欢迎。不管是写个小 demo 还是做个大项目都用得上。Admin 管理后台（下文中将 Admin 管理后台简称为 admin）通过读取模型数据，快速构造出一个可以对实际数据进行管理的 Web 站点，常用于开发测试、简单管理等场合，适用于部门内部为工作方便的场合，不建议在生产环境中使用。

默认情况下，使用 startproject 的时候，admin 就被激活了。

开启 Django 服务器之后，就可以在浏览器中访问 admin 站点了，默认地址是/admin/，如图 8-18 所示。但是，想要登录进去首先必须使用 Python manage.py createsuperuser 命令创建管理员账户。注册超级用户，首先输入用户名，然后输入邮箱地址，输入密码，重复密码（如果密码少于 8 位字符会有警告，但是可以强制通过），强制通过的方法是当确认密码之后问是不是要使用这个密码，输入 y 即可。超级用户可以定义多个。

开启服务器，登录后台，命令行输入：Python manage.py runserver，然后按【Enter】键。

开启服务器之后，打开浏览器输入 http://127.0.0.1:8000/admin 就可以访问后台。

图 8-18 登录 admin

输入注册的超级用户名和密码，登录进入后台，如图 8-19 所示。

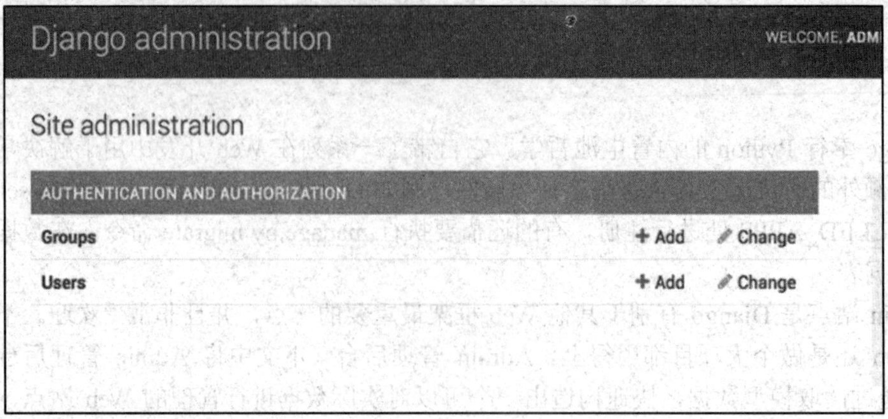

图 8-19　进入 admin

如果模型已经添加，并且迁移到数据库之后，在 admin.py 文件中注册模型，如图 8-20 所示。

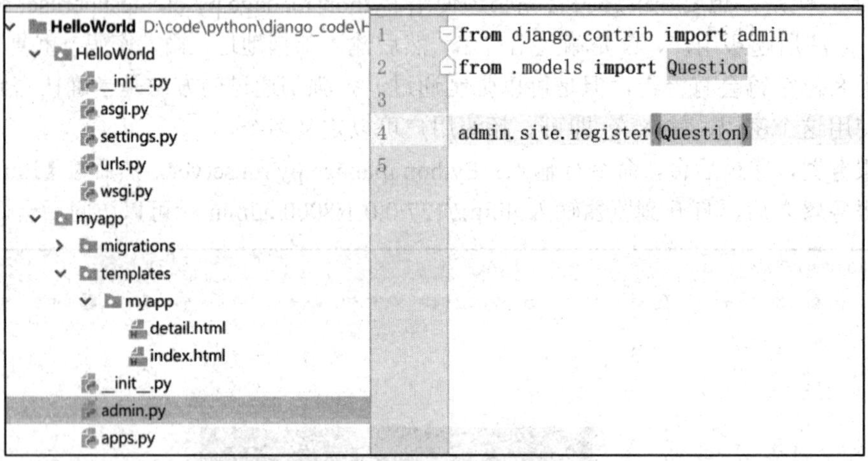

图 8-20　注册模型 Question

刷新后台可以看到模型对应的数据表出现在后台，后台查看注册模型如图 8-21 所示。

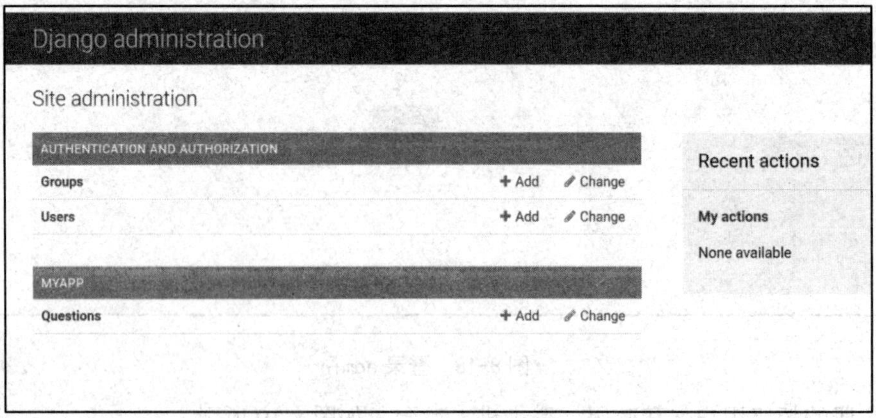

图 8-21　后台查看注册模型

项目小结

本项目对 Django 基本知识点进行介绍，主要是模型、模板、视图和路由四个方面。通过一个个小例子，展示前端、后台、数据库连接、数据访问的相互关系，对后台也有简单的介绍。Django 功能十分强大，由于篇幅有限，介绍比较少，若欲对 Django 进一步了解，请参考 Django 官方网站 https://docs.Djangoproject.com/zh-hans/2.0/。

项目9　Django投票应用

教学导航

本章概览

本项目以创建一个Web投票应用为例子，手把手的教读者如何使用Django开发Web应用，力图从全局层面带给大家一个整体的概念，让读者对Django的设计理念、功能模块、体系架构、基本用法有个初步的印象。

该应用（app）包括以下两个部分：

一个可以让公众用户进行投票和查看投票结果的站点。

一个可以进行增、删、改、查的后台管理界面，也就是常说的admin站点。

在开始之前，确保已经安装最新版本的Django。可以在命令行下输入：

```
Python -m Django –version
```

会看到如图9-1所示的Python版本号：

图9-1　查看Django版本

本项目Django版本为3.0.7，Python版本为3.7。

如果没有显示版本号，而是提示“No module named Django”，请返回前面的章节，参考安装Django。

9.1　创建项目

9.1.1　创建项目总框架

创建项目之前最好激活虚拟环境。执行activate Django命令，激活虚拟环境，如图9-2所示。

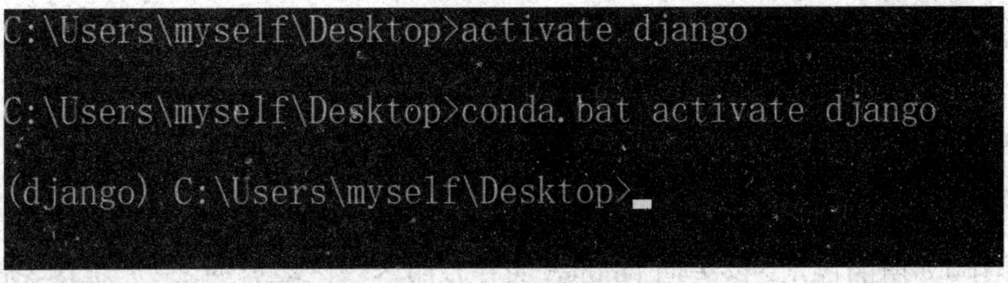

图9-2　激活虚拟环境

本次创建的虚拟环境名字为django。进入项目保存目录，运行下面的命令：

```
django-admin startproject mysite
```

执行回车后，在工作目录下Django自动生成了一个名字为mysite的工程，用pycharm打开此工程会看到工作目录如图9-3所示。

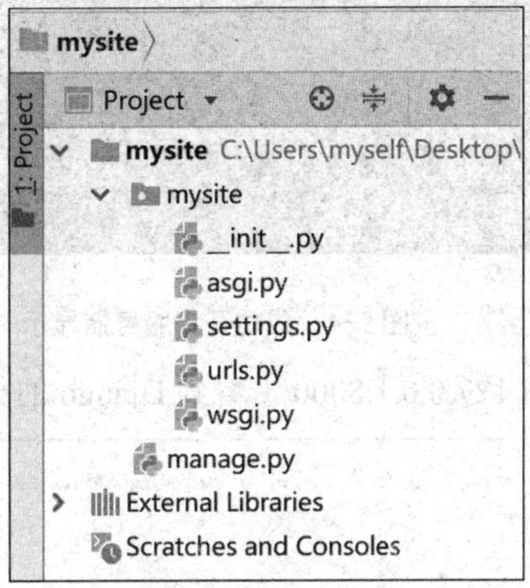

图9-3　mysite工作目录

注意：在给项目命名的时候必须避开Django和Python的保留关键字，比如“Django”，“test”等，否则会引起冲突和莫名的错误。各文件和目录解释如下：

- 外层的mysite/目录：与Django无关，只是项目的容器，可以任意重命名。
- manage.py：一个命令行工具，管理Django的交互脚本。
- 内层的mysite/目录：是真正的项目文件包裹目录，它的名字是引用内部文件的Python包名，例如：mysite.urls。
- mysite/__init__.py：一个定义包的空文件。
- mysite/settings.py：项目的配置文件。
- mysite/urls.py：路由文件，所有的任务都是从这里开始分配，相当于Django驱动站点的目录。
- mysite/wsgi.py：一个基于WSGI的web服务器进入点，提供底层的网络通信功能，通常不用关心。
- mysite/asgi.py：一个基于ASGI的web服务器进入点，提供异步的网络通信功能，通常不用关心。

9.1.2 启动开发服务器

回到 mysite 项目的根目录，也就是 manage.py 文件的同级目录下，输入下面的命令：

```
Python manage.py runserver
```

会看如图 9-4 所的提示，这表明 Django 的开发服务器已经启动，开始提供 Web 服务了。

```
(django) C:\Users\myself\Desktop\mysite>python manage.py runserver
Watching for file changes with StatReloader
Performing system checks...

System check identified no issues (0 silenced).

You have 17 unapplied migration(s). Your project may not work properly
 auth, contenttypes, sessions.
Run 'python manage.py migrate' to apply them.
January 10, 2021 - 00:22:04
Django version 3.0.7, using settings 'mysite.settings'
Starting development server at http://127.0.0.1:8000/
Quit the server with CTRL-BREAK.
```

图 9-4 成功开启服务器显示

打开浏览器，访问 http://127.0.0.1:8000/，看到 Django 的火箭欢迎界面，如图 9-5 所示。

图 9-5 Django 火箭欢迎页面

Django 的开发服务器（以后简称服务器）默认运行在内部的 8000 端口，如果想指定端口，请在命令中显示给出：

```
Python manage.py runserver 8080
```

9.1.3　创建投票应用 app

在 Django 中，每一个应用（app）都是一个 Python 包，并且遵循着相同的约定。Django 自带一个工具，可以生成应用的基础目录结构。按【Ctrl + c】退出启动的 Django 服务器。进入 mysite 项目根目录，确保与 manage.py 文件处于同一级，输入下述命令：

```
Python manage.py startapp polls
```

回车之后在 mysite 目录中多了一个 polls 应用，结构如图 9-6 所示。

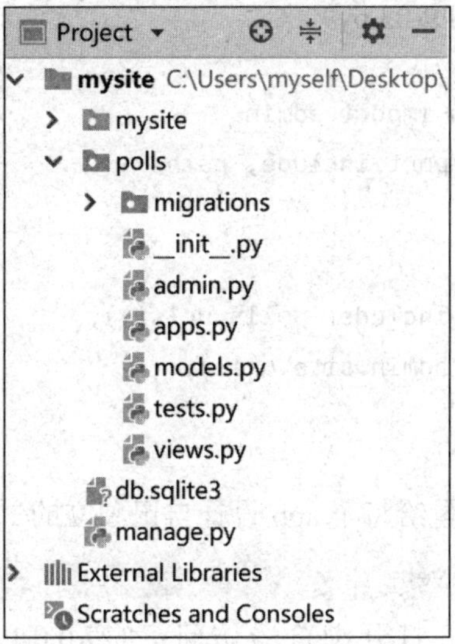

图 9-6　应用 polls 的目录结构

9.1.4　编写一个视图

下面编写一个视图，也就是具体的业务代码。在 polls/views.py 文件中，编写代码：

（源代码位置：Code\10\9-01.py）

```
from Django.http import HttpResponse

def index(request):
    return HttpResponse("我开始接触 Django 了")
```

为了调用该视图，还需要编写 urlconf，也就是路由配置。在 polls 目录中新建一个文件，名字为 urls.py（不要换成别的名字），在其中输入代码如下：

（源代码位置：Code\10\9-02.py）

```
from Django.urls import path
```

```
from . import views

urlpatterns = [
    path('', views.index, name='index'),
]
```

接下来，在项目的主 urls.py 文件中添加 urlpattern 条目，指向刚才建立的 polls 这个 app 独有的 urls.py 文件，这里需要导入 include 模块。打开 mysite/urls.py 文件，代码如下：

（源代码位置：Code\10\9-03.py）

```
from Django.contrib import admin
from Django.urls import include, path

urlpatterns = [
    path('polls/', include('polls.urls')),
    path('admin/', admin.site.urls),
]
```

除了 admin 路由外，尽量给每个 app 设计自己独立的二级路由。开启 Django 服务器：

```
Python manage.py runserver
```

成功开启服务器之后，打开浏览器访问：127.0.0.1:8000/polls，在页面上会看到由 HttpRespose()函数返回的字符串，如图 9-7 所示。

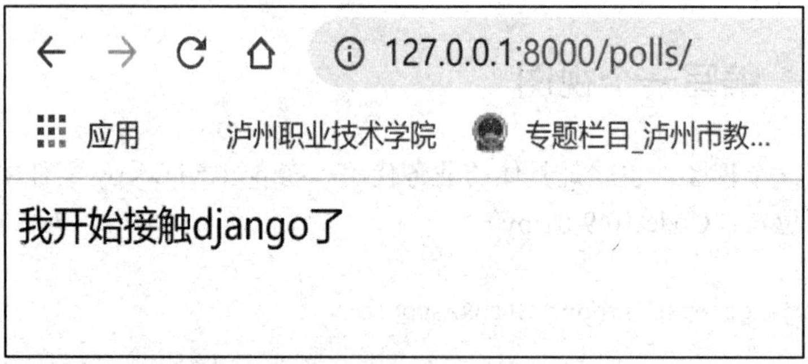

图 9-7　第一个视图函数返回的页面

9.2 模　型

本节将讲述如何配置数据库，编写第一个模型以及简要的介绍下 Django 自动生成的后台管理 admin 站点。

9.2.1 配置数据库

打开 mysite/settings.py 配置文件，这是整个 Django 项目的设置中心。Django 默认使用 SQLite3 数据库，因为 Python 原生支持 SQLite3 数据库，所以无须安装任何程序，就可以直接使用它。当然，如果是在创建一个实际的项目，可以使用类似 MySQL 的数据库，避免以后数据库迁移的相关问题（推荐使用 mysql）。

在 mysql 中创建数据库 polls，如图 9-8 所示。

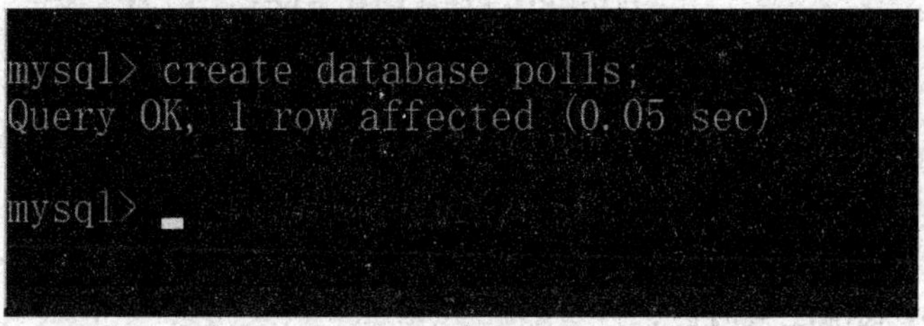

图 9-8　创建 mysql 数据库

mysql 数据库配置如下：

（源代码位置：Code\10\9-04.py）

```
#database
# https://docs.Djangoproject.com/en/3.0/ref/settings/#databases

DATABASES = {
    'default': {
        'ENGINE': 'Django.db.backends.mysql',
        'NAME': 'polls',
        'USER': 'root',
        'PASSWORD': '123456',
        'HOST': '127.0.0.1',
        'PORT': 3306,
    }
}
```

其中：

- NAME：mysql 数据库中的库名，如果没有自己创建，名字自己起。
- USER：电脑 mysql 的用户名。
- PASSWORD ：mysql 数据库密码。
- HOST：主机名（通常不用改）。
- PORT：为端口号（通常不用改）。

以上步骤完成之后注册 polls，同样是在 settings.py 文件夹内，如图 9-9 所示。

```
INSTALLED_APPS = [
    'django.contrib.admin',
    'django.contrib.auth',
    'django.contrib.contenttypes',
    'django.contrib.sessions',
    'django.contrib.messages',
    'django.contrib.staticfiles',
    'polls',
]
```

图 9-9 注册 polls

在 settings.py 底部配置时区：

```
TIME_ZONE = 'Asia/Shanghai'
```

9.2.2 创建模型

在 polls 应用中将创建两个模型：Question 和 Choice。Question 包含一个问题和一个发布日期。Choice 包含两个字段：该选项的文本描述和该选项的投票数。每一条 Choice 都关联到一个 Question。这些都是由 Python 的类来体现，编写的全是 Python 的代码，不接触任何 SQL 语句。现在编辑 polls/models.py 文件，具体代码如下：

（源代码位置：Code\10\9-05.py）

```
# polls/models.py
from Django.db import models  .
class Question(models.Model):
    question_text = models.CharField(max_length=200)
    pub_date = models.DateTimeField('date published')

class Choice(models.Model):
    question = models.ForeignKey(Question, on_delete=models.CASCADE)
    choice_text = models.CharField(max_length=200)
    votes = models.IntegerField(default=0)
```

9.2.3 迁移模型

上面的代码看着有点少，其实包含了大量的信息，据此，Django 会做下面两件事：

（1）创建该 app 对应的数据库表结构。

（2）为 Question 和 Choice 对象创建基于 Python 的数据库访问 API。

需要再运行下一个命令：

```
Python manage.py makemigrations
```

会看到类似如图 9-110 所示的提示。

```
(django) C:\Users\myself\Desktop\mysite>python manage.py makemigrations
Migrations for 'polls':
  polls\migrations\0001_initial.py
    - Create model Question
    - Create model Choice

(django) C:\Users\myself\Desktop\mysite>
```

图 9-10 执行 makemigrations

通过运行 makemigrations 命令，Django 会检测模型文件的修改，也就是告诉 Djang 模型有改动，并且想把这些改动保存为一个“迁移(migration)”，保存在 polls 文件夹下面的 migrations 文件夹中，打开 0001_initial.py 文件可以看到迁移信息。

makemigrations 命令没有将模型映射到数据库，如果把模型映射到数据库再运行下一个命令：

```
Python manage.py migrate
```

执行之后会看到如图 9-11 所示的信息。

```
(django) C:\Users\myself\Desktop\mysite>python manage.py migrate
Operations to perform:
  Apply all migrations: admin, auth, contenttypes, polls, sessions
Running migrations:
  Applying contenttypes.0001_initial... OK
  Applying auth.0001_initial... OK
  Applying admin.0001_initial... OK
  Applying admin.0002_logentry_remove_auto_add... OK
  Applying admin.0003_logentry_add_action_flag_choices... OK
  Applying contenttypes.0002_remove_content_type_name... OK
  Applying auth.0002_alter_permission_name_max_length... OK
  Applying auth.0003_alter_user_email_max_length... OK
  Applying auth.0004_alter_user_username_opts... OK
  Applying auth.0005_alter_user_last_login_null... OK
  Applying auth.0006_require_contenttypes_0002... OK
  Applying auth.0007_alter_validators_add_error_messages... OK
  Applying auth.0008_alter_user_username_max_length... OK
  Applying auth.0009_alter_user_last_name_max_length... OK
  Applying auth.0010_alter_group_name_max_length... OK
  Applying auth.0011_update_proxy_permissions... OK
  Applying polls.0001_initial... OK
  Applying sessions.0001_initial... OK

(django) C:\Users\myself\Desktop\mysite>
```

图 9-11 执行 migrate

查看电脑的 mysql 数据库会发现多了很多数据表，如图 9-12 所示。

```
mysql> show tables;
+----------------------------+
| Tables_in_polls            |
+----------------------------+
| auth_group                 |
| auth_group_permissions     |
| auth_permission            |
| auth_user                  |
| auth_user_groups           |
| auth_user_user_permissions |
| django_admin_log           |
| django_content_type        |
| django_migrations          |
| django_session             |
| polls_choice               |
| polls_question             |
+----------------------------+
12 rows in set (0.00 sec)
```

图 9-12　查看迁移的数据表

本例子中 mysql 数据库名字为 polls，此数据库中的表除了 polls_choice 和 polls_question 两张表是由模型迁移过来的，其他表都是 Django 自动生成的。此时就相当于在 mysql 数据库中新建了空表。查看 question 模型迁移到数据库中的表结构，如图 9-13 所示。

```
mysql> desc polls_question;
+---------------+--------------+------+-----+---------+----------------+
| Field         | Type         | Null | Key | Default | Extra          |
+---------------+--------------+------+-----+---------+----------------+
| id            | int          | NO   | PRI | NULL    | auto_increment |
| question_text | varchar(200) | NO   |     | NULL    |                |
| pub_date      | datetime(6)  | NO   |     | NULL    |                |
+---------------+--------------+------+-----+---------+----------------+
3 rows in set (0.00 sec)
```

图 9-13　查看迁移过来的表结构

9.2.4　添加数据

由模型迁移到数据库中的表是一张空表，里面并没有数据，Django 模型层自带 ORM 系统，会自动为每个模型创建数据库访问的 API，直接拿来用就可以，非常简单、方便、易学。通俗的讲，mysql 数据库中的增删改查都可以通过 Django 中的 API 实现。

下面，进入 Python 交互环境，尝试使用 Django 提供的数据库访问 API，为数据表添加数据，要进入 Python 的 shell，请输入命令：

```
Python manage.py shell
```

如此可进入 Python 交互环境，如图 9-14 所示。

```
(django) C:\Users\myself\Desktop\mysite>python manage.py shell
Python 3.7.7 (default, May  6 2020, 11:45:54) [MSC v.1916 64 bit (AMD64)] on win32
Type "help", "copyright", "credits" or "license" for more information.
(InteractiveConsole)
>>>
```

图 9-14 shell 环境

Shell 环境类似于 Python 环境，只是里面添加了 Django 需要的一些依赖包，可直接执行 Django 命令。

1、增加数据

引入模型，给模型添加一条记录：

```
from polls.models import Question, Choice
from Django.utils import timezone
q = Question(question_text="你喜欢 Django 吗？ ", pub_date=timezone.now())
q.save()
```

此时查看数据库可以发现数据库中多了一条数据，如图 9-15 所示。

```
mysql> select * from polls_question;
ERROR 2006 (HY000): MySQL server has gone away
No connection. Trying to reconnect...
Connection id:    120
Current database: polls

+----+------------------+----------------------------+
| id | question_text    | pub_date                   |
+----+------------------+----------------------------+
|  1 | 你喜欢django吗？ | 2021-01-10 07:20:03.757654 |
+----+------------------+----------------------------+
1 row in set (0.09 sec)
```

图 9-15 查看 polls_question 数据表

通过实例化 Question 类得到一条数据，id 是 Django 为该数据自动添加的主键，要使添加数据生效一定要调用 save()方法。

polls_question 表中有问题了，需要给这个问题添加投票选项，如图 9-16 所示。

```
>>> q.choice_set.create(choice_text='不喜欢', votes=0)
<Choice: Choice object (1)>
>>> q.choice_set.create(choice_text='一般般', votes=0)
<Choice: Choice object (2)>
>>> q.choice_set.create(choice_text='喜欢', votes=0)
<Choice: Choice object (3)>
>>> q.choice_set.create(choice_text='非常喜欢', votes=0)
<Choice: Choice object (4)>
```

图 9-16　给问题添加选项

此时，查看 polls_choice 表可以看到如下信息，如图 9-17 所示。

```
mysql> select * from polls_choice;
+----+-------------+-------------+-------+
| id | choice_text | question_id | votes |
+----+-------------+-------------+-------+
|  1 | 不喜欢      |           1 |     0 |
|  2 | 一般般      |           1 |     0 |
|  3 | 喜欢        |           1 |     0 |
|  4 | 非常喜欢    |           1 |     0 |
+----+-------------+-------------+-------+
4 rows in set (0.03 sec)
```

图 9-17　查看 polls_choice 数据表

此时，polls_choice 表中的四个选项都对应 polls_question 表中的第一条数据，按照这个方式，可以添加多个投票问题，并且为它们都加上相应的选项。

9.3　后台 admin

Django 最大的优点之一，就是提供了一个基于项目 model 创建的一个后台管理站点 admin。这个界面只给站点管理员使用，并不对大众开放。虽然 admin 的界面可能不是那么美观，功能不是那么强大，内容不一定符合要求，但是它是免费的、现成的，并且还是可定制的，有完善的帮助文档。

9.3.1　创建超级用户

首先，需要通过下面的命令，创建一个可以登录 admin 站点的用户：

```
Python manage.py createsuperuser
```

输入用户名：Username: admin

输入邮箱地址：Email address: 123@123.com

邮箱必须是一个标准的邮箱格式，输入错误会提示“Enter a valid email address”，让输入一个有效的邮箱。

输入密码：

```
Password:
Password (again):
Superuser created successfully.
```

注意：密码是隐藏的，输入密码后是看不到的，其实已经输入了，直接确定就行，Django1.10 版本后，超级用户的密码要求具备一定的复杂性，如果密码强度不够，Django 会提示，但是可以强制通过，如图 9-18 所示。

```
(django) C:\Users\myself\Desktop\mysite>python manage.py createsuperuser
Username (leave blank to use 'myself'): admin
Email address: xxx.@xxx.com
Error: Enter a valid email address.
Email address: 123@123.com
Password:
Password (again):
This password is too short. It must contain at least 8 characters.
This password is too common.
This password is entirely numeric.
Bypass password validation and create user anyway? [y/N]: y
Superuser created successfully.
```

图 9-18　创造超级用户

9.3.2　访问后台 admin

Admin 后台是 Django 内置的 app，直接使用就可以。执行 runserver 命令启动服务器后，在浏览器访问 http://127.0.0.1:8000/admin/，就能看到 admin 的登陆界面了，如图 9-19 所示。

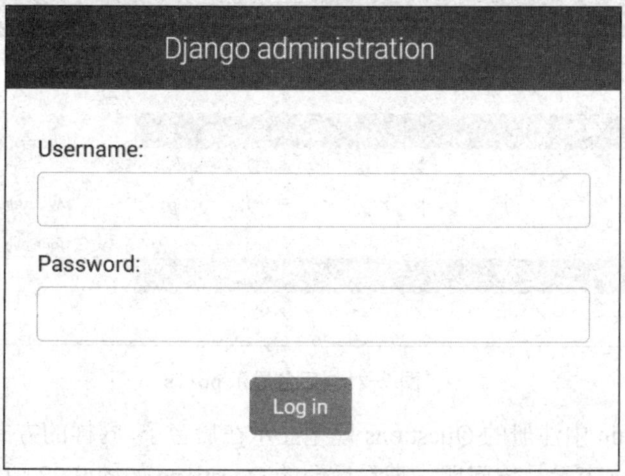

图 9-19　访问 Django 后台登录

输入之前设定的用户名密码就可以登录 Django 后台，如图 9-20 所示。

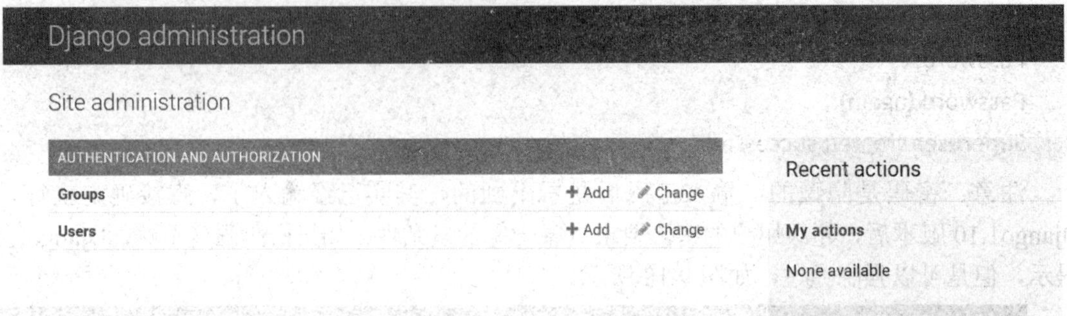

图 9-20　访问 Django 后台

当前只有两个可编辑的模型：Groups 和 Users。它们是 Django.contrib.auth 模块提供的身份认证框架内的模型，将创建的模型显示在后台还需要更多配置。

9.3.3　注册投票应用

现在还无法看到投票应用，必须先在 admin 中进行注册，告诉 admin 站点，将 polls 的模型加入站点内，接受站点的管理。打开 polls/admin.py 文件，加入下面的内容：

（源代码位置：Code\10\9-06.py）

```
from Django.contrib import admin
from .models import Question
admin.site.register(Question)
```

刷新 admin 站点，后台显示 polls 如图 9-21 所示。

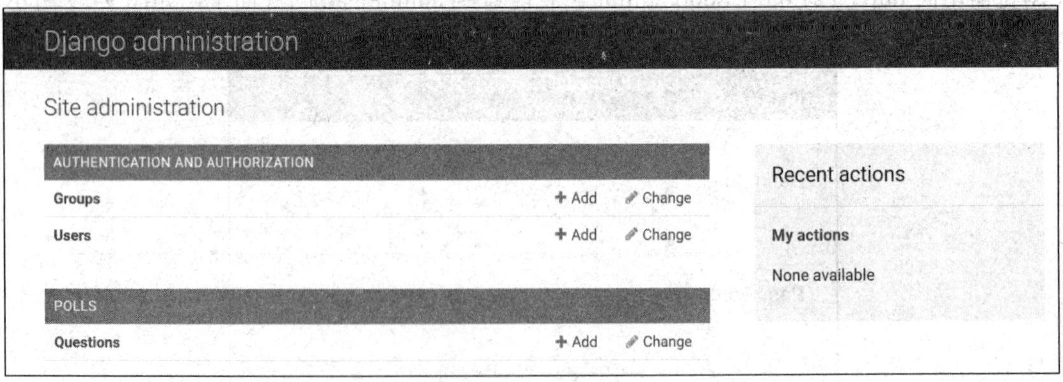

图 9-21　后台显示 polls

可以看到在 admin 中注册的 Questions 模型显示在后台了。同样的方式也可以注册 Choice 模型。点击 Questions 查看具体问题，查看后台的 Questions 如图 9-22 所示。

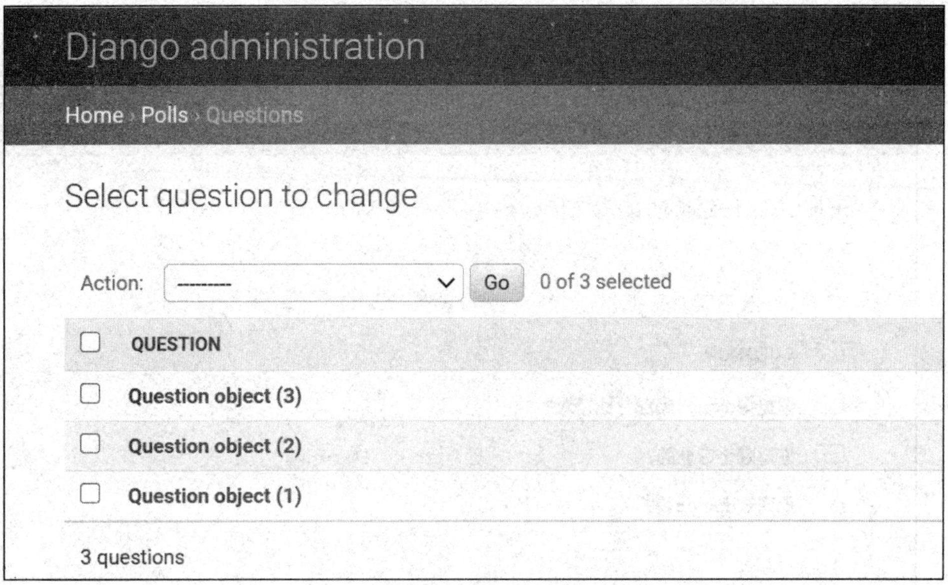

图 9-22　查看后台的 Questions

此时，只能看到每个 Question 对象而不是具体问题，想查看具体问题就需要在 models.py 文件中添加函数，如图 9-23 所示。

```
class Question(models.Model):
    question_text = models.CharField(max_length=200)
    pub_date = models.DateTimeField('date published')
    def __str__(self):
        return self.question_text

class Choice(models.Model):
    question = models.ForeignKey(Question, on_delete=models.CASCADE)
    choice_text = models.CharField(max_length=200)
    votes = models.IntegerField(default=0)
    def __str__(self):
        return self.choice_text
```

图 9-23　models.py 新增函数

此时，刷新后台界面可以看到如图 9-24 所示的信息。

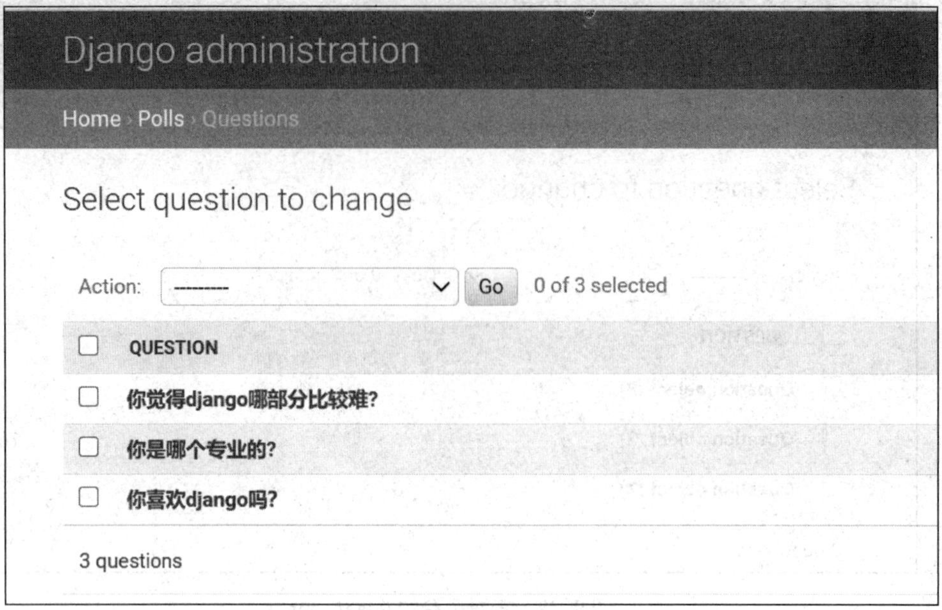

图 9-24　改进过的 Questions

9.3.4　自定义后台

在 admin.py 中添加代码：
（源代码位置：Code\10\9-07.py）

```
from Django.contrib import admin
from .models import Question, Choice


class ChoiceInline(admin.TabularInline):
    model = Choice
    extra = 4


class QuestionAdmin(admin.ModelAdmin):
    list_display = ('question_text', 'pub_date',)

    fieldsets = [
        (None,               {'fields': ['question_text']}),
        ('Date information', {'fields': ['pub_date'], 'classes': ['collapse']
}),
```

```
    ]
    inlines = [ChoiceInline]

admin.site.register(Question, QuestionAdmin)
admin.site.register(Choice)
```

此时刷新后台界面可以看到如下信息，如图 9-25 所示。

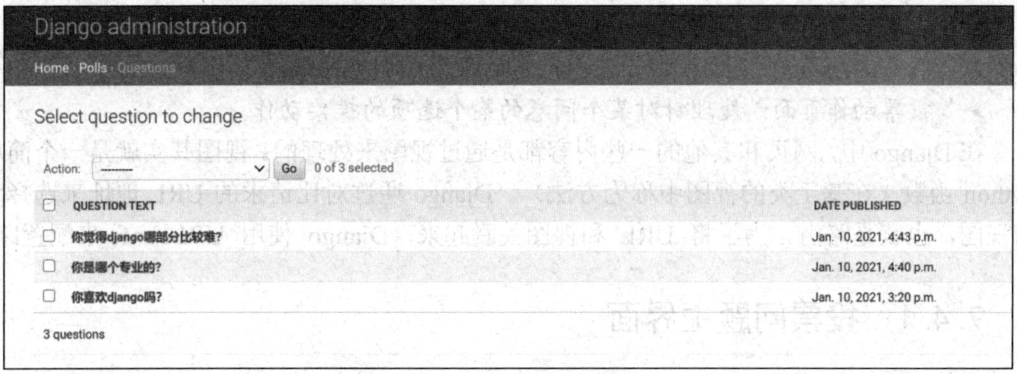

图 9-25　定制后的后台

点击问题链接进入具体问题后台界面可以看到如下信息，如图 9-26 所示。问题与结果就连接起来了。

图 9-26　具体问题后台页面

如上，界面就友好多了，管理员可以直接在后台界面上对数据进行增删查改操作，十分便捷。

9.4　视图与模板

Django 中的视图的概念是一类具有相同功能和模板的网页的集合。一个视图通常对应一个页面，提供特定的功能，使用特定的模板。例如：在一个博客应用中，常有下列视图：

➢　博客主页：显示最新发布的一些内容。

➢　每篇博客的详细页面：显示博客的详细内容。

- 基于年的博客页面：显示指定年内的所有博客文章。
- 基于月的博客页面：显示指定月内的所有博客文章。
- 基于天的博客页面：显示指定日内的所有博客文章。
- 发布评论：处理针对某篇博客发布的评论。

在投票应用中将建立下面的视图：

- 问卷“index”页：显示最新的一些问卷。
- 问卷“detail”页面：显示一个问卷的详细文本内容，没有调查结果但是有一个投票或调查表单。。
- 问卷“results”页面：显示某个问卷的投票或调查结果。
- 投票动作页面：处理针对某个问卷的某个选项的投票动作。

在 Django 中，网页和其他的一些内容都是通过视图来处理的。视图其实就是一个简单的 Python 函数（在基于类的视图中称为方法）。Django 通过对比请求的 URL 地址来选择对应的视图，也就是路由。为了将 URL 和视图关联起来，Django 使用 URLconfs 来配置路由。

9.4.1 投票问题主界面

将 polls/views.py 中的 index 修改成下面的代码：

（源代码位置：Code\10\9-08.py）

```
from Django.shortcuts import render
from .models import Question

def index(request):
    latest_question_list = Question.objects.order_by('-pub_date')[:5]
    context = {'latest_question_list': latest_question_list}
    return render(request, 'polls/index.html', context)
```

在 polls 目录下创建一个新的 templates 目录，Django 会在它里面查找模板文件。

项目 settings.py 文件中的 TEMPLATES 配置项描述了 Django 如何载入和渲染模板。默认的设置文件设置了 DjangoTemplates 后端作为模板引擎，并将 APP_DIRS 设置成了 True。这一选项将会让 DjangoTemplates 在每个 INSTALLED_APPS 文件夹中寻找 "templates" 子目录。

在刚才创建的 templates 目录中，再创建一个新的子目录名叫 polls，进入该子目录，创建一个新的 HTML 文件 index.html。换句话说，模板文件应该是 polls/templates/polls/index.html。因为 Django 会寻找到对应的 app_directories，所以只需要使用 polls/index.html 就可以引用到这一模板了。

index.html 文件中代码为：

（源代码位置：Code\10\9-09.html）

```
<!DOCTYPE html>
<html lang="en">
<head>
    <meta charset="UTF-8">
    <title>index</title>
</head>
<body>
    {% if latest_question_list %}
    <ul>
    {% for question in latest_question_list %}
        <li><a href="/polls/{{ question.id }}/">{{ question.question_text }}</a></li>
    {% endfor %}
    </ul>
{% else %}
    <p>No polls are available.</p>
{% endif %}
</body>
</html>
```

开启服务器访问 http://127.0.0.1:8000/polls/，将得到如图 9-27 所示的界面。

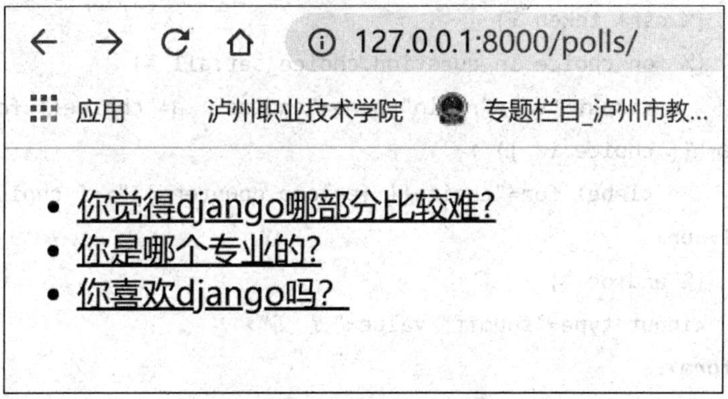

图 9-27 polls 界面

此时，点击页面上三个超级链接中的任意一个都会出现报错信息，原因是没有写相应的跳转函数。

9.4.2 具体投票界面

在 polls/urls.py 中添加 detail()视图函数：
（源代码位置：Code\10\9-9.py）

```
from Django.shortcuts import get_object_or_404, render
def detail(request, question_id):
    question = get_object_or_404(Question, pk=question_id)
    return render(request, 'polls/detail.html', {'question': question})
```

在 index.html 同级目录中添加 detail.html，detail.html 内容为：
（源代码位置：Code\10\9-11.html）

```
<!DOCTYPE html>
<html lang="en">
<head>
    <meta charset="UTF-8">
    <title>Title</title>
</head>
<body>
    <h1>{{ question.question_text }}</h1>

    {% if error_message %}<p><strong>{{ error_message }}</strong></p>{% endif %}
    <form action="" method="post">
        {% csrf_token %}
        {% for choice in question.choice_set.all %}
            <input type="radio" name="choice" id="choice{{ forloop.counter }}" value="{{ choice.id }}">
            <label for="choice{{ forloop.counter }}">{{ choice.choice_text }}</label><br>
        {% endfor %}
        <input type="submit" value="提 交">
    </form>
</body>
</html>
```

在 polls/urls.py 中增加一条路由：

```
path('<int:question_id>/', views.detail, name='detail'),
```

其中，<>括起来代表一个变量，int 指定了此变量的数据类型为整形，这一个变量是 question_id。

点击图 9-24 中的超链接就可以看到相应的效果，如图 9-28 所示。

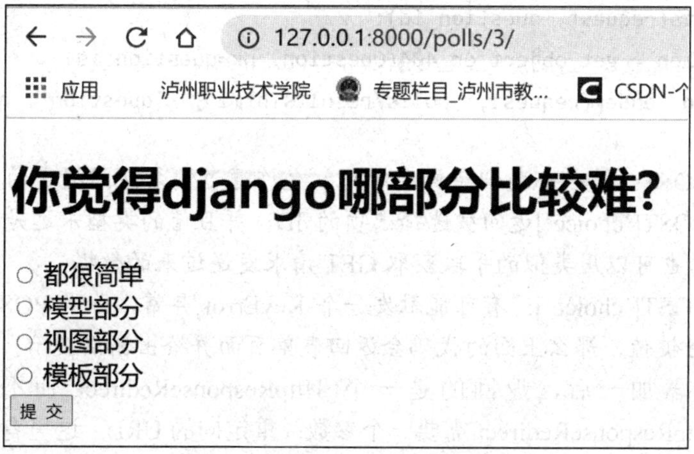

图 9-28 detail 界面

每个问题对应的选项都可以看到,并且可以点击相应的单选按钮,但是点击不会有反应,因为在表单的 action 属性值为空。

9.4.3 返回投票结果

在 polls/views.py 中添加 vote()函数和 results 函数:
(源代码位置:Code\10\9-12.py)

```
from Django.http import HttpResponseRedirect

def vote(request, question_id):
    question = get_object_or_404(Question, pk=question_id)
    try:
        selected_choice = question.choice_set.get(pk=request.POST['choice'])
    except (KeyError, Choice.DoesNotExist):
        return render(request, 'polls/detail.html', {
            'question': question,
            'error_message': "You didn't select a choice.",
        })
    else:
        selected_choice.votes += 1
        selected_choice.save()
        return HttpResponseRedirect(reverse('polls:results', args=(question.id,)))

```

```
def results(request, question_id):
    question = get_object_or_404(Question, pk=question_id)
    return render(request, 'polls/results.html', {'question': question})
```

- request.POST：是一个类似字典的对象，允许通过键名访问提交的数据。本例中，request.POST['choice']返回被选择选项的 ID，并且值的类型永远是 string 字符串；同样的，也可以用类似的手段获取 GET 请求发送过来的数据。
- request.POST['choice']：有可能触发一个 KeyError 异常，如果 POST 数据里没有提供 choice 键值，那么上面的代码会返回表单页面并给出错误提示。

在选择计数器加一后，返回的是一个 HttpResponseRedirect 而不是先前常用的 HttpResponse。HttpResponseRedirect 需要一个参数：重定向的 URL。这里有一个建议，当成功处理 POST 数据后，应当保持一个良好的习惯，始终返回一个 HttpResponseRedirect。这不仅仅是对 Django 而言，它是一个良好的 WEB 开发习惯。

在上面 HttpResponseRedirect 的构造器中使用了一个 reverse()函数。它能避免在视图函数中硬编码 URL。它首先需要一个在 URLconf 中指定的 name，然后是传递的数据。例如'/polls/3/results/'，其中的 3 是某个 question.id 的值。重定向后将进入 polls:results 对应的视图，并将 question.id 传递给它。

在 polls/urls.py 中添加路由，此文件中全部代码为：

（源代码位置：Code\10\9-13.py）

```
from Django.urls import path

from . import views
app_name = 'polls'

urlpatterns = [
    path('', views.index, name='index'),
    path('<int:question_id>/', views.detail, name='detail'),
    path('<int:question_id>/results/', views.results, name='results'),
    path('<int:question_id>/vote/', views.vote, name='vote'),
]
```

在 index.html 同级目录下新建 results.html，文件内代码为：

（源代码位置：Code\10\9-14.html）

```
<!DOCTYPE html>
<html lang="en">
<head>
    <meta charset="UTF-8">
```

```
    <title>Title</title>
</head>
<body>
    <h1>{{ question.question_text }}</h1>

    <ul>
    {% for choice in question.choice_set.all %}
        <li>{{ choice.choice_text }} -- {{ choice.votes }} vote{{ choice.votes|pluralize }}</li>
    {% endfor %}
    </ul>

<a href="{% url 'polls:detail' question.id %}">再投一次?</a>

</body>
</html>
```

刷新投票页面选择一个选项，点击“投票”按钮页面转到：

图 9-29　投票结果统计

项目小结

本项目粗略介绍了 Django 制作投票 app 的流程，包含了创建项目、模型、后台、视图与模板几个 Django 主要的部分，每一个部分都可以深入拓展。本项目由于篇幅有限，还有很多知识比如静态文件、继承、安全等功能模块并没有具体介绍。了解更丰富的 jango 知识请访问 Django 官方网站：https://docs.Djangoproject.com/zh-hans/2.0/，Django 框架功能十分强大，在市场上应用比较广泛，刚开始接触框架觉得有点陌生很正常，重复操作几次就可以熟悉此过程。